複合構造レポート　13

構造物の更新・改築技術　－プロセスの紐解き－

土木学会

Hybrid Structure Report 13

Renewal and Improvement of Structures
Explanation of Prosesses

July 2017

Japan Society of Civil Engineers

まえがき

　我々は，高度経済成長時代に多くの土木構造物を建設した．もちろん，その前時代からも多くの土木構造物は存在し，社会の成長に応じて，持続的社会の形成を行ってきた．しかし，構造物は様々な使われ方によって，どうしても経年的な変化が生じる．例えば，交通量の増大に伴い，材料の経年劣化が起こることもあった．そのような中，土木構造物自体の寿命について，深く語られることなく，いわゆる長寿命化対策を積極的に進めてきた．構造物の長寿命化は，いわば怪我の修復に相当し，場合によっては，抜本的な解決策にはならず，延命的な処置に終わっている．近未来を考えれば，長寿命化だけを考えるのではなく，適切な時期に更新・改築を実施し，社会全体で持続的に生活基盤を支える仕組みを作ることは必要不可欠である．

　土木学会複合構造委員会では，かねてよりこの議論を交わしており，平成26年度の土木学会重点研究課題に「橋梁の維持管理における更新技術に関する調査研究」と題して応募した．その際の熱い想いを平成26年度の土木学会年次大会研究討論会のテーマとしても取り上げた．この研究討論会では，パネラーとして，加賀山泰一氏（阪神高速道路(株)），木村元哉氏（西日本旅客鉄道(株)），野﨑芳郎氏（神宮司庁）を迎え，管理者サイドにおける更新・改築に関する現状を語っていただいた．野﨑氏におかれては，「伊勢神宮式年遷宮に見る改築技術『宇治橋』」と称して，20年に1度必ず更新・改築を行う事例について語っていただいた．

　上記の活動を受けて，土木学会複合構造委員会に「構造物の更新・改築技術に関する研究小委員会」を設置した．本報告書は，この小委員会で議論した内容をまとめたものである．小委員会では，11回の全体委員会を開催し，後述する各WGでは，それぞれがWG会議を個別に開催し，多くの議論を交わした．また，小委員会を始めるにあたって，研究討論会での内容をさらに勉強するために，外部講師として，再度，加賀山氏および木村氏をお呼びし，現状で更新・改築のプロセスをまとめるには，どんなことが重要かつ問題であるかを議論した．さらに，実際の更新・改築現場として，JR西日本おおさか東線鴫野工区，首都高速中央環状線板橋・熊野町ジャンクション間改良事業を視察した．後述する各WGでは，さらに多くの更新・改築現場を視察している．これらを通じて，更新・改築の現状，将来あるべき姿を導き出し，本報告書をまとめるに至った．

　なお，本報告書の対象構造物は，時間の都合上もあり，主に道路橋・鉄道橋を対象とした．また，研究小委員会を進めるにあたって，小委員会発足当初は，全体での勉強会を通じて，更新・改築の現状を学び，その後，大きく3つのワーキングに分担して，現在の更新・改築事業に関するプロセスをつまびらかにしようと試みた．その1つが維持管理WGである．このワーキングでは，地方自治体を中心に，維持管理業務において，更新・改築へのモチベーションを発掘するための管理体制や計測技術などをまとめることとした．現在，様々な計測技術が開発されてきているが，それらの分類分けなどを通じて，常日頃の管理体制をどのようにすべきかまとめている．続くワーキングとして，意思決定WGを準備した．構造物の経年劣化，用途の見直しなどが生じた際，どのようなプロセスで更新・改築を実施すると判断するのか，主に技術的に判断する場合，どういったことに注意して判断を下しているのかを中心にまとめることとした．そして，更新技術WGでは，実際に更新・改築を判断した後，どのような手法がとられているかを中心にまとめた．

　従って，本報告書は，更新・改築のプロセスに対して，時系列にまとめられており，常時，意思の創出，実施の段階を紐解くことによって，どのような土木技術者にも読んでいただくよう工夫した．現状で，全てのプロセスを一人の技術者がまかなうことはない．多くの土木技術者の連携によって，持続的な社会を形成することを考えれば，全てのプロセスを紐解き，お互いの連携が有機的に発展することを願って，様々なジャンルの土木技術者に読んでいただきたい．そして，本報告書は，必ずしも完成形ではない．あくまでも現

状をまとめ，理想的な姿を追い求めるきっかけを創出しているに過ぎない．本報告書を踏み台にして，例えば，計測技術については，より充実した計測手法の開発に期待する．更新・改築を判断する場合についても，さらに地域社会のことを願ったプロセスの創出に期待する．そして，更新・改築技術自体もより複雑な要求にも応えられる技術の創出に期待したい．

2017年3月

土木学会　複合構造委員会

構造物の更新・改築技術に関する研究小委員会

委員長　葛西　昭

土木学会　複合構造委員会

構造物の更新・改築技術に関する研究小委員会

委員名簿

委員長	葛西　昭	熊本大学 大学院	
幹事長	滝本　和志	清水建設 株式会社	
委員	浅井　貴幸	東日本高速道路 株式会社	
	新井　崇裕	鹿島建設 株式会社	
	岩田　秀治	東海旅客鉄道 株式会社	
	大西　弘志	岩手大学	
	刑部　清次	株式会社 長大	
	垣内　辰雄	ジェイアール西日本コンサルタンツ 株式会社	
	蔭山　路生	株式会社 オリエンタルコンサルタンツ	
	梶谷　宜弘	東日本旅客鉄道 株式会社	
	川端雄一郎	国立研究開発法人 海上・港湾・航空技術研究所	
	斉藤　成彦	山梨大学 大学院	
	齋藤　隆	株式会社 大林組	
	斉藤　雅充	公益財団法人 鉄道総合技術研究所	
	佐藤　彰紀	阪神高速道路 株式会社	
	佐藤　公紀	首都高速道路 株式会社	
	立石　晶洋	新日鉄住金マテリアルズ 株式会社	
	趙　唯堅	大成建設 株式会社	
	西崎　到	国立研究開発法人 土木研究所	
	枦木　正喜	西日本高速道路 株式会社	
	服部　尚道	東急建設 株式会社	
	平野　勝識	株式会社 フジタ	
	松橋　宏治	パシフィックコンサルタンツ 株式会社	
	宮下　英明	株式会社 東京鐵骨橋梁	
	茂呂　拓実	一般財団法人 阪神高速道路技術センター	
旧委員	金田　和男	東日本高速道路 株式会社	

維持管理 WG 構成

主査	大西　弘志	岩手大学
委員	新井　崇裕	鹿島建設 株式会社
	刑部　清次	株式会社 長大
	梶谷　宜弘	東日本旅客鉄道 株式会社
	茂呂　拓実	一般財団法人 阪神高速道路技術センター

意思決定 WG 構成

主査	斉藤　雅充	公益財団法人 鉄道総合技術研究所
委員	浅井　貴幸	東日本高速道路 株式会社
	岩田　秀治	東海旅客鉄道 株式会社
	佐藤　彰紀	阪神高速道路 株式会社
	佐藤　公紀	首都高速道路 株式会社
	枦木　正喜	西日本高速道路 株式会社

更新技術 WG 構成

主査	齋藤　隆	株式会社 大林組
委員	垣内　辰雄	ジェイアール西日本コンサルタンツ 株式会社
	蔭山　路生	株式会社 オリエンタルコンサルタンツ
	斉藤　成彦	山梨大学 大学院
	佐藤　公紀	首都高速道路 株式会社
	立石　晶洋	新日鉄住金マテリアルズ 株式会社
	趙　唯堅	大成建設 株式会社
	服部　尚道	東急建設 株式会社
	平野　勝識	株式会社 フジタ
	松橋　宏治	パシフィックコンサルタンツ 株式会社
	宮下　英明	株式会社 東京鐵骨橋梁

複合構造レポート 13

構造物の更新・改築技術　－プロセスの紐解き－

目　次

第1章　はじめに ・・・・・・・・・・・・・・・・・・・・・・・ 1
　1.1　本委員会設置の背景と目的 ・・・・・・・・・・・・・・・・・ 1
　1.2　構造物の更新・改築の計画 ・・・・・・・・・・・・・・・・・ 3
　1.3　用語の定義 ・・・・・・・・・・・・・・・・・・・・・・・・ 12

第2章　構造物の管理体制と計測技術の現状 ・・・・・・・・・・・ 15
　2.1　概要 ・・・・・・・・・・・・・・・・・・・・・・・・・・・ 15
　2.2　維持管理の現状に関するアンケート調査 ・・・・・・・・・・・ 16
　2.3　定期点検の現況と更新・改築事例 ・・・・・・・・・・・・・・ 28
　2.4　更新・改築の判断に期待される計測技術 ・・・・・・・・・・・ 56
　2.5　構造物の管理体制や計測技術の課題 ・・・・・・・・・・・・・ 92

第3章　構造物の更新・改築における意思決定 ・・・・・・・・・・ 93
　3.1　概要 ・・・・・・・・・・・・・・・・・・・・・・・・・・・ 93
　3.2　更新・改築の意思決定に至るプロセス ・・・・・・・・・・・・ 93
　3.3　更新・改築の目的設定 ・・・・・・・・・・・・・・・・・・・ 95
　3.4　性能評価項目および評価基準 ・・・・・・・・・・・・・・・・ 97
　3.5　技術的情報の収集 ・・・・・・・・・・・・・・・・・・・・・ 103
　3.6　更新・改築に至る意思決定事例 ・・・・・・・・・・・・・・・ 104

第4章　更新・改築を実現するための技術と考え方 ・・・・・・・・ 145
　4.1　概要 ・・・・・・・・・・・・・・・・・・・・・・・・・・・ 145
　4.2　更新・改築事例にみる制約と更新・改築技術について ・・・・・ 148
　4.3　更新・改築を実現するための技術 ・・・・・・・・・・・・・・ 229
　4.4　更新・改築技術の現状課題と将来展望 ・・・・・・・・・・・・ 254

第5章　おわりに ・・・・・・・・・・・・・・・・・・・・・・・ 257

第1章　はじめに

1.1　本委員会設置の背景と目的

　近年，社会資本が抱える社会的要請の大部分は，維持管理に関する問題となっている．社会資本の維持管理は，社会資本そのもの，すなわち，システムそのものを維持管理することであるが，現存する構造物を如何に維持するかに集中するあまり，構造物の長寿命化のみを中心とした取り組みが進められている．その結果として，我々が日常的に呼んでいる維持管理という言葉は，構造物そのものの長寿命化として捉えられている感がある．しかし，多くの場合，長寿命化を目的とした事後保全としての対策工を実施しているのが実情である．この事後保全としての対策工の実施は，構造物に対して一定の延命化を図ることは可能であるが，最終的には，構造物に対して解体を含めた大規模な更新・改築対策が必要となる事態を招くことは容易に想像できる．

　一方で，日本の社会資本は，その多くが交通量の増大や河川改修等，構造物を取り巻く諸条件の変化や，機能に対する要求性能レベルの向上に対応することで，更新・改築が図られてきたのが実態である．橋梁等においては，体系化は行われていないものの，既に更新・改築技術が個別に開発・推進されてきており，構造物の増改築や解体撤去に関する要素技術は，一定のレベルで構築されている．

　例えば，伊勢神宮の式年遷宮では，20年に一度，宮地(みやどころ)を改めるとしている．これは20年に1度のお祭りとされており，内宮外宮の正宮を始め14所の別宮や宇治橋も含め，造り替えられる行事が含まれている．20年という期間の意義は諸説あるが，材料として用いられる神木の老朽化対策や，建替え技術の伝承なども含まれているとされている．遷宮の際に，建築を担う大工は，10代から20代で見習いとして働き，30代から40代で棟梁をめざし，50代以上では後見と呼ばれる存在になる．このため，20年程度に設定することで，少なくとも2回程度は，遷宮に携われるとしている．本研究小委員会のキックオフにあたった2014年度（平成26年度）土木学会全国大会での研究討論会では，定期的な更新改築を実施している事例の1つとして，この伊勢神宮の式年遷宮について，語っていただいた．特に，土木学会と言うこともあって，宇治橋の改築を中心に語っていただいた．

　このような背景を踏まえ，これまでの更新・改築技術における種々の要素技術の再評価，検討および体系化を図ることは，近未来における構造物の更新・改築技術に対して，具体性と実用性を兼ね備えることになる．鋼とコンクリートだけでなくFRPなど種々の建設材料をその特性を活かした形で組合せた複合構造は，更新・改築技術において，その利点を大いに発揮するものと考えられる．また，体系化された更新・改築技術は，今後の社会資本の維持管理の観点から，現状の性能レベルの向上を目的とした構造物の長寿命化に対しても有効であり，即効性は極めて高い．このように，「構造物の更新・改築技術」を研究し，体系化することは，日本の社会資本の維持管理のみならず新設を含めた社会資本整備においても有益である．

　そこで，本研究小委員会では，これまでの構造物の増改築技術および解体撤去技術を調査し，近未来に必要とされる複合構造を活用した更新・改築技術に対する課題を抽出し，体系化に向けた検討を行うことを目的として，2014年12月から2年間の研究活動を行った．委員会発足当初に掲げた5項目の活動内容を以下に示す．

(1) 構造物の更新・改築技術の現状調査
(2) 構造物の更新・改築技術の課題の抽出
(3) 維持管理における更新・改築の意思決定方法に関する検討
(4) 近未来に必要とされる複合構造を活用した更新・改築技術の検討
(5) 更新・改築技術の体系化

図 1.1.1 は，4 章に示された更新・改築事業のフロー図の一部である．維持管理段階で何らかの不具合が見つかると，通常は補修・補強で対応しているが，補修・補強では対応できないような損傷・劣化や，維持管理コストの増大，混雑緩和や利便性の向上等，いくつかの条件が揃うことで更新・改築の意思決定がなされる．次に，更新・改築の実施が決まってから，制約条件をクリアする更新・改築技術が選定される．このように，それぞれの分担が明確に分かれているのが現状である．4 章では，よりスムーズに更新・改築事業を進めるためには，維持管理，意思決定および更新・改築を具体化する更新・改築技術がどのように連動すればよいかについての検討も行っている．

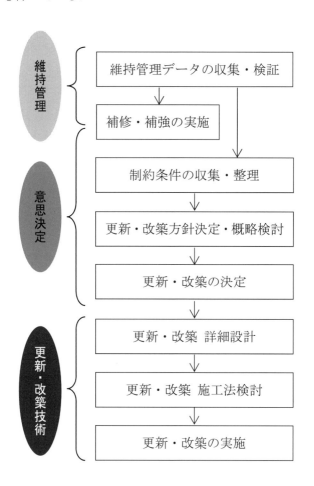

図 1.1.1　更新・改築事業のフロー図

1.2 構造物の更新・改築の計画

　2012年12月に発生した笹子トンネル天井板落下事故以降，インフラに対する社会的要請の大部分が維持管理に関する問題となってきている．インフラの長寿命化対策は喫緊の課題であるが，アセットマネジメントの導入等によって計画的な維持管理を実施しているインフラ管理者は非常に少ないのが現状である．適切な維持管理が実施されないまま，供用年数が経過し老朽化していくインフラの数は今後急速に増大することが予想される．

　橋梁分野を例に取ると，現在，全国に約70万橋ある橋長2m以上の道路橋（15m以上は15.7万橋）の平均供用年数は30数年となっている．近年，社会インフラの老朽化が問題視されつつあるが，この程度の年数であれば，近接目視や打音検査といった第三者被害の防止を目的とした点検の強化で対処できるものと考えられる．しかし，今後10年，20年経過して平均供用年数が50年を越えるような状況になった場合，これまでの補修・補強対策では対処できず，解体・更新が必要となる橋梁が多数出てくるものと考えられる．このため，一部を供用しながらの解体・更新工事や，通行止め期間をできるだけ短くする更新技術の開発が必要となってくる．

　このような状況下において，高速道路における大規模更新・大規模修繕事業の実施について，各高速道路会社は国土交通大臣から許可を受け事業化しており，既に工事が進められている状況にある．

　以下に，各インフラ管理者が発表した更新・改築の計画の概要を道路と鉄道に分けて示す．

1.2.1 道路における更新・改築計画

道路における更新・改築計画のうち，ここでは，首都高速道路，阪神高速道路，NEXCO 3 会社（東日本高速道路，中日本高速道路，西日本高速道路）および国土交通省の計画を示す．

首都高速道路（株）は，「首都高速道路構造物の大規模更新のあり方に関する調査研究委員会」（委員長：涌井史郎・東京都市大学環境情報学部教授）を設け，2013 年 1 月に提言[1]を受けた．その後，委員会の提言を受け，首都高速道路全線の構造上，維持管理上の問題や損傷状況等を改めて精査し，首都高速道路の更新計画を策定した．2014 年 6 月には，建設債務の償還後に料金徴収期間を 15 年延伸して更新費用を償還するように道路整備特別措置法が改正された．これを受けて，2014 年 11 月に，日本高速道路保有・債務返済機構と変更協定を締結するとともに，同月に国土交通大臣から事業実施について許可を取得し，大規模更新・大規模修繕を事業化した．なお，大規模更新とは，橋梁の架け替え，床版の取替えなどをすることであり，大規模修繕とは，構造物全体の大規模な補修をすることである．図 1.2.1 に首都高速道路の更新計画[2]を示す．

首都高速道路の更新計画

区分	対象箇所	延長	当初開通年度	事業年度
大規模更新	東品川桟橋・鮫洲埋立部	1.9km	1963年度	2014～2026年度
	高速大師橋	0.3km	1968年度	2015～2023年度
	池尻・三軒茶屋出入口付近	1.5km	1971年度	2015～2027年度
	竹橋・江戸橋JCT付近	2.9km	1964年度	2015～2028年度
	銀座・京橋出入口付近	1.5km	1962年度	2015～2028年度
	小計	8km		
大規模修繕	3号渋谷線、4号新宿線 他	55km	-	2014～2024年度
合計		63km	-	

図 1.2.1　首都高速道路の更新計画[2]

阪神高速道路は，2013年4月に阪神高速道路の長期維持管理及び更新に関する技術検討委員会より提言[3]を受けた．この提言は，阪神高速道路における大規模更新及び大規模修繕が必要な箇所を，構造上・維持管理上の問題点を踏まえて抽出したものである．2015年3月には，提言の内容をふまえて，最新の損傷状況等を改めて精査し，大規模更新もしくは大規模修繕を実施しなければ通行止めなどの可能性が高い箇所を，更新計画として再度とりまとめ，事業実施の許可を受けた．併せて，本事業に必要な財源を確保するために，阪神圏における料金の徴収期間を約12年延長する許可も受けた．大規模更新とは，古い設計基準により建設された構造物等で構造物の健全性低下が極めて著しく，必要水準まで引き上げるため全体的に更新を行う行為で，具体的には，橋梁全体の架替，橋梁の基礎取替，橋梁の桁・床版取替のことである．大規模修繕とは，古い設計基準により建設された構造物等で健全性低下が著しく，必要水準まで引き上げるため大規模な修繕や部分的に更新を行う行為．また，新たな損傷発生を抑制し長寿命化を図る行為で，具体的には，損傷した橋桁，床版および橋脚に対し，部分的な取替も含めて主要構造の全体的な補修を行うことである．**図 1.2.2**に阪神高速道路の更新計画[4]を示す．

阪神高速道路の更新計画

区分		路線	対象箇所	延長	開通年	事業費（税込）	事業年度
大規模更新	橋梁全体の架替	3号神戸線	京橋付近	0.3km	S41	249億円	H33～40
		14号松原線	喜連瓜破付近	0.2km	S55	238億円	H32～38
	橋梁の基礎取替	15号堺線	湊町付近	(9基)	S47	191億円	H27～36
	橋梁の桁・床版取替	3号神戸線	湊川付近	0.4km	S43	162億円	H28～32
		11号池田線	大豊橋付近	0.3km	S42	126億円	H37～41
		13号東大阪線	法円坂付近	0.2km	S53	56億円	H39～41
	橋梁の床版取替	1号環状線	湊町～本町	0.6km	S39～40	488億円	H27～41
		11号池田線	福島～塚本	0.3km	S42		
		12号守口線	南森町～長柄	0.5km	S43		
		15号堺線	芦原～住之江	1.7km	S45		
	小計			5km	-	1,509億円	-
大規模修繕		4号湾岸線、11号池田線ほか		57km		2,176億円	H27～41
合計				62km		3,685億円	-

図 1.2.2　阪神高速道路の更新計画[4]

NEXCO 3 会社は，高速道路ネットワークに対して将来にわたって持続可能で的確な維持管理・更新を行うために，2012 年 11 月に「高速道路資産の長期保全及び更新のあり方に関する技術検討委員会」を設立した．本委員会においては，予防保全並びに性能強化の観点も考慮に入れた技術的見地より，大規模更新・大規模修繕の必要性や具体化について検討を行い，その結果をもとに 2014 年 1 月に大規模更新・大規模修繕の目的，実施時期や事業規模，実施に伴う課題などについて提言[5]がなされた．

その後，2014 年 2 月の国土幹線道路部会への報告，2015 年 1 月の国土幹線道路部会での審議を経て，2015 年 3 月に国土交通大臣より更新事業の実施について道路整備特別措置法に基づく許可を受けた．併せて，本事業に必要な財源を確保するために，料金の徴収期間を約 10 年延長する許可も受けた．

大規模更新・大規模修繕が必要と判断した橋梁の事業規模は，大規模更新で約 240km，大規模修繕で約 510km である．大規模更新は，補修を実施しても長期的には機能が保てない本体構造物を再施工することにより，本体構造物の機能維持と性能強化を図るものであり，主な対策は，橋梁の床版取替及び桁の架替である．大規模修繕は，本体構造物を補修・補強することにより性能・機能を回復するとともに，予防保全の観点も考慮し，新たな変状の発生を抑制し，本体構造物の長寿命化を図るものであり，主な対策は，橋梁の高性能床版防水や表面被覆などの予防保全対策である．図 1.2.3 に NEXCO 3 会社の更新計画[6]を示す．

NEXCO 3 会社の更新計画

分類	区分	項目	主な対策	東日本高速道路 延長[※1]	東日本高速道路 事業費[※2]	中日本高速道路 延長[※1]	中日本高速道路 事業費[※2]	西日本高速道路 延長[※1]	西日本高速道路 事業費[※2]	3会社合計 延長[※1]	3会社合計 事業費[※2]
大規模更新	橋梁	床版	床版取替	52km	3,798億円	74km	6,961億円	98km	5,669億円	224km	16,429億円
		桁	桁の架替	1km	73億円	−km	−億円	12km	965億円	13km	1,039億円
	小 計				3,871億円		6,961億円		6,635億円		17,468億円
大規模修繕	橋梁	床版	高性能床版防水など	148km	758億円	100km	387億円	111km	456億円	359km	1,601億円
		桁	桁補強など	56km	749億円	59km	1,319億円	37km	560億円	151km	2,628億円
	土構造物	盛土・切土	グラウンドアンカー水抜きボーリングなど	7,759箇所	1,575億円	4,977箇所	738億円	13,820箇所	2,463億円	26,556箇所	4,775億円
	トンネル	本体・覆工	インバートなど	51km	1,789億円	35km	696億円	46km	1,107億円	131km	3,593億円
	小 計				4,870億円		3,140億円		4,586億円		12,597億円
合 計					8,742億円		10,101億円		11,221億円		30,064億円

※1 上下線別及び連絡等施設を含んだ延べ延長
※2 端数処理の関係で合計が合わない場合がある

図 1.2.3　NEXCO 3 会社の更新計画[6]

国土交通省は，2014年4月に出された「道路の老朽化対策の本格実施に関する提言」[7]を受けて，橋梁等の5年に1度の近接目視による全数監視の実施を義務化したが，支援策として，2015年度より大規模修繕・更新に対する新しい補助制度「大規模修繕・更新補助制度」[8]を創設し，2015年7月より対象橋梁への予算配分を行っている．また，この予算配分は適宜追加されている．大規模更新は，橋梁の架替えであるが，大規模修繕の事業内容は，支承取替え，床版打換え，下部構造のひび割れ補修等，多岐に亘っている．図 1.2.4 に大規模修繕・更新補助制度の概要[9]を示す．

（参考）大規模修繕・更新補助制度の概要　　別紙3

制度の目的

今後、地方公共団体の管理する道路施設の老朽化の拡大に対応するため、大規模修繕・更新に対して複数年にわたり集中的に支援を行うことにより、地方公共団体における老朽化対策を推進し、地域の道路網の安全性・信頼性を確保することを目的とする。

補助対象

- 橋脚の補強など、構造物の一部の補修・補強により、性能・機能の維持・回復・強化を図るもの
- 橋梁の架替など、構造物の再施工により、性能・機能の維持・回復・強化を図るもの

事業要件

■事業の規模
- 都道府県・政令市の管理する道路の場合：全体事業費１００億円以上
- 市区町村の管理する道路の場合　　　：全体事業費　３億円以上

■インフラ長寿命化計画等（平成29年度以降の措置※）
- インフラ長寿命化計画（行動計画）において、引き続き存置が必要とされているものであること
- 点検・診断等を実施し、その診断結果が公表されている施設であること
- 長寿命化修繕計画（個別施設計画）に位置付けられたものであること

※ 橋長15m未満の橋梁、トンネル及び大型の構造物にあっては、平成33年度以降の措置

支援内容

- 防災・安全交付金事業として実施した場合と同等の割合を国費として補助※
- 事業の実施にあたり、国庫債務負担行為制度（4箇年以内）の活用も可能

※現行法令に基づく補助率を上回る分については防災・安全交付金により措置

個別の事業毎に採択するため、課題箇所に確実に予算が充当

図 1.2.4　国土交通省の大規模修繕・更新補助制度の概要[9]

1.2.2 鉄道における更新・改築計画

鉄道における更新・改築計画のうち，ここでは，全国新幹線鉄道整備法に基づく制度設立の経緯と東海旅客鉄道（JR 東海），東日本旅客鉄道（JR 東日本）および西日本旅客鉄道（JR 西日本）の計画を示す．

国土交通省は，我が国の基幹的大量高速輸送機関である新幹線鉄道について，将来にわたり安定的な輸送を確保するため，2002 年 6 月，全国新幹線鉄道整備法を改正し，新幹線鉄道を所有し営業する主体に対し，開業後一定期間後に必要となる大規模改修に必要な資金を予め引き当てさせることとした．[10]

図 1.2.5 に全国新幹線鉄道整備法に基づく制度の概要を示す．

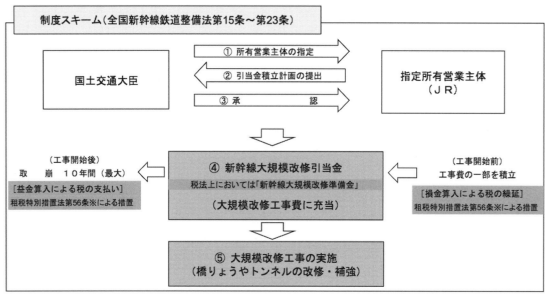

図 1.2.5　全国新幹線鉄道整備法に基づく制度の概要[10]

JR東海の更新計画を示す．東日本大震災の発生等によりインフラの重要性に対する国民的関心が高まりを見せる中で，既に開業50年以上経った東海道新幹線の土木構造物は，保守基準に基づき入念な点検・補修を積み重ねることにより，今日においても十分な健全性を保ち続けている．

今後も，これらの点検と発生した変状に対する補修を継続していく一方で，将来においては1964年の開業にあたり全線を短期間で建設したことにより，いずれかの時点において経年劣化による大規模な改修が集中する懸念がある．その構造物は，鋼橋，コンクリート橋，トンネルであると考え，変状の発生自体を抑止して構造物の健全性を維持・向上するために，早期に新工法により大規模改修[11]に着手することが適切であるとの判断に立ち，当初予定から5年前倒しで2013年から実施することとした．

その大規模改修については，2002年に開設した自社研究施設を中心に研究開発を続け，土木構造物の経年による変状の発生自体を抑制することで構造物の延命化を実現する予防保全対策を実施し，これに続いて，部材取替等の全般的な改修を実施する工法[12]を開発した．この新工法では，工事実施時の列車運行支障を大幅に低減できるとともに，工事費の大幅な縮減も実現できることになった（**図1.2.6～図1.2.8**）．

なお，資金手当てについては，新幹線設備の大規模な改修工事に備えるために制定された「新幹線鉄道大規模改修工事引当金制度」を活用するもので，2002年より2013年まで，毎年333億円を積み立てた引当金総額3500億円により，工事（総額約7300億円）を2013年度より10年間の計画で進めている．これは引当金の積み立てを開始した当時の当初計画に対し，5年間の前倒し実施でありかつ工事費としては約3500億円の削減となっている．

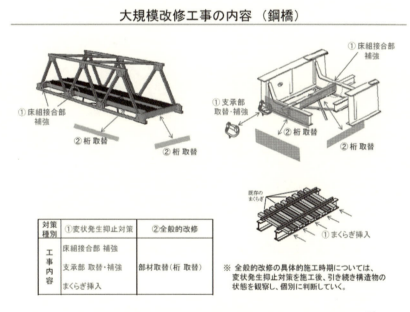

図1.2.6　東海道新幹線の大規模改修工事の内容（鋼橋）[11]

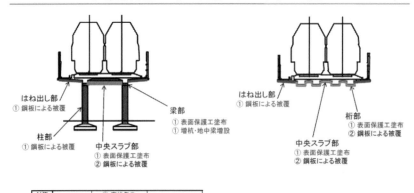

図 1.2.7　東海道新幹線の大規模改修工事の内容（コンクリート橋）[11]

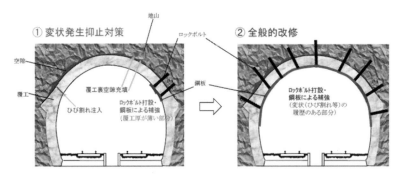

図 1.2.8　東海道新幹線の大規模改修工事の内容（トンネル）[11]

JR東日本は，東北新幹線（東京～盛岡間）および上越新幹線（大宮～新潟間）において，**表 1.2.1** および **図 1.2.9** に示す内容の大規模改修を計画している．

これらの線区については，将来にわたる安定輸送の確保のために大規模改修が必要となることが認められ，2015年12月22日付で，国土交通大臣より全国新幹線鉄道整備法（以下，「全幹法」という）第15条第1項の規定に基づく所有営業主体として指定された．

これを受け，2016年2月17日，全幹法第16条第1項の規定に基づき，国土交通大臣に対して新幹線鉄道大規模改修引当金積立計画の申請を行い[13]，2016年3月29日に国土交通大臣より承認を受けた[10]．今後，2031年度から10年間で集中的に，各構造物の全面的な改修工事を行う計画である．

表 1.2.1 大規模改修の対象施設と主な工事内容（JR東日本）[13]

対象施設		主な工事内容
橋りょう	鋼橋	支点部改修工
	コンクリート橋	表面改修工，スラブ板改修工，支点部改修工
トンネル		覆工改修工，路盤改修工
土　工		のり面工改修工

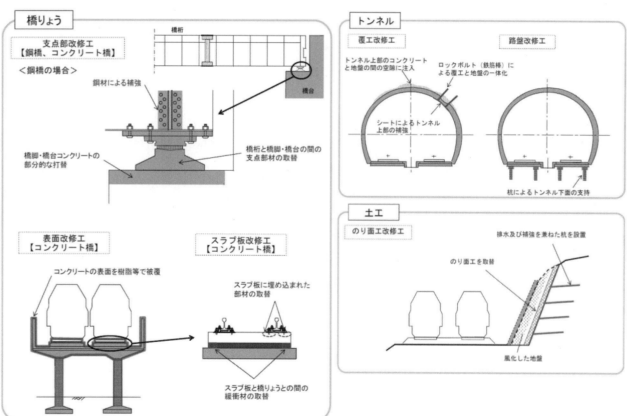

図 1.2.9 大規模改修の概要（JR東日本）[13]

JR 西日本が所有する山陽新幹線（新大阪～博多間）について，将来にわたる安定輸送の確保のために大規模改修が必要となることが認められ，2015 年 12 月に，JR 西日本は国土交通大臣より全幹法第 15 条第 1 項の規定に基づく所有営業主体として指定された．

これを受けて，2016 年 2 月に，全幹法第 16 条第 1 項の規定に基づき，国土交通大臣に対して新幹線鉄道大規模改修引当金積立計画の申請を行い [14]，2016 年 3 月に承認された [10]．

大規模改修の対象施設と主な工事内容を表 1.2.2 に示す．

表 1.2.2 大規模改修の対象施設と主な工事内容（JR 西日本）[14]

対象施設		主な工事内容
橋りょう	鋼橋	支承部改修工
	コンクリート橋	断面修復工，高欄取替
トンネル		覆工改修工，路盤改修工
土工		のり面工改修工，防音壁取替

1.3 用語の定義

更新・改築に関する用語の定義に関して，各管理者の委員会等において，それぞれ検討・公表されているため，使用する用語やその定義が統一されている訳ではない．本小委員会では，委員会名に含まれる「更新」，「改築」だけでなく，関連する用語について，以下のように定義して取り扱うこととした．

更新（解体＋撤去＋新設）：既設構造物の全体または一部を，解体，撤去した後，新しく作り直すことで，構造物の性能・機能の維持・回復・強化を図る行為．
改築（修繕，補修・補強，改良）：既設構造物の一部を，補修・補強して，構造物の性能・機能の維持・回復・強化を図る行為．損傷の有無に関わらない．
修繕（補修・補強，修理，修復）：既設構造物の損傷した部分を，補修・補強して，構造物の性能・機能の維持・回復・強化を図る行為．本小委員会では，**改築**に統一して示す．
改修（更新 or 改築）：既設構造物の全体または一部を，更新または補修・補強して，構造物の性能・機能の維持・回復・強化を図る行為．本小委員会では，内容に応じて**更新**または**改築**として示す．

以下は，2014 年制定 複合構造標準示方書 維持管理編の用語の定義による．
補修：力学的性能を供用開始時に保有していた程度まで回復させるための行為．
補強：力学的性能を供用開始時に保有していた以上の性能まで向上させるための行為．
維持管理：構造物の供用期間において，構造物の性能を要求された水準以上に保持するための全ての技術行為．
点検：構造物に異常がないかを確認するとともに，構造物の性能評価を行うために必要な情報を得るための行為．評価等の判断行為は含まない．

参考文献

1) 首都高速道路：首都高速道路構造物の大規模更新のあり方に関する調査研究委員会 提言，2013.1
2) 首都高速道路 CSR レポート 2016
   http://www.shutoko.co.jp/~/media/pdf/corporate/company/info/csr/report2016/csrreport2016_all.pdf，2017.1
3) 阪神高速道路：阪神高速道路の長期維持管理及び更新に関する技術検討委員会 提言，2013.4
4) 阪神高速道路 HP，阪神高速道路の更新計画，
   http://www.hanshin-exp.co.jp/company/torikumi/renewal/koshinkeikaku/koushinkeikaku.pdf，2015.1
5) 東日本高速道路・中日本高速道路・西日本高速道路：高速道路資産の長期保全及び更新のあり方に関する技術検討委員会 提言・報告書，2014.1
6) 東日本高速道路・中日本高速道路・西日本高速道路 HP，東・中・西日本高速道路の更新計画について，
   http://corp.w-nexco.co.jp/activity/safety/koushin/pdfs/renewal_plan-2015.pdf，2015.3
7) 国土交通省 社会資本整備審議会 道路分科会：道路の老朽化対策の本格実施に関する提言，2014.4
8) 国土交通省 HP，道路の老朽化対策の本格実施に関する取組状況について，
   http://www.mlit.go.jp/common/001086283.pdf
9) 国土交通省 HP，大規模修繕・更新補助制度の概要，http://www.mlit.go.jp/common/001106201.pdf
10) 国土交通省 HP，全国新幹線鉄道整備法第１６条第１項の規定に基づく新幹線鉄道大規模改修引当金積立計画の承認について　http://www.mlit.go.jp/common/001125106.pdf
11) 東海旅客鉄道：新幹線鉄道大規模改修引当金積立計画の変更申請に関するお知らせ，
    http://sp.jr-central.co.jp/news/release/_pdf/000017717.pdf，2013.2
12) 国土交通省 HP，東海道新幹線大規模改修工事に与える効果，
    http://www.mlit.go.jp/common/000134430.pdf，2011.2.1
13) 東日本旅客鉄道：新幹線鉄道大規模改修引当金積立計画の提出に関するお知らせ，
    https://www.jreast.co.jp/press/2015/20160212.pdf，2016.2
14) 西日本旅客鉄道：新幹線鉄道大規模改修引当金積立計画の提出に関するお知らせ，
    https://www.westjr.co.jp/company/ir/pdf/20160224_1.pdf，2016.2

第2章　構造物の管理体制と計測技術の現状

2.1　概要

　構造物もしくはその機能を維持するための更新・改築をはじめとする各種作業は「維持管理」と呼ばれる一連の枠内の作業として実施される．維持管理における行動は計画立案（Plan）から始まり情報収集（点検）（Do）を経て現状把握（診断）（Check），各種対策実施（補修・補強・更新・改築）と情報更新（Action）へと流れるPDCAサイクルとして理解されている．これらの行動の中でも構造物の更新・改築に取り掛かるための背景として，維持管理を担当する人物や部署が置かれている状況や，どのような形で対策内容に関する判断がなされているのかを知ることは非常に重要であると考えられる．

　本章では本委員会に設置されたWGのうち，維持管理WGで実施した構造物の更新・改築に関する現状を把握するための調査によって得られた結果について紹介する．維持管理WGでは大きく分けて次の3つの調査を行った．

  a)　地方自治体における維持管理の実態に関する調査（2.2）
  b)　更新・改築の実情に関する調査（2.3）
  c)　更新・改築の判断に今後利用できる可能性のある技術の調査（2.4）

　2.2では今までの調査ではあまり触れられてこなかった地方自治体における維持管理の実態を明らかにすることを目的としたアンケート調査を実施した．今回のアンケートには30近くの地方自治体の協力により，大小さまざまな自治体の情報を得ることができたと考えている．

　2.3では構造物の更新・改築における現状を把握するため，維持管理業務における柱の一つである点検から診断への流れを確認するために各種管理団体の点検要領を収集し，どのような形で，点検から診断へと作業が流れていくのかを比較した（2.3.1）．また，更新・改築の実例についても提示し，どのような形で更新・改築が実施されているのかを参照できるようにした（2.3.2）．

　2.4では現状の維持管理において，様々な対策の根拠となっている目視点検の代替となる可能性や，目視点検の不足部分を補う可能性が高い技術について調査を行った．

2.2 維持管理の現状に関するアンケート調査

2.2.1 アンケートの内容

　本委員会では，点検の現状を把握する目的として「橋梁の維持管理の実態に関するアンケート」（質問は全29項目）と題し，全国29の地方公共団体（県・市・町・村）に対してアンケートを実施した．具体的なアンケートの内容は以下の通り．

「橋梁の維持管理の実態に関するアンケート」

1. ご所属の団体名称をお教えください（この質問の回答はデータ整理にのみ用います）
2. 管理橋梁数について教えてください．
3. 鋼橋の割合はいくらですか．
4. コンクリート橋の割合はいくらですか．
5. 鋼橋，コンクリート橋以外の橋梁の割合はいくらですか．
6. 橋長2.0m以上15m未満の橋梁数はいくらですか．
7. 橋長15m以上の橋梁数はいくらですか．
8. 橋梁長寿命化修繕計画を策定していますか．（1つだけマークしてください．）
    - はい
    - いいえ
9. 橋梁長寿命化修繕計画をホームページ上で公開していますか．（1つだけマークしてください．）
    - 全文を公開している
    - 簡略版を公開している
    - 公開していない
10. 橋梁長寿命化修繕計画（全文）をホームページ上で公開している場合，URLを教えてください．
11. 橋梁長寿命化修繕計画（全文）をホームページ上で公開していない場合，計画書を提供していただけますか．（1つだけマークしてください．）
    計画書の全文を提供できる
    計画書の簡略版は提供できる
    計画書の提供はできない
12. 橋梁点検マニュアルは策定していますか．（1つだけマークしてください．）
    - 独自仕様のマニュアルがある．
    - 県のマニュアルを利用している．
    - 県のマニュアルを一部変更して利用している．
    - 国のマニュアルを利用している．
    - 国のマニュアルを一部変更して利用している．
    - マニュアルは持っていない．
13. 橋梁長寿命化修繕計画の進行状況に満足していますか．（1つだけマークしてください．）
    - はい
    - いいえ
14. 橋梁長寿命化修繕計画の進行状況が期待通りでない場合，その原因は何でしょうか．

15. 橋長 15m 以上の橋梁の年間点検数は最大でいくらですか．
16. 橋長 15m 未満の橋梁の年間点検数は最大でいくらですか．
17. 5 年に 1 回の橋梁点検（近接目視点検）業務の実施体制はどうなっていますか．（1 つだけマークしてください．）

- 職員が全て実施している．
- 全て外部に委託して実施している．
- 職員が実施しているが，一部は外部に委託して実施している．

18. 近接目視点検業務を職員が実施している場合，担当している職員は何人ですか．
19. 近接目視点検業務を外部に委託して実施している場合，外部委託比率はどの程度ですか．
20. 維持管理（点検等）の現状に満足していますか．（1 つだけマークしてください．）

- はい
- いいえ

21. 橋梁の維持管理（対策）の内容について伺います．対策の内容として考えているのは次のうちどれでしょうか．（当てはまるものをすべて選択してください．）

- 巡回観察
- 追跡点検・追跡調査
- 臨時点検・臨時調査
- 詳細調査（コア採取・成分調査・強度試験など）
- 詳細点検（非破壊検査など部分的な調査）
- 詳細点検（車両載荷試験など全体的な調査）
- 補修
- 補強（耐震補強は除く）
- 大規模改築
- 部材更新
- 全体更新

22. 橋梁の改築や更新をしたことがありますか．（当てはまるものをすべて選択してください．）

- 改築をしたことがある
- 更新をしたことがある
- 改築や更新はしたことがない

23. 更新・改築を決定する際に考慮する項目は次のうちどれですか．（当てはまるものをすべて選択してください．）

- 機能（交通容量など）
- 損傷の程度，進行速度
- 経済的要因
- 橋梁長寿命化修繕計画
- 都市計画などの地域整備計画
- その他

24. 点検・診断結果に基づいて更新・改築を検討する時に重視する橋梁調査結果は次のうちどれですか．（当てはまるものをすべて選択してください．）

- 遠望目視
- 近接目視
- サンプル調査（コア採取など）
- 非破壊検査
- 衝撃振動試験，振動試験
- 車両載荷試験，車両走行試験
- その他

25. 橋梁を維持管理するために知っておきたい情報は何ですか．

26. 大規模更新・改築に関わる調査における課題や問題点は何であると思いますか．

27. 橋梁管理情報のうち，提供いただくことが可能な情報はどれでしょうか．（当てはまるものをすべて選択してください．）

    橋梁台帳データ
    橋梁点検データ
    橋梁補修・補強データ
    データの提供はできない
    その他

28. 問い合わせをさせていただく際の窓口の方のemailアドレスを教えてください．

29. 課題・問題点などがありましたら記入してください．

2.2.2 アンケート結果

(1) 市町村別の割合

今回のアンケートの市町村別の割合は，64%が市，次に20%の県である．

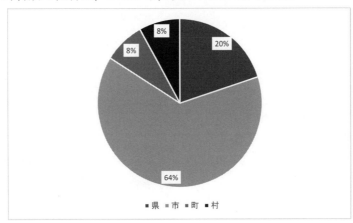

図 2.2.1　アンケート結果（市町村別の割合）

(2) 管理橋梁数の特徴

500橋以下の管理橋梁数の自治体が多く，小規模な橋梁（15m以下）数と管理橋梁数との相関は確認できない．

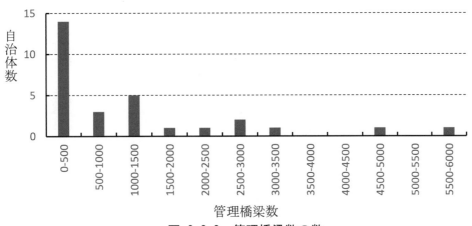

図 2.2.2　管理橋梁数の数

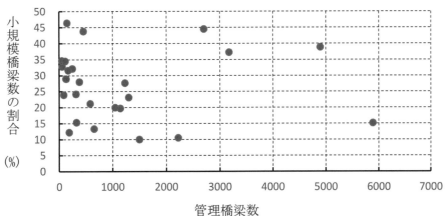

図 2.2.3　管理橋梁数の数と小規模（15m以下）橋梁数との関係

(3) 長寿命化修繕計画の有無

今回実施したアンケート対象のほぼ全ての自治体で，修繕計画があるとの結果であった．

(4) ホームページの公開

ホームページは，全文・簡略版を含めた公開は29の自治体の内21の自治体で実施されている．一方，管理橋梁数との関係では，管理橋梁数が少ないと非公開となっている傾向が大きい．

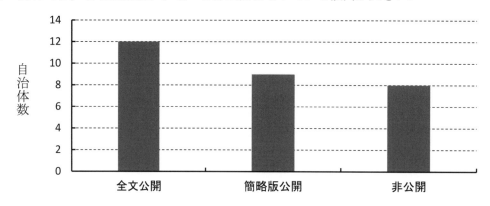

図 2.2.4 ホームページ公開の有無

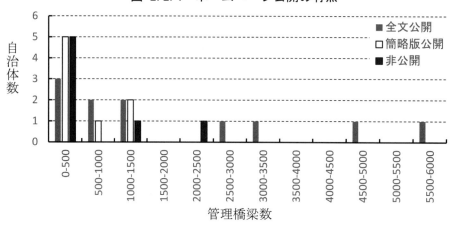

図 2.2.5 管理橋梁数とホームページ公開の有無

(5) 点検マニュアル

点検マニュアル作成は，県のマニュアルが18の自治体，国のマニュアルが6の自治体との状況であった．なおマニュアルなしとの回答は，指定しているマニュアルがないとの結果であり，実際の点検では適宜マニュアルを参考にしながら点検を実施していると思われる．

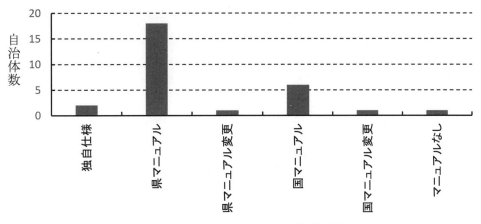

図 2.2.6 マニュアルの整備状況

(6) 修繕計画進行状況の満足度

70%の自治体で，進行状況には満足していない結果であった．また管理橋梁数多い自治体は，満足していない傾向である．

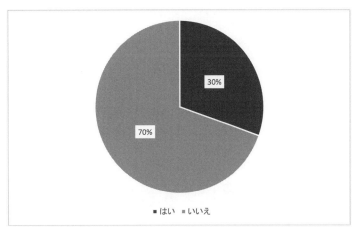

図 2.2.7 修繕計画進行状況の満足度

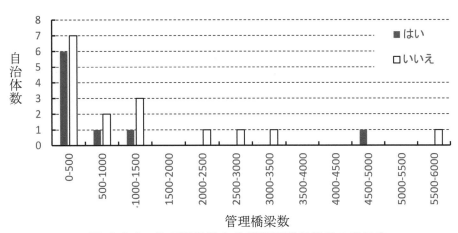

図 2.2.8 管理橋梁数と修繕計画進行状況の満足度

(7) 橋梁長寿命化修繕計画の進行状況が期待通りでない場合，その原因は何でしょうか．

以下は，アンケート結果の抜粋である．期待通りではない理由として，予算や人員不足を挙げている．

- 経費率の上昇に伴い予算不足など
- 国からの財源
- 多額修繕費用がかかるため，予算措置がきびしくなる
- 対策に必要な予算の確保
- 補修を要する橋梁に対する予算・人員不足
- 予算の不足・人員の不足
- 財源を確保できず，計画通り進行しない
- 財源不足
- 金銭面，人的面
- 管理及び補修する橋数が多い
- H26.7 の改正道路法施行後，定期点検業務を優先した結果の予算不足，人的資源不足
- 維持管理に必要な資源の不足
- 劣化損傷の進行，修繕事業費の増大
- 財源確保が困難であること
- 自治体技術職員の不足による進行の遅れ
- 評価があまり統一されていない

(8) 年間点検数

管理橋梁数と年間点検橋梁数（橋梁の規模）の割合に相関は確認できないが，5年に一度点検が必要なこと，各自治体の予算状況から20%～50%に多く散布されている可能性もある．

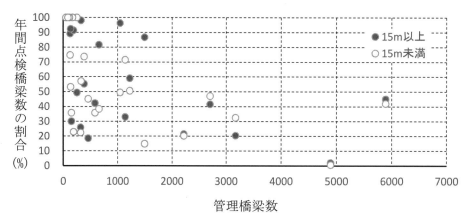

図 2.2.9 管理橋梁数と年間点検数の割合

(9) 点検の実施体制

点検の実施体制は，全て職員で実施している自治体はなく，90%の自治体では全て外部委託により対応している状況であった．

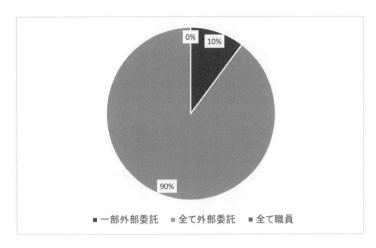

図 2.2.10 点検の実施体制

(10) 維持管理の満足度

維持管理の現状の満足度は 40%に留まっている．管理橋梁数が多い自治体は，満足していない傾向である．

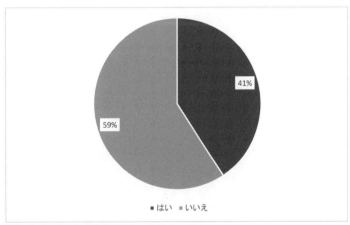

図 2.2.11 維持管理の現状の満足度

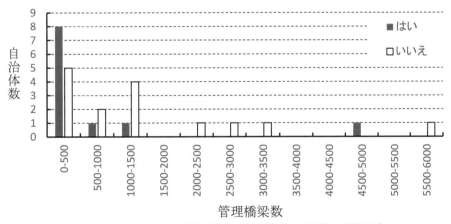

図 2.2.12 管理橋梁数と維持管理の現状の満足度

(11) 維持管理の対策

維持管理の対策としては，補修，巡回観察，補強を想定しているようである．

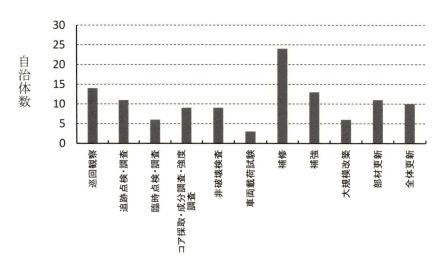

図 2.2.13　維持管理の対策

(12) 更新・改築の有無

29自治体の内24の自治体で，更新あるいは改築（更新・改築の両方）の経験を有している．

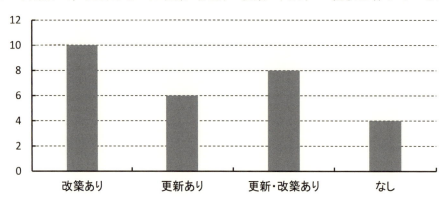

図 2.2.14　更新・改築経験の有無

(13) 更新・改築を決定する際に考慮する項目

更新・改築の決定は，損傷の程度，機能，経済的要因，長寿命化計画の要因が挙げられる．なお図 2.2.15の「その他」は，「河川占用許可条件など架橋上の制約」とのコメントである．地域整備計画との位置付けとも考えられるが，河川関連に特化した回答であった．

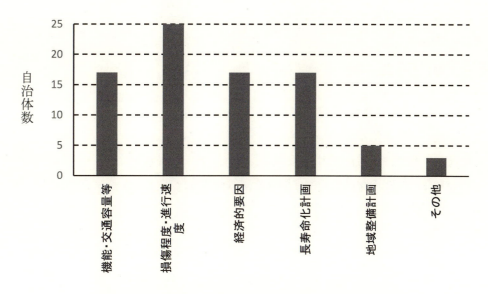

図 2.2.15　更新・改築を決定する際に考慮する項目

(14) 更新・改築を検討する際に重視する項目

　更新・改築を検討する際に重視する項目としては，近接目視が最も重視されている．その他，サンプル調査，非破壊検査となっている．なおその他は，「担当者自らが現地で確認する」とのコメントである．更新・改築が必要と判断された結果に不合理があった経験から，再度確認行っているようである．

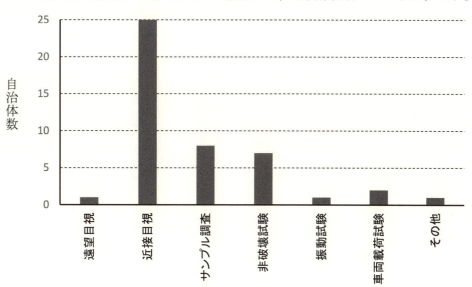

図 2.2.16　更新・改築を検討する際に重視する項目

(15) 橋梁を維持管理するために知っておきたい情報は何ですか．

以下は，アンケート結果の抜粋である．
・各部材における損傷が橋梁全体の耐荷力に及ぼす影響
・橋梁諸元，補修履歴
・損傷メカニズムと対策工法
・診断結果の評価方法
・橋の損傷度，交通量や迂回経路等

- 橋梁補修に係るマニュアルや標準事例集など
- 主構造部材の健全度
- 特殊橋の点検項目など
- 周辺自治体の現状
- 小規模 RC 橋に関する補修方法など長寿命化に寄与する知見
- 橋梁統廃合に関する他自治体の取り組み事例
- 架設年，交通量，健全性，劣化要因
- 危険な状態を発見した際の交通規制や迂回路設定等の安全配慮
- 橋梁に関する技術全般
- 補修工法等の情報

(16) 大規模更新・改築に関わる調査における課題や問題点は何であると思いますか．

以下は，アンケート結果の抜粋である．

- 建設当時の竣工書類がない場合の対応
- 更新・改築，修繕の判断が難しい
- 予算・人
- ライフサイクルコスト
- 予算・財源
- 技術者が少なく，コンサル頼みになっている
- 交付金等による必要な予算措置
- 調査費用，地公体の技術力
- 国民の理解，通行への影響・費用など
- 更新・改築の必要性の判断
- 更新・改築の決定は，各道路管理者の総合的判断に拠ることになるため，調査結果だけで判断することは困難
- 耐荷力の評価，劣化予測
- 桁下管理者との協議・調整
- 橋がどこまでもつかが不明（50 年もつのか 100 年もつのか等の科学的根拠）
- 専門技術者の不足

(17) 課題・問題点

以下は，アンケート結果の抜粋である．

- 点検の質を上げる
- 財政面などの説明で使用される劣化曲線では，個々の橋梁の損傷については反映できない．特に予防保全対策としての補修について，優先順位の付け方が今後の課題と考えます．
- 改築などで施工された新技術・工法の経年変化の情報が知りたいです．
- 点検，補修履歴を管理することができない（現在）．そのための管理ソフトが必要．橋梁数が多すぎ，今後の管理が難しくなっていく．全体予算が人口減で減額となるのに維持管理のみ現状のままは考えられない．

- 橋梁数が多い市町村において，点検が先行し工事が遅れていく懸念がある．
- 経過年数の古い橋梁については完成図書がないものもあり，補修・補強設計の際に支障となっている．
- 点検費用が高価であり，補修が進まないこと．
- 更新には新設以上に膨大な予算と人手と手間がかかること
- 点検費用にかかる市町村負担について
- 現在，長寿命化ガイドライン，点検要領の改訂とともに，全管理橋梁を対象とした長寿命化計画策定作業中
- 跨線部においては，修繕費だけでなく点検にも多額の費用が必要である．
- 修繕計画策定による自主的な活動だけでなく，公的機関から指導を受けられる体制の構築をしてほしい．

2.2.3 アンケート結果のまとめ

本委員会では，自治体の視点に立ち，自治体の現状を把握する目的で，アンケートを実施した．

結果，地方整備局や高速道路会社より，さらに深刻な人材・費用確保の問題とそれに伴う点検等の実施体制構築の困難さ，また一方では，他の自治体の対応が確認したいなど，自治体同士の横の繋がりも少ないことなど課題も含め現状が認識できた．

例えば，修繕計画は9割以上であるものの，一方では7割程度がその進行状況には満足していとないとのアンケート結果や，自治体では県の策定したマニュアルを参考にし，各地方の特徴を踏まえ，いろいろと工夫していること，管理者の9割が更新・改築を経験していることの結果など，現場ではいろいろと悩みながら対応していることが伺える．

さらに，対策に必要な予算の確保・財源不足，人員不足により，橋梁長寿命化修繕計画の進行状況が期待通りでないとの結果があり，更新・改築に関わる調査における課題や問題点としても，予算，技術者不足と，同様な課題があることも再認識された．

一方で，橋梁を維持管理するために知っておきたい情報では，マニュアル，事例集，対策工法（特殊橋を含む），他の自治体の状況など，が挙げられており，本委員会の活動意義も確認できたと考えられる．

最後に，多忙なところ，本アンケートにご協力いただいた自治体職員の皆様に深く感謝致します．

2.3 定期点検の現状と更新・改築事例

2.3.1 維持管理の現状

構造物の更新・改築における現状を把握するため，維持管理業務における柱の一つである点検から診断への流れを確認するため，各種管理団体（道路管理者，鉄道管理者）の点検要領を収集し，複合構造標準示方書［維持管理編］（土木学会）と合わせて整理した．

(1) 道路橋定期点検要領（地方自治体版）[1]　平成 26 年 6 月制定

道路法第 2 条第 1 項に規定する道路における橋長 2.0m 以上の橋，高架の道路等の定期点検に関する事項は道路橋定期点検要領に定められている．

その内容は後述する橋梁定期点検要領（国土交通省版）をベースとしているが，内容は必要最小限に絞られており，点検時の健全度の診断は，部材単位と道路橋ごとの 2 段階を行うこととしている．より詳細な点検や記録を行う場合は，橋梁定期点検要領を参考にすることとしている．

本要領の詳細は以下のとおりである．

1) 点検の目的

定期点検は道路橋の最新の状態を把握するとともに，次回の定期点検までの措置の必要性の判断を行う上で必要な情報を得るために行うもので，定められた期間，方法で点検を実施し，必要に応じて調査を行うこと，その結果をもとに道路橋毎での健全性を診断し，記録を残すことをいう．

2) 点検の方法

定期点検は，近接目視により行うことを基本とする．また，必要に応じて触診や打音等の非破壊検査等を併用して行う．ここで，近接目視とは，肉眼により部材の変状等の状態を把握し，評価を行える距離まで接近して目視を行うことをいう．

また，点検は 5 年に 1 回の頻度で実施することを基本とする．

3) 点検の項目

部材単位の健全性の診断は，少なくとも以下の変状の種類ごとに行う．

・鋼部材：腐食，き裂，破断，その他
・コンクリート部材：ひび割れ，床版ひび割れ，その他
・その他：支承の機能障害，その他

4) 健全性の診断

部材単位の健全性の診断及び道路橋毎の健全性の診断は，**表 2.3.1** の判定区分により行うことを基本とする．

表 2.3.1　判定区分[1]

区分		状態
I	健全	構造物の機能に支障が生じていない状態。
II	予防保全段階	構造物の機能に支障が生じていないが、予防保全の観点から措置を講ずることが望ましい状態。
III	早期措置段階	構造物の機能に支障が生じる可能性があり、早期に措置を講ずべき状態。
IV	緊急措置段階	構造物の機能に支障が生じている、又は生じる可能性が著しく高く、緊急に措置を講ずべき状態。

(2) 岩手県橋梁定期点検要領（案）[2] 平成 27 年 6 月改訂

　道路法上の道路における橋長 2.0m 以上の橋，高架の道路等のうち，岩手県が管理する全ての道路橋に対する点検業務に関する事項は，岩手県橋梁定期点検要領（案）に定められている．本要領では，道路橋定期点検要領（地方自治体版）よりも詳細な内容まで定めており，後述する橋梁定期点検要領（国土交通省版）[3]を踏襲した部分も見られる．また，点検を項目や頻度，実施体制が異なる「日常点検」「定期点検」「異常時点検」の 3 つに区分している．

　本要領の詳細は以下のとおりである．

1) 点検の目的

　橋梁点検は，構造安全性及び交通安全性に影響する損傷や第三者被害が懸念される損傷の早期発見と処置を行うとともに，橋梁の効率的な維持管理（予防保全型維持管理）を行うために必要な情報を蓄積することを目的としている．

2) 点検の方法

　定期点検の方法は以下のように定めている．

　定期点検とは，全橋梁を対象として，橋梁の保全を図るために定期的に実施するものであり，主に目視及び簡易な点検器械・器具により，原則として可能な範囲内で各部材に接近して行う近接目視点検（徒歩，梯子，船上，点検車，リフト車等）をいう．

　また，新設橋梁に対しては供用後 2 年以内に初回点検を実施し，以降の定期点検は 5 年に 1 回を基本とする．

3) 点検の項目

　本要領では，橋梁の部位別，材料別に対象とする損傷を定めている．下記に，材料別の対象損傷の種類を示す．

<u>鋼材料</u>

① 腐食　② き裂　③ ゆるみ・脱落　④ 破断　⑤ 防食機能の劣化

<u>コンクリート材料</u>

⑥ ひび割れ　⑦ 剥離・鉄筋露出　⑧ 漏水・遊離石灰　⑨ 抜け落ち　⑩ コンクリート補強材の損傷

⑪ 床版ひび割れ　⑫ 浮き

<u>その他</u>

⑬ 遊間の異常　⑭ 路面の凹凸　⑮ 舗装の異常　⑯ 支承の機能障害

<u>共通</u>

⑱ 定着部の異常　⑲ 変色・劣化　⑳ 漏水・滞水　㉑異常な音・振動　㉒異常なたわみ

㉓変形・欠損　㉔土砂詰り　㉕沈下・移動・傾斜　㉖洗掘

4) 損傷状況の把握

　近接目視により，損傷状況を把握したら，損傷程度を a～e の 5 段階で評価する．評価基準は橋梁定期点検要領（国土交通省版）付属の損傷評価基準に準拠しており，**表 2.3.2** に示すように損傷の種類ごとに定めている．

表 2.3.2 損傷評価基準[2]

材料	損傷種類		a	b	c	d	e
鋼	①腐食		なし	深さ小,面積小	深さ小,面積大	深さ大,面積小	深さ大,面積大
	②亀裂		なし	—	規模小	—	規模大
	③ゆるみ・脱落		なし	—	規模小	—	規模大
	④破断		なし	—	—	—	あり
	⑤防食機能の劣化		なし	—	規模小	規模中	規模大
コンクリート	⑥ひびわれ		なし	幅小,間隔小	幅小,間隔大	幅中,間隔大	幅大,間隔大
					幅中,間隔小	幅大,間隔小	
	⑦剥離・鉄筋露出		なし	—	剥離のみ	鉄筋露出,腐食小	鉄筋露出,腐食大
	⑧漏水・遊離石灰		なし	—	規模小	規模中	規模大
	⑨抜け落ち		なし	—	—	—	あり
	⑪床版ひびわれ	1方向 漏水・遊離石灰あり	なし	間隔1.0m以上 幅0.05mm以下	幅0.1mm以下	幅0.2mm以下	幅0.2mm以上 角落ちあり
		1方向 漏水・遊離石灰なし	なし	—	—	幅0.2mm以下	幅0.2mm以上 角落ちあり
		2方向 漏水・遊離石灰あり	なし	—	格子の大きさ0.5m以上 幅0.1mm以下	格子の大きさ0.5〜0.2m 幅0.2mm以下	格子の大きさ0.2m以下 幅0.2mm以上 角落ちあり
		2方向 漏水・遊離石灰なし	なし	—	—	幅0.2mm以下	幅0.2mm以上 角落ちあり
	⑫うき		なし	—	—	—	あり
その他	⑬遊間の異常		なし	—	規模小	—	規模大
	⑭路面の凹凸		なし	—	20mm未満	—	20mm以上
	⑮舗装の異常		なし	—	—	—	あり
	⑯支承の機能障害		なし	—	—	—	あり
	⑰その他		なし	—	—	—	あり
共通	⑱コンクリート補強材の損傷		なし	—	規模小	—	規模大
	⑱定着部の異常		なし	—	規模小	—	規模大
	⑲変色・劣化		なし	—	—	—	あり
	⑳漏水・滞水		なし	—	—	—	あり
	㉑異常な音・振動		なし	—	—	—	あり
	㉒異常なたわみ		なし	—	—	—	あり
	㉓変形・欠損		なし	—	規模小	—	規模大
	㉔土砂詰り		なし	—	—	—	あり
	㉕沈下・移動・傾斜		なし	—	—	—	あり
	㉖洗掘		なし	—	規模小	—	規模大

5) 対策区分の判定

　橋梁の損傷状況を把握したうえで，図 2.3.1 に示す流れを基本として，部位毎に対策区分の判定を行う．判定にあたっては，橋梁定期点検要領（国土交通省版）に準じ，対象部材の重要度や劣化要因，構造条件，環境条件を十分に踏まえることとしている．

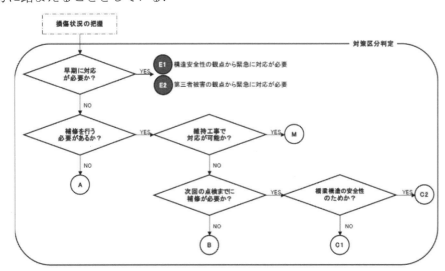

図 2.3.1　対策区分判定の基本的な流れ[2]

6) 健全性の診断

定期点検における健全性の診断は部材単位と橋単位で行う．それぞれの判定区分について以下に示す．

なお，橋単位の健全性の診断は前述の対策区分の判定及び所見，あるいは部材単位の診断の結果を踏まえて，判定区分の定義に則り総合的に判断する．一般には，構造物の性能に影響を及ぼす主要な部材に着目して，最も厳しい評価で代表させることができる．

構造上の部材等の健全性の診断及び橋単位での診断は，表 2.3.3 の判定区分により行うことを基本とする．

表 2.3.3 判定区分 [2]

区分		定義
I	健全	道路橋の機能に支障が生じていない状態．
II	予防保全段階	道路橋の機能に支障が生じていないが，予防保全の観点から措置を講ずることが望ましい状態．
III	早期措置段階	道路橋の機能に支障が生じる可能性があり，早期に措置を講ずべき状態．
IV	緊急措置段階	道路橋の機能に支障が生じている，又は生じる可能性が著しく高く，緊急に措置を講ずべき状態．

(3) 橋梁定期点検要領（国土交通省版）[3] 平成 26 年 6 月改訂

道路法上の道路における橋長 2.0m 以上の橋，高架の道路等のうち，国土交通省及び内閣府沖縄総合事務局が管理する道路橋の定期点検に関する事項は，橋梁点検要領（国土交通省版）に定められている．

点検により損傷を把握し，対策区分の判定を行うとともに，部材単位・道路橋毎の 2 段階の健全度を判定するという点検体系となっている．

本要領の詳細は以下のとおりである．

1) 点検の目的

定期点検は，道路橋の各部材の状態を把握，診断し，当該道路橋に必要な措置を特定するために必要な情報を得るためのものであり，安全で円滑な交通の確保，沿道や第三者への被害の防止を図るため等の橋梁に係る維持管理を適切に行うために必要な情報を得ることを目的に実施する．

2) 点検の方法

定期点検は，近接目視により行うことを基本とし，必要に応じて触診や打音等の非破壊検査などを併用して行う．

また，定期点検は供用開始後 2 年以内に初回を行い，2 回目以降は，5 年に 1 回の頻度で行うことを基本としている．

3) 点検の項目

橋梁点検要領においては，橋梁の部位別，材料別に対象とする損傷を定めており，損傷別に点検の標準的な方法，ならびに詳細な点検を想定した必要に応じて採用することができる方法を定めている．以下に，損傷別の標準的な点検方法と必要に応じて採用することができる方法を示す．

鋼材料
① 腐食：目視，ノギス，点検ハンマー【超音波板厚計による板厚計測】
② き裂：目視【磁粉探傷試験，超音波探傷試験，渦流探傷試験，浸透探傷試験】
③ ゆるみ・脱落：目視，点検ハンマー【ボルトヘッドマークの確認，打音検査，超音波探傷（F11T 等），軸力計を使用した調査】
④ 破断：目視，点検ハンマー【打音検査（ボルト）】
⑤ 防食機能の劣化：目視【写真撮影（画像解析による調査），インピーダンス測定，膜厚測定，付着性試験】

コンクリート材料
⑥ ひび割れ：目視，クラックゲージ【写真撮影（画像解析による調査）】
⑦ 剥離・鉄筋露出：目視，点検ハンマー【写真撮影（画像解析による調査），打音検査】
⑧ 漏水・遊離石灰：目視
⑨ 抜け落ち：目視
⑪ 床版ひび割れ：目視，クラックゲージ【写真撮影（画像解析による調査）】
⑫ 浮き：目視，点検ハンマー【打音検査，赤外線調査】

その他
⑬ 遊間の異常：目視，コンベックス
⑭ 路面の凹凸：目視，コンベックス，ポール
⑮ 舗装の異常：目視，コンベックス又はクラックゲージ
⑯ 支承部の機能障害：目視【移動量測定】

⑰ その他

共通

⑩ 補修・補強材の損傷目視，点検ハンマー【打音検査，赤外線調査】

⑱ 定着部の異常：目視，点検ハンマー，クラックゲージ【打音検査，赤外線調査】

⑲ 変色・劣化：目視

⑳ 漏水・滞水：目視【赤外線調査】

㉑ 異常な音・振動：聴覚，目視

㉒ 異常なたわみ：目視【測量】

㉓ 変形・欠損：目視，水糸，コンベックス

㉔ 土砂詰まり：目視

㉕ 沈下・移動・傾斜：目視，水糸，コンベックス【測量】

㉖ 洗掘：目視，ポール【カラーイメージングソナー】

※【　】は必要に応じて採用することのできる方法の例

4) 損傷状況の把握

定期点検の結果，損傷を発見した場合は，部位，部材の最小評価単位毎，損傷の種類毎に損傷の状況を把握し，損傷程度をa〜eの5段階で評価する．評価基準を本要領の付録「損傷評価基準」において損傷の種類ごとに示しており，前述の岩手県橋梁定期点検要領（案）にて示した**表2.3.2**と同様である．損傷状況を把握する際には，損傷状況に応じて，効率的な維持管理をする上で必要な情報を詳細に把握する．例えば，ひび割れ状況をもとにアルカリ骨材反応を検討したり，き裂の発生箇所周辺の損傷状況をもとに損傷原因を考察したりする場合には，損傷図が重要な情報源となる．

5) 対策区分の判定

橋梁の損傷状況を把握したうえで，構造上の部材区分あるいは部位毎，損傷種類毎の対策区分について，**表2.3.4**の判定区分による判定を行う．橋梁点検要領には「対策区分判定要領」が付録として付いており，判定の際にはこれを参考とすることができる．

表 2.3.4　対策区分の判定区分 [3]

判定区分	判定の内容
A	損傷が認められないか，損傷が軽微で補修を行う必要がない．
B	状況に応じて補修を行う必要がある．
C 1	予防保全の観点から，速やかに補修等を行う必要がある．
C 2	橋梁構造の安全性の観点から，速やかに補修等を行う必要がある．
E 1	橋梁構造の安全性の観点から，緊急対応の必要がある．
E 2	その他，緊急対応の必要がある．
M	維持工事で対応する必要がある．
S 1	詳細調査の必要がある．
S 2	追跡調査の必要がある．

6) 健全性の診断

定期点検における健全性の診断は部材単位と橋単位で行う．それぞれの判定区分について以下に示す．なお，橋単位の健全性の診断は前述の対策区分の判定及び所見，あるいは部材単位の診断の結果を踏まえて，判定区分の定義に則り総合的に判断する．一般には，構造物の性能に影響を及ぼす主要な部材に着

目して，最も厳しい評価で代表させることができる．

構造上の部材等の健全性の診断及び橋単位での診断は，**表 2.3.5** の判定区分により行うことを基本とする．

表 2.3.5 判定区分[3]

区分		定義
I	健全	道路橋の機能に支障が生じていない状態。
II	予防保全段階	道路橋の機能に支障が生じていないが，予防保全の観点から措置を講ずることが望ましい状態。
III	早期措置段階	道路橋の機能に支障が生じる可能性があり，早期に措置を講ずべき状態。
IV	緊急措置段階	道路橋の機能に支障が生じている，又は生じる可能性が著しく高く，緊急に措置を講ずべき状態。

(4) 道路構造物の点検要領（東・中・西日本高速道路）[4]　平成 27 年 4 月改訂

　東・中・西日本高速道路における点検は，同社が定める道路構造物の点検要領に基づいて実施している．

　本要領において，点検は要求する目的や内容に応じて「初期点検」「日常点検」「定期点検」「臨時点検」の 4 つに区分し実施することを標準としている．ここで，臨時点検とは日常点検では対応が困難な場合や定期点検における詳細点検の補完，類似した構造の箇所で同様な変状が想定される箇所の点検，または地震・異常気象時や災害・重大事故発生時等において，構造物の状況を把握するために必要に応じて実施するものである．

　定期点検は，構造物を長期的に良好な状態に維持するための健全性の把握および安全な道路交通の確保や第三者等被害を未然に防止するために，定期的に構造物の変状発生状況を把握し，その状態を評価・診断するために行うものであり，その目的および役割に応じて以下の 2 種類に区分することを標準としている．

（a）基本点検

　基本点検とは，構造物における第三者等被害を防止することも含め，管理区間全体の構造物の状況を把握する点検である．

（b）詳細点検

　詳細点検とは，構造物の健全性の把握および安全な道路交通の確保や第三者等に対する被害を未然に防止するため，構造物個々の状況を細部にわたり定期的に把握するために行うもので，構造物の健全性と安全な道路交通の確保や第三者等被害の防止の双方の観点から変状の発生や進行状況を把握し，その状態を適切に評価・診断する点検である．

　なお，詳細点検は，点検対象構造物により，道路法施行規則第四条五の二を遵守して行う点検，法令を準用して行う点検及び本要領に規定する関係各項目により実施する点検に区分される．

　本要領の詳細は以下のとおりである．

1) 点検の目的

　点検は，安全な道路交通を確保するとともに第三者等被害を未然に防止するためおよび構造物を長期的に良好な状態に維持管理するために，構造物の状況を的確に把握・評価し，必要な対策や措置を決定することを目的とする．

2) 点検の方法

　点検の方法（手法）として表 2.3.6 に示す内容を実施するものとする．

表 2.3.6　定期点検の方法（手法）と頻度 [4]

点検種別		点検頻度	点検内容
基本点検		1 回以上／年	遠望目視または近接目視
詳細点検	第三者被害を未然に防止する観点から行う点検	1 回以上／5 年	近接目視かつ触診や打音により行うことを原則とする点検
	健全性を把握し保持するために行う点検		近接目視を基本とし，必要に応じて触診や打音等の非破壊検査を併用して行う点検

3) 点検の項目

標準的な橋梁の点検において対象とする構造物は，以下のとおり．

（イ）鋼橋　（ロ）コンクリート橋・プレストレストコンクリート橋　（ハ）複合橋　（ニ）床版

（ホ）下部構造　（ヘ）支承　（ト）伸縮装置

（チ）付属物（高欄・地覆，橋面排水装置，落橋防止システム，橋梁検査路）

（リ）橋面舗装　（ヌ）その他橋梁附属物

4) 点検結果に基づく判定，健全度評価

点検の結果は，各々の変状に対して表 2.3.7 に示す区分により「個別判定」，「健全度評価」を行うことを基本とする．なお，「個別判定」は主に短期の補修計画策定に活用し，「健全度評価」は主に中長期の修繕・更新計画に活用するものであり詳細点検と初期点検において実施する．健全性の診断は「個別判定」と「健全度評価」に基づき実施する．

個別の変状に対する判定区分は，変状の程度と調査や対策の必要性についての検討有無等から判定するAA，A，B，C，OK の 5 区分と，さらにその変状が第三者等に対し安全性の観点から対策が必要かどうかを判定する E とに区分されている．

表 2.3.7　個別の変状に対する判定区分 [4]

判定区分		一般的状況
個別の変状に対する判定	AA	変状が著しく、機能面への影響が非常に高いと判断され、速やかな対策が必要な場合。
	A	変状があり、機能低下に影響していると判断され、対策の検討が必要な場合。
	A1[※1]	変状があり、機能低下への影響が高いと判断される場合。
	A2[※1]	変状があり、機能低下への影響が低いと判断される場合。
	B	変状はあるが、機能低下への影響は無く、変状の進行状態を継続的に監視する必要がある場合。
	C	変状の状態（機能面への影響度合い等）に関する判定を行うために、調査を実施する必要がある場合。
	OK	変状がないか、もしくは軽微な場合。
第三者等被害に対する判定	E	安全な交通または第三者等に対し支障となる恐れがあるため、対策が必要と判断される場合。

健全度評価は，点検により劣化機構と劣化進行過程を推定して，橋梁部材における健全性の評価を行うことを目的とする．

健全度評価は橋梁の構造区分，部材に分類して行うものとする．健全度評価の対象とする部材の評価単位は表 2.3.8 を基本とする．なお，特殊な構造形式で表 2.3.8 が適用できない橋梁については，適宜，健全度評価の対象部材と評価単位を設定しなければならない．

表 2.3.8 健全度評価の対象部材・評価単位 [4]

構造区分	部　　材	評価単位	備　考
鋼橋	鋼桁	連[※3] 連における端部	
コンクリート橋 プレストレストコンクリート橋	RC 桁 PC 桁（外ケーブル、PC 定着部含む）	連[※3] 連における端部	
複合橋[※1]	鋼部材、コンクリート部材、接合部	連[※3] 連における端部	
床版	RC 床版・PC 床版 鋼床版[※2]・鋼コンクリート合成床版	連[※3] 連における端部	
下部構造	橋台 橋脚（鋼製橋脚[※2]含む）	基	基礎除く
支承	鋼製支承 ゴム支承	基	
伸縮装置	鋼製フィンガージョイント 製品ジョイント 埋設ジョイント	基	

健全度評価における劣化進行過程の段階は，点検時における劣化進行を安全性や走行性などの保有性能に着目して，表2.3.9に示す変状グレードⅠ～Ⅴの5段階で行うものとする．

表 2.3.9 健全度評価（変状グレード）[4]

変状グレード	変状や劣化の進行	構造物の性能
Ⅰ	問題となる変状がない	劣化の進行が見られない。
Ⅱ	軽微な変状が発生している	劣化は進行しているが、耐荷性能または走行性能は低下していない。
Ⅲ	変状が発生している	劣化がかなり進行しており、耐荷性能または走行性能の低下に対する注意が必要である。
Ⅳ	変状が著しい	耐荷性能が低下しつつあり、安全性に影響を及ぼす恐れがある。または、走行性能が低下しつつあり、使用性に影響を及ぼす恐れがある。
Ⅴ	深刻な変状が発生している	耐荷性能の低下が深刻であり、安全性に問題がある。または、走行性能の低下が深刻であり、使用性に問題がある。

5) 健全性の診断

　健全性の診断は，個別判定や健全度評価に基づき，構造物全体で総合的な評価を行うものである．健全性の診断は，構造特性や環境条件，当該道路構造物の重要度等によっても異なるため，個別判定や部材単位の健全度評価の結果を踏まえて，構造物毎で総合的に判断することが必要である．一般には，構造物の性能に影響を及ぼす主要な部材に着目して，最も厳しい部材の健全性の診断結果で構造物の診断結果を代表させることができる．

(5) 道路構造物の点検要領（阪神高速道路）[5] 平成27年7月改訂

阪神高速道路における点検は，同社が定める道路構造物の点検要領に基づいて実施している．

点検の目的は多岐にわたっており，構造物も多種多様であることから，これらの目的を合理的かつ効率的に果たすために，点検の体系は目的に応じて「初期点検」「日常点検」「定期点検」「臨時点検」の4つに区分し実施するものとする．ここで，臨時点検とは，災害および事故発生後の異常を早期に発見して対策を講じるための資料を得ること，ならびに日常点検や定期点検を補完することを目的として適宜必要に応じて実施する．

本要領の詳細は以下のとおりである．

1) 点検の目的

点検は，構造物を常に適切な状態に保全するために，損傷の状況やその影響度を把握し，補修あるいは補修工事の計画策定を行うために必要となる対策の要否，また，対策の内容を判断するための基礎資料を得ることを目的とする．

特に定期点検は，長期点検計画に基づき，一定の期間ごとに構造物に接近して点検を行い，機能低下の原因となる損傷や劣化を早期に発見し，構造物の損傷度やその影響度を把握するとともに，対策の要否やその内容を判断するための資料を得ることと，補修あるいは補修工事の計画策定を行うことを目的とする．

2) 点検の方法と頻度

定期点検の点検方法は，肉眼により部材の変状等の状態を把握し，評価が行える距離まで接近して目視を行い，必要に応じ，たたきおよび簡単な計測を実施する．なお，近接目視が物理的に困難な箇所においては，電子機材を活用するなど近接目視によって行う評価と同等の評価が行える方法にて実施する．**表 2.3.10** に定期点検の区分および頻度を示す．

表 2.3.10 定期点検の区分および頻度[5]

点検区分		点検対象構造物	頻度	点検方法
橋梁点検	上下部工点検	桁、床版、高欄・水切り橋脚、はり上構造物、橋梁検査路、裏面板・側面板、遮音壁、斜材・ケーブル、ケーブル付属物、主構、主塔	1回／5年	近接目視、必要に応じ、たたきおよび簡単な計測
	中間年点検	要注意構造物	上下部工点検の中間年に実施	近接目視、必要に応じ、たたきおよび簡単な計測

3) 点検の項目

点検の項目は，鋼構造物，コンクリート構造物，床板，舗装など構造物の種別ごとに対象となる損傷内容を定めている．以下に鋼構造物とコンクリート構造物の点検項目に定められた損傷の例を挙げる．

<u>i) 鋼構造物の点検項目</u>

「鋼桁および鋼製橋脚」

① 部材の損傷（割れ，曲がり，ひずみ）　② 溶接部のわれ

③ 高力ボルトの欠損，折損およびゆるみ　④ リベットの形状不良　⑤ 異常音

⑥ 滞水および漏水　⑦ さびおよび腐食　⑧ 塗膜の状態　⑨ 桁の遊間の良否

⑩ その他の損傷

ii) コンクリート構造物の点検項目

「一般部」

① ひび割れ，② 鉄筋露出，鉄筋腐食，はく離，欠落，

③ ＰＣ鋼材，シースおよび定着部の露出，④ 空洞・豆板，⑤ 跡埋めコンクリートの損傷

⑥ 漏水，遊離石灰，⑦ 補修箇所の損傷，⑧ 目地の異常，⑨ その他

4) 点検結果の判定

定期点検の結果は，損傷の程度およびその影響度を総合的に評価し，表 2.3.11 の判定区分に基づき判定する．

表 2.3.11 定期点検の点検判定区分（1 次判定）[5]

判定区分		損 傷 状 況
S	S1	機能低下が著しく、構造物の安全性から緊急に対策の必要がある場合
	S2	第三者への影響があると考えられ、緊急に対策の必要がある場合
A		機能低下があり、対策の必要がある場合
B		損傷の状態を観察する必要がある場合
C		損傷が軽微である場合
OK		上記以外の場合

表 2.3.12 定期点検の点検判定区分（2 次判定）[5]

点検1次判定	点検2次判定			
S	S			
A	進行性の評価＼冗長性の評価	小	中	大
	大	A	A	B
	中	A	B	B
	小	B	B	C
B	B			
C	C			

進行性：部材が破断等によって何時機能を失う状態になるか，また，それが通常の点検周期で発見でき，適切な措置をとっていく余裕のある早さで進行するか否かを評価する．
冗長性：発見された損傷が進行し，部材が破断（機能喪失）状態に達したとき，構造物全体が崩壊等，構造物としての機能を失う状態になるか否かを評価する．

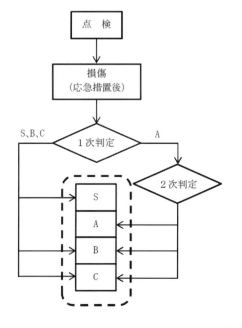

図 2.3.2 定期点検の点検判定区分[5]

各構造物の具体的な損傷の健全度に対する判定は，2段階に分けて行う．

点検1次判定とは，全ての点検対象構造物に対する損傷状態の判定であり，構造物の種別ごとに定められた具体的な損傷状態に対応する判定区分を基本として点検判定を行うことをいう．点検2次判定とは，橋梁の主要な構造物である点検5工種（桁，橋脚，はり上構造物，床版，高欄・水切り部および長大橋梁の主部材）の点検において，点検1次判定の区分がAランクに該当する損傷を発見した場合に，図2.3.2に示すように損傷の影響度を総合的に評価した点検判定を行うことをいう．

5) 対策判定

点検判定の結果「対策の必要がある」と判定された損傷については，表2.3.13の区分に基づき講ずるべき対策の種類を判定する．

表 2.3.13　対策の区分[5]

対策区分	対策の名称	対策の内容
T1	個別補修	耐久性、使用性、機能性の回復や向上、第三者影響度の軽減ならびに部材や構造物の剛性などの力学的性能の回復および向上のために採られる対策。 損傷の状況から速やかな対策が望まれるもの、また速やかな補修を行うことが経済的であるものを対象。なお、損傷の状況に応じて、恒久補修、応急補修の対応を選択する。
T2	計画補修	耐久性、使用性、機能性の回復や向上、第三者影響度の軽減ならびに部材や構造物の剛性などの力学的性能の回復および向上のために採られる対策。 他の中長期的な対策計画と併せた対策により、効率的に性能の回復が図れるものを対象。
T3	点検強化	各種点検の実施により、損傷原因の推定および今後の損傷進行の予測を行うために採られる対策。

6) 構造物健全性の診断

法令に定められた構造物の健全性の診断は，構造単位での損傷判定および対策判定を行った上で，表2.3.14に定める区分により分類する．

表 2.3.14　構造物健全性の診断区分[5]

国の判定			阪神高速点検判定	
			損傷判定	対策判定
IV	緊急措置段階	構造物の機能に支障が生じている、又は生じる可能性が著しく高く、緊急に措置を講ずべき状態	S	T1
III	早期措置段階	構造物の機能に支障が生じる可能性があり、早期に措置を講ずべき状態	A	T1
II	予防保全段階	構造物の機能に支障が生じていないが、予防保全の観点から措置を講ずることが望ましい状態	A	T2、T3
			B	−
			C	−
I	健全	構造物の機能に支障が生じていない状態	OK	−

(6) 土木構造物等全般検査マニュアル（東日本旅客鉄道）[6]　平成 26 年 6 月改訂

　東日本旅客鉄道（以下，JR 東日本）においては，道路における「点検」にあたるものを「検査」と呼称するため，これらの表現が混在するが，ここでは同義のものであると考えていただきたい．

　鉄道における施設の検査周期は国土交通省の「施設及び車両の定期点検に関する告示」が定めており，これに則って公益財団法人鉄道総合技術研究所が編纂した「鉄道構造物等維持管理標準・同解説（構造物編）[7]」において，鉄道土木構造物の検査の標準が示されている．JR 東日本では，前述の維持管理標準をもとに「土木構造物全般検査マニュアル」を定め，このマニュアルで標準的な検査方法を示している．

　検査はその目的に応じて「初回検査」「全般検査」「個別検査」「随時検査」に区分される．

　本マニュアルの詳細は以下のとおりである．

1) 検査の目的

　構造物の検査は，構造物の変状やその可能性を早期に発見し，構造物の性能を的確に把握するために行う．また，検査を通じて把握した構造物の健全度は，その構造物の維持管理計画策定の根拠となる．

2) 検査の方法

　検査は 5 つに区分され，その方法は**表 2.3.15** のとおりである．

表 2.3.15　検査の区分 [6]

検査区分	目的・概要	検査方法
初回検査	新設構造物及び改築・取替を行った構造物の初期の状態を把握することを目的として実施する検査	至近距離からの目視検査や打音検査等
通常全般検査	構造物の変状等を抽出することを目的とし、2年を基準期間として定期的に実施する検査	目視検査を基本とし、必要により打音検査
特別全般検査	構造物の健全度判定の制度を高める目的で、10年以内（在来線トンネルは20年以内）ごとに実施する検査	極力構造物等に接近しての入念な目視を基本とし、必要により打音検査
個別検査	全般検査、随時検査の結果、詳細な検査が必要とされた場合等に実施する検査	方法に定めはないが、検査機器を用いた詳細な検査を行うことがある
随時検査	異常時やその他必要と考えられる場合に実施する検査	方法に定めはない

3) 検査の項目

　定期的に行う全般検査における検査項目については，構造物の部位とそれに対応する変状が定められている．橋梁は，構造形式によって「RC 桁・PC 桁・PRC 桁・H 形鋼埋め込み桁」「ラーメン高架橋」「上路鈑桁（リベット構造），槽状桁，I ビーム桁」などの 10 カテゴリーに区分されており，それぞれについて検査項目を定めている．

　ここでは，例として「RC 桁・PC 桁・PRC 桁・H 形鋼埋め込み桁」「上路鈑桁（溶接構造）」の検査項目を**表 2.3.16，2.3.17** に示す．

表 2.3.16 RC桁・PC桁・PRC桁・H形鋼埋め込み桁の検査項目 [6]

検査箇所		変状
支承部	シュー本体	破損、支点沈下、ズレ、可動不良、傾斜、変形、亀裂・ひび割れ、腐食、3点支持、その他
	シュー座	破損、傾斜、亀裂・ひび割れ、剥離・剥落、その他
	アンカー	破断、変形、腐食、抜け、弛緩、欠食、その他
	ボルト	亀裂・ひび割れ、剥離・剥落、鉄筋露出、腐食、豆板、エフロレッセンス、塗膜劣化、その他
主桁（支点）	下面	
	側面	
	上面	
主桁（中間）	下面	
	側面	
	上面	
主桁	端面	腐食（シース）、破断（ケーブル）（PC・PRC桁の場合）
	定着部	
接合部		
スラブ（中間）	下面	
	側面	
	上面	
張出スラブ		
ゲルバー部		
電柱基礎		
地覆		亀裂・ひび割れ、剥離・剥落、鉄筋露出、腐食、豆板、エフロレッセンス、塗膜劣化、その他
高欄・防音壁		目地切れ（ブロックの場合）、破損（腕材・支柱）（プレキャストの場合）
H形鋼		腐食、剥離・剥落、縁切れ、エフロレッセンス、漏水、塗膜劣化、その他

表 2.3.17 上路鈑桁（溶接構造）の検査項目 [6]

部材	部位		変状
支承部	シュー		破断、亀裂、支点沈下、ずれ、可動不良、腐食
	シュー座		剥離、ひび割れ
	アンカーボルト		破断、抜け、変形、欠食
	ソールプレート取付リベット、ボルト		抜け、弛緩、欠食
主桁	支点部	フランジ	破断、亀裂、変形、欠食、腐食
		腹板	
	中間部	フランジ	
		腹板	
		添接部	亀裂、欠食、抜け、弛緩
補剛材	端補剛材		亀裂、変形、欠食、腐食
	中間補剛材		
対傾構	端対傾構	端対傾構	破断、亀裂、変形、抜け、弛緩、欠食、腐食
		ガセット	
	中間対傾構	中間対傾構	
		ガセット	
横構	端部横構	ガセット	
	中間部横構	ガセット	
鋼床版			
バックルプレート			
ゲルバー部			
塗膜			塗膜劣化

4) 検査結果の判定

検査時の標準的な健全度の判定区分は**表 2.3.18** のとおりである．

なお，個別検査以外の検査においては，A，B，C，S のいずれかのランクでのみ健全度判定を行う．A ランクと判定されたものについては，個別検査を実施することで健全度を AA，A1，A2 ランクに細分化するか，B ランク以下への判定の見直しを行う．

表 2.3.18 構造物の状態と標準的な健全度の判定区分 [6]

健全度		構造物の状態
A		運転保安、旅客および公衆などの安全ならびに列車の正常運行の確保を脅かす、またはそのおそれのある変状等があるもの
	AA	運転保安、旅客および公衆などの安全ならびに列車の正常運行の確保を脅かす変状等があり、緊急に措置を必要とするもの
	A1	進行している変状等があり、構造物の性能が低下しつつあるもの、または、大雨、出水、地震等により、構造物の性能を失うおそれのあるもの
	A2	変状等があり、将来それが構造物の性能を低下させるおそれのあるもの
B		将来、健全度Aになるおそれのある変状等があるもの
C		軽微な変状等があるもの
S		健全なもの

5) 対策判定

検査時の健全度判定結果に対する標準的な対策の考え方は**表 2.3.19**のとおりである．

表 2.3.19 標準的な健全度と措置等との関係[6]

健全度		運転保安、旅客および公衆などの安全に対する影響	変状の程度	措置等
A	AA	脅かす	重大	緊急に措置
	A1	早晩脅かす 異常時外力の作用時に脅かす	進行中の変状等があり、性能低下も進行している	早急に措置
	A2	将来脅かす	性能低下のおそれがある変状等がある	必要な時期に措置
B		進行すれば健全度Aになる	進行すれば健全度Aになる	必要に応じて監視等の措置
C		現状では影響なし	軽微	次回検査時に必要に応じて重点的に調査
S		影響なし	なし	なし

(7) 複合構造標準示方書［維持管理編］（土木学会）[8] 平成27年3月制定

土木学会では，コンクリート標準示方書（以下，「コンクリート示方書」と呼ぶ）［維持管理編］[9]（2001年制定，最新版2013年制定），および鋼・合成構造標準示方書（以下，「鋼・合成示方書」と呼ぶ）［維持管理編］[10]（2013年制定）に加えて，鋼とコンクリートで構成される各種合成部材およびFRP部材を対象とした複合構造標準示方書（以下，「複合示方書」と呼ぶ）［維持管理編］[8]を2014年に新たに制定した．学会示方書としては先駆けとなったコンクリート示方書［維持管理編］は，維持管理計画から点検，診断，対策，記録に至る維持管理の標準的な枠組みを提示するとともに，コンクリート構造物における中性化や塩害等の劣化機構別の維持管理手法が示されている．また，鋼・合成示方書［維持管理編］は，腐食や疲労，高力ボルト継手といった鋼構造物に特徴的な技術情報が多く掲載されている．しかしながら，いずれの示方書においても，構造物の性能評価法を具体的に記述するには至っていない．

一方，先に示した事業者や地方自治体の維持管理基準・要領では，主として外観目視の結果から損傷の程度によってグレードを定め，それに応じた対策（措置）の要否を判定する仕組みとなっている．これらの基規準では，外観変状から損傷程度を評価する際に構造性能の評価を行っているはずだが，判定結果は対策区分が示されるのみで，どのような性能が問題となっているのかは明確とならない．したがって，構造性能の評価結果については，橋梁管理記録（カルテ）に所見として記載されることが求められているが，記載者の技術レベルに依存するため，適切な所見が記述されているとは言い難い状況である．

このような状況に鑑み，複合示方書［維持管理編］は，構造性能に立脚した性能評価法を提示することを目的に制定された[11]．

1) 維持管理の基本

複合示方書［維持管理編］では，構造性能評価に基づく合理的な維持管理を行う上での基本的事項が以下のように定められている．

- 維持管理を合理的に実施するために，構造物の設計耐用期間を明確にする．
- 構造物の維持管理は，適切な能力を有する技術者の下で実施しなければならない．
- 構造物が所定の要求性能を満足していることを適切な評価手法を用いて確認しなければならない．

複合示方書［維持管理編］の最大の特徴は，性能評価に関する具体的な方法が記載されたことにある．構造物の性能評価を実施することで，対策が必要な性能とその回復度合いが明確となり，ライフサイクルコストに配慮した合理的な対策の実施が可能となるが，そのためには構造物の設計耐用期間を明確にしておく必要がある．また，複合示方書では，点検と評価の違いを明確にし，点検は，マニュアルの整備や訓練の実施により，構造物に関する高度な知識を有しない者によっても実施可能とされているが，性能評価については，構造物に関する高度な知識と経験を有する技術者によってのみ実施されるべきものとされていることも特徴である．

2) 点検

点検では，適用する性能評価手法に応じて必要な情報を取得する必要がある．外観変状に基づく性能評価を行う場合には，構造性能に及ぼす影響を判断するために，設計で想定されていないひび割れや鋼材腐食等の変状がどの部位に生じているかを調査することになる．一方，非線形数値解析等の定量的評価手法を適用する場合には，材料，構造，作用の各モデル化に必要な情報をできる限り広範囲にかつ詳細に取得することが望まれる．また，変状の経時変化に基づく性能予測を実施するために，変状の有無によらない定点観測が有効である．

表 2.3.20 性能評価法と適用条件の例[8]

評価手法		評価レベル	適用条件	評価指標	評価
非線形解析	有限要素モデル	定量的	－	非線形解析による応答値	応答値と限界値の比較
	線材モデル		構造細目・仕様等を満足	性能評価式に用いる応答値	
性能評価式					
外観変状に基づく評価手法（グレーディング手法）		半定量的	構造細目・仕様等を満足 経験的データの蓄積	グレード 健全度，損傷評価値	評価値と性能低下の対応表

表 2.3.21 外観変状グレードと構造性能レベルの関係の例[8]

要求性能	限界状態	外観変状グレード		
		外観変状のグレードⅠ（軽度の損傷）	外観変状のグレードⅡ（中程度の損傷）	外観変状のグレードⅢ（重度の損傷）
		パネル継手部		
		漏水・エフロレッセンス	ゆるみ・腐食（局所）	脱落・腐食（広範囲）
安全性	断面破壊	1	2	3
	疲労破壊	1	2	3
	構造物の安定の限界	－	－	－
	走行性の限界	1	1	2
	第三者影響度の限界	1	1	3
使用性	走行性・歩行性の限界	1	1	2
	外観の阻害	3	3	3
	騒音・振動数の限界	－	－	－
	水密性の限界	－	－	－
	気密性の限界	－	－	－
	遮蔽性の限界	－	－	－
	損傷（機能維持）	－	－	－
復旧性	損傷	1	2	3

3) 評価

複合示方書では，評価に先立ち，適切な性能評価手法を選定することが基本となっている．これは，構造物の現況や性能評価の目的に応じて適切な方法を選択することを求めるものであり，性能評価法と適用条件の例を**表 2.3.20**に示す．複合示方書［仕様編］は，半定量的手法として外観変状に基づく評価手法を，定量的評価手法として非線形数値解析による評価手法を示している．外観変状に基づく評価手法（いわゆるグレーディング手法）は，目視点検やたたき点検等によって把握した外観の変状に基づいて構造物の健全度（グレード）を判断する半定量的な手法である．比較的簡易な方法ではあるが，性能を適切に評価するためには，当該構造物や類似構造物に関する十分なデータの蓄積と専門技術者による高度な技術的判断が必要であり，かなり安全側に評価しておくことが大前提となる．また，現在用いられている外観変状に基づいた評価手法は，材料の劣化状況に応じて評価が決まり，構造物の性能の程度を明確に把握することができない場合が多い．複合示方書では，材料劣化ではなく構造性能に立脚した評価の実施を基本とし，構造物に生じた変状と力学的抵抗性の変化に基づいて評価を行うこととしている．複合示方書［仕様編］には，合成桁，波形鋼板を用いた合成はり，合成版に対する評価例を**表 2.3.21**に示す．

有限要素法に代表される非線形数値解析は，構造物の性能を定量的に評価可能な性能評価手法であり，対

象構造物の評価に関する十分な実績を有する解析コードと，適切な知識と経験を有する解析者および結果の評価者との組合せによって，信頼性の高い評価結果を得ることができる．複合示方書では，［設計編］[12]に［有限要素解析による性能照査編］が示されており，［維持管理編］に示す定量的評価手法に関する規定と合わせて適用することが想定されている．

4) 対策

複合示方書では構造性能評価が実施されるため，対策の要否については，どの性能をどの程度回復させるかが明確となり，合理的な対策の実施が可能である．なお，構造物の設計耐用期間を明確にすることで，対策により性能回復をどの程度の期間保持するかを検討することができ，適切な時期での構造物の更新や改築を選択することが可能となる．

5) 記録

道路法改正によって道路橋の点検が義務付けられたことにより，今後，点検や対策の記録が膨大に蓄積されることになる．これらのデータが有効に活用されるためには，情報を適切に分類・整理するとともに，情報の知識化が必要である．その際，情報の利用者が必要な時に必要とする形で情報にアクセスできるように，洗練されたデータベースの構築が重要となる．複合示方書では，維持管理に関する情報を管理者間で共有する仕組みを構築するとともに，広くユーザーに提供していくことも求めている．

参考文献

1) 国土交通省道路局：道路橋定期点検要領，2014.6
2) 岩手県県土整備部道路環境課：岩手県橋梁点検要領（案），2015.6
3) 国土交通省道路局国道・防災課：橋梁定期点検要領，2014.6
4) 東日本高速道路・中日本高速道路・西日本高速道路：保全点検要領（構造物編），2017.4
5) 阪神高速道路・阪神高速技術株式会社：道路構造物の点検要領，2015.7
6) 東日本旅客鉄道株式会社：土木構造物全般検査マニュアル，2014.6
7) 公益財団法人鉄道総合技術研究所：鉄道構造物等維持管理標準・同解説（構造物編）
8) 公益社団法人土木学会：2014年制定複合構造標準示方書［維持管理編］，2015.5
9) 公益社団法人土木学会：2013年制定コンクリート標準示方書［維持管理編］，2013.10
10) 公益社団法人土木学会：2013年制定鋼・合成構造標準示方書［維持管理編］，2014.1
11) 公益社団法人土木学会：2014年制定複合構造標準示方書［維持管理編］制定資料，2015.5
12) 公益社団法人土木学会：2014年制定複合構造標準示方書［設計編］，2015.5

2.3.2 更新・改築の事例

更新・改築の事例として,過去の点検からどのように更新・改築へと実施されているか3つの事例を紹介する.

(1) 九年橋の更新・改築事例 [1]〜[4] (岩手県)

1) 構造物の概略

表 2.3.22 九年橋改築の構造諸元

橋梁名	九年橋(岩手県道254号相去飯豊線)
供用開始年	左岸側:1922年,右岸側 1933 年
構造形式	左岸側:鋼8径間単純4主非合成I桁 右岸側:鋼9径間単純2主非合成I桁
支間長	(供用時)左岸側:21.5m*8,右岸側:16.8m*9 (改築後)左岸側:22.0m+22.4m*6+22.0m 　　　　　右岸側:16.8m+17.2m*7+16.8m
道路管理者	岩手県北上市
改築実施年	2015 年

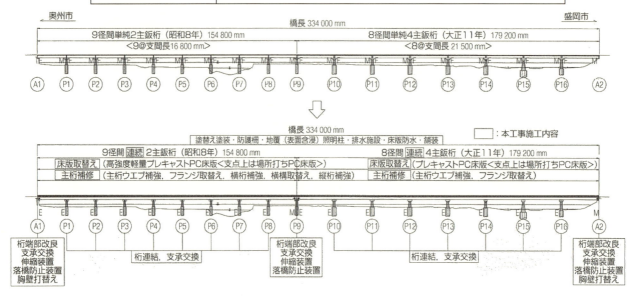

図 2.3.3　橋梁一般図(施工前・施工後)[1]

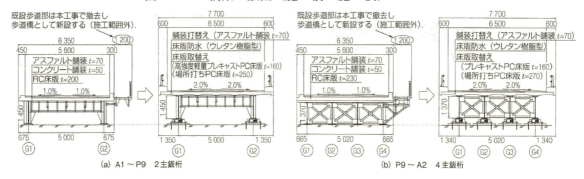

図 2.3.4　橋梁断面図(施工前・施工後)[1]

2) 改築に至った原因と経緯

北上市内をながれる一級河川和賀川を渡河する九年橋は，明治9年の明治天皇の巡幸にあたり，函館街道（のちの旧奥州街道，のちの国道4号）が和賀川を渡河するために初めて橋が架けられたことにその名が由来しているという歴史的橋梁であり，現在でも地元の主要道路として利用されている．建設は国が行い隣接箇所に新設道路が整備されるごとに県，市へと管理移管を繰り返し現在は北上市が管理している．これまでに供用開始から80年以上が経過している．

供用開始以降，床版の鋼板接着補強や主桁補強，塗装塗替え等，幾度かの補修工事が行われて来たが，平成23年度に行った詳細調査の結果，床版の損傷や塗膜の再劣化，主桁の腐食による損傷が著しいことが判明し，長寿命化対策が必要であると判断された．

将来の交通需要予測や費用対効果等を踏まえ，架替えや廃橋も含めた検討を行った結果，大規模補修による長寿命化を採用することとした．

3) 改築までの点検

既設橋梁の健全度調査として，第8径間（2主桁I桁部）と第11径間（4主桁I桁部）に着目し静的載荷試験（20tfトラック1台と2台）を実施した．静ひずみ測定として桁の上下フランジ，ウェブに着目，静変位測定として主桁下フランジ，床版下面及び橋脚上部に着目し実施した．既設橋脚天端を橋軸直角方向に重錘による衝撃を打撃し，加速度計測点で得られた応答加速度波形から卓越振動数を算出し，車両走行試験の解析結果と比較した．

4) 改築の概要

平成25年度から約2年間，全面通行止めを行い，床版取替えや桁の腐食補修および連続化，塗装塗替え等の長寿命化工事を実施した．

補修設計基本方針

○当て板補修や部材取替えによる橋体工の補修および再塗装による耐久性の向上

○主桁断面UPを回避した主桁の連続化による支承・伸縮装置のLCC低減や耐震性の向上

○幅員拡幅を含む床版の取替による利便性向上

なお，改築の詳細については**第4章4.2事例2-6**にて紹介している．

写真 2.3.1 主桁劣化と床版下面側劣化状況[1]

写真 2.3.2 主桁連結工完了[1]

写真 2.3.3 主桁当て板補強完了[1]

(2) 法円坂工区の更新・改築事例[5),6)]（阪神高速道路）

1) 構造物の概略

表 2.3.23　法円坂工区改築の構造諸元

路線名	阪神高速　13号東大阪線
供用開始年	1978年
構造形式	（建設時）法円坂区間：単純鋼床版I桁*3連， 　　　　　2径間連続鋼床版I桁*2連， 　　　　　3径間連続鋼床版I桁 　　　　　森ノ宮区間：単純鋼床版I桁*7連， 　　　　　2径間連続鋼床版I桁 （改築時）法円坂区間：10径間連続鋼床版I桁 　　　　　森ノ宮区間：9径間連続鋼床版I桁
支間長	（建設時）法円坂区間：9.6m*10 　　　　　森ノ宮区間：14.6m+9.6m+14.6m+9.6m*3+11.1m*2+9.6m （改築時）法円坂区間：99.2m 　　　　　森ノ宮区間：102.2m
道路管理者	阪神高速道路
改築実施年	2009年

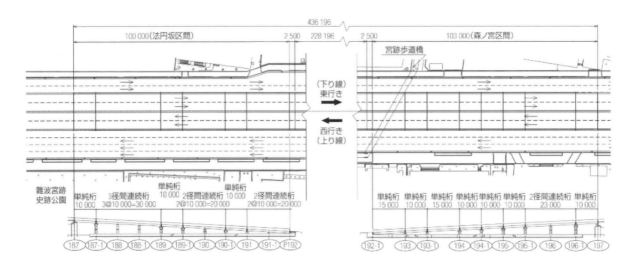

図 2.3.5　対象橋梁一般図[5)]

2) 改築に至った原因と経緯

1978年3月に供用された法円坂区間は，歴史的に重要な文化財である難波宮史跡上に立地しているため，建設にあたって難波宮史跡保全や，隣接する大阪城に対する景観面の配慮に加えて，直下に地下鉄シールドトンネルが建設されていたことなどから，基礎は偏平な直接基礎上で一体化した連続フーチングで，その上に平面壁式橋脚，連続鋼床版I桁を配した高架構造と平面構造が採用された．この区間の上部工支間は，地盤反力のばらつきや，直接基礎の不等たわみが最小となるよう，径間（約10m）が，幅員（約16m）

より短い特殊な構造となっており，その多くは単純桁である．この区間では繰り返し，支点周りの鋼桁部に重篤なき裂が確認されていたことから，損傷発生リスクの大幅な低減を目的に，抜本的に構造改良するわが国初の工法を採用した．

3) 改築までの点検と補修履歴

供用開始から約13年を経た1991年の点検において，支承部ソールプレート溶接部に疲労損傷が発見されており，その損傷の一部は主桁フランジ面やウェブまでき裂が進展していた．損傷が発見された桁端部の支承の多くは，伸縮継手からの漏水が原因と考えられる錆および錆汁で覆われていた．そのため当時は損傷原因として，錆などによる支承の回転機能の喪失（**写真2.3.4**）により，剛性の急変する主桁下フランジとソールプレートとのすみ肉溶接部に，活荷重による高い繰返し圧縮応力が作用したために疲労損傷が発生したと推定し，1993年にこの推定原因に基づく，損傷補修・予防保全対策が実施された．当時実施された補修・補強方法は，き裂部を溶接によって埋め戻し，母材部に損傷が進展していた場合はさらに当て板で補強を行っていた．予防保全として，支承も全数，鋼製支承から，防錆効果に優位性が見られるゴム支承へと取替えられた．

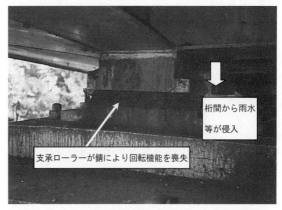

写真 2.3.4 支承の腐食状況（1991年点検時）[6]

1993年の補修から約17年（供用開始から約32年）経過した2010年の日常点検において，当て板施工部を含む補修部と未補修部に，1991年に発見されたものと同様の疲労損傷が発見された．特に損傷が激しかった桁端部（**写真2.3.5**）では，3支承あるうちの2支承の直上にある鋼桁ウェブにまでき裂が進展していた．さらに伸縮装置部についても，支承台座の一部が損傷を受けていたことなどから，最大12mmの道路面との段差が確認され，活荷重通過時に主桁が約2mm程度沈み込む現象も観測されていた．大きな段差発生につながる損傷は1支点のみであったが，直近における走行安全性の確保から将来における維持管理軽減までを考慮し対策を講じる必要があると判断した．そこで大きな段差が生じていた支点部では，横桁や主桁直下をジャッキにより柔支持する段差防止対策や，ビデオカメラによる24時間監視等の緊急対策を損傷確認後すぐに実施するとともに，構造物の安全確保を目的とし，損傷部位の部分取替え等の応急対策（**写真2.3.6**）を講じた．

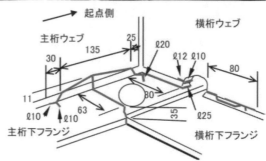

写真 2.3.5 損傷状況（2010年点検時）[5]

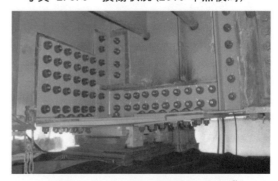

写真 2.3.6 応急対策実施状況[5]

4) 改築の概要

当該区間の橋梁構造の問題点や，繰り返し同様の損傷が発生したことなどを踏まえると，再補修や局部的な補修のみでは長期疲労耐久性の確保は困難と判断した．そこで抜本対策として，走行性の改善や維持管理性等も考慮して，100年間のL.C.C.を考慮した場合，図2.3.6に示す1支承線化による連続化構造案を採用した．なお，架替え工法はコスト面や東大阪線の代替路線がない事，土工化は文化庁をはじめとした他機関調整が必要となることから検討外とした．

1支承線化による連続化構造の採用により，構造面において，死荷重反力の増加に伴う活荷重の影響低減や，横桁剛性の向上による変形，局所応力の低減が図れ，溶接部のFP化および横桁ウェブおよび下フランジの板厚増加・形状改良による支点上周辺の溶接部の疲労強度向上が可能となる．その結果，損傷原因を解消し，損傷発生リスクの大幅な低減が期待される．また，48車線の伸縮装置が撤去されるため，伸縮装置部の段差を起因とした振動・騒音の抑制につながり沿道環境が改善されることに加え，路面走行性が向上することから，安全な道路サービスの提供に大きく寄与した．さらに，維持管理面でも伸縮部からの桁端漏水を原因とした腐食損傷の防止や，1支承線化により支承周り点検が容易になるなどの利点がある．

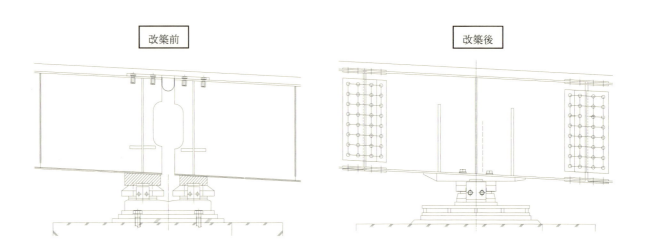

図 2.3.6 1支承線化による連続化構造[5]

(3) 新幹線高架橋調整桁の更新・改築事例[7] ：(東日本旅客鉄道)

1) 構造物の概略

表 2.3.24 新幹線高架橋調整桁の構造諸元

線区	東北新幹線
竣工年月	1973年3月
構造形式	RC単純T型桁（単線）
支間長	9.3m
軌道形式	スラブ軌道
鉄道管理者	東日本旅客鉄道
改築実施年	2009年

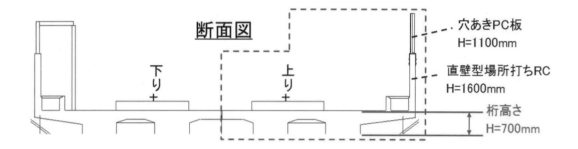

図 2.3.7 対象橋梁断面図[7]

2) 改築に至った原因と経緯

当該の調整桁では，2007年にかさ上げ防音壁（PC板）の破損・落下事象が発生した（**写真2.3.7**）．この事象を受けて行った現地調査の結果，同じ調整桁の別のかさ上げ防音壁にもき裂と支柱の取付ボルトの抜けが確認された（**写真2.3.8**）．また，この時に列車通過時の当該桁のたわみ量が大きいことも確認された．さらに，その後の現地調査において，列車通過時に防音壁が線路直角方向にばたつくことも確認された．以上のことから，列車通過時の桁の変位と防音壁のばたつきが，かさ上げ防音壁の破損につながったものと考えられた．

写真 2.3.7 PC板破損状況[7]

この事象を受け，レーザードップラー速度計を用いた桁のたわみ量測定を行ったところ，鉄道総研による「鉄道構造物等設計標準・同解説 変位制限」に示される乗り心地から定まるたわみ制限値を上回るたわみ量が計測された．その後実施した詳細調査（後述）の結果から，複数の要因から桁剛性が低いためにたわみ量が大きくなっていると推定された．

2009年10月に予定されていた当該区間の速度引き上げに伴っ

写真 2.3.8 PC変状状況[7]

て，よりたわみ量の乗り心地への影響が大きくなることを踏まえ，速度引き上げの前に当該桁の剛性を向上させ，たわみ量を抑制することを目的として補強工事を実施した．

3) 改築までの点検と補修履歴

当該の調整桁は2001年にも防音壁のばたつきが確認されており，防音壁とスラブ間の間隙に樹脂を注入するとともに，L形鋼によりスラブと防音壁を一体化する修繕を行っている．さらに，2003年には支点部のあおりが確認され，沓座の打換えを実施している．

表 2.3.25 詳細調査内容[7]

調査項目	調査方法
構造物形状	レベル測量
配筋状態	鉄筋探査機
外観変状	近接目視
圧縮強度・弾性係数	コンクリートコア
固有振動数	衝撃振動試験

防音壁破損の事象発生後には，たわみ量の経過を確認するため，2008年4,5月及び2009年1月にレーザードップラー速度計によるたわみ量測定を行った．また，並行してたわみ量が大きい原因を把握するため，当該の調整桁において表2.3.25に示す詳細調査を実施した．この結果から，当該の桁はコンクリートの性質が主原因となって桁剛性が低くなっているものと推定された．

たわみを抑制するための応急的な補修としては，2008年4月に防音壁目地部の充填を実施した．その結果，たわみ量は抑えられたものの，しばらくすると充填材に破損が認められたため，2008年12月に再度充填を行った．

4) 改築の概要

当該桁を含む高架橋は貨物ターミナル内に位置しており，施工環境や今後のメンテナンスの面から，補強部材を桁の外側に取り付けることは困難と考えられた．このため，当該桁の剛性向上は，死荷重の増大を極力抑えつつ，桁の内側で施工が可能な方法を検討した．その結果，本来構造部材ではない防音壁を桁に剛結し，構造断面を増すことを主目的として，防音壁の補強（アラミドシートによる補強）・補強コンクリート打設・嵩上げ防音壁の取替えを行うこととした．

写真 2.3.9 改築後の調整桁外観[7]

2009年4月〜8月にかけて改築工事を実施した結果，当該桁のたわみ量は乗り心地から定まるたわみ制限値を下回る値となった．

2.3.3 考察

2.3.1 では，さまざまなインフラ管理者の点検要領の概略を挙げた．定期点検に関しての記載はあるが，詳細調査の方法は具体的に記載されていない場合があり，他者の点検要領を参考に対応するとよい．また，詳細調査の方法は技術の進歩に伴って日進月歩で変遷するものである．したがって，詳細調査において適切な方法を選定するには，常に情報収集を行っていく必要がある．2.4 では詳細調査方法の例を示しているため，参考にされたい．

2.3.2 で紹介した更新・改築事例においては，変状発生後に一旦は補修で対応したものの，その後も変状が再発するなど繰り返し変状が発生したことから，更新・改築に至っているケースが多い．また，更新・改

築に至る前には，変状の目視による点検だけでなく，定量的なデータを得るための詳細な調査を実施している．このことから，まず変状を確認した場合は補修による対応をできるだけ早い段階で実施することが基本であり，補修後も繰り返し変状が発生する場合は，詳細な調査を実施し，変状原因や変状による構造物の寿命への影響等を把握したうえで，更新・改築を行うか，またどのような対策を実施するか検討するという流れが一般的であると見られる．

参考文献

1) 柿沼努ら：九年橋長寿命化対策工事の設計と施工，橋梁と基礎，第 49 巻 第 12 号，pp17-22，2015.12
2) 櫻田和志ら：89 年供用した 4 主鋼板橋の静的載荷試験，土木学会東北支部技術研究発表会，2012
3) 遊田勝ら：78 年供用した 2 主鈑桁橋の静的載荷試験，土木学会東北支部技術研究発表会，2012
4) 猪股史貴ら：九年橋下部工橋脚への重錘衝撃試験，土木学会東北支部技術研究発表会，2012
5) 徳増健ら：損傷発生リスク低減を目的とした大規模構造改良－1 支承線化による連続化工法の採用－，阪神高速道路㈱技報第 26 号，pp20-28，2013
6) 徳増健ら：阪神高速で発生した鋼床版 I 桁のき裂損傷の補修・補強対策－1 支承線化による連続化工法の採用－，高速道路と自動車，Vol.56 No.3，pp41-45，2013
7) 齋藤秀行ら：東北新幹線における特徴的な振動をみせる単純桁の調査と対策，日本鉄道施設協会総合技術講演会，2012

2.4 更新・改築の判断に期待される計測技術

2.4.1 概要

構造物の更新・改築の判断は，**第3章**で後述するように，使用目的との適合性，構造物の安全性，耐久性，施工品質の確保，維持管理の確実性及び容易さ，環境との調和，経済性等を総合的に評価して行われる．このうち，構造物の安全性については，構造物の健全性および性能について評価することになる．現状では，目視等の点検結果によって健全性を評価しているが，目視では確認できない部位や目視の見誤り等により，更新・改築の施工時に計画を見直す場合も散見される．一方で，近年のICT技術の目覚ましい発展により，他産業も含めたインフラの点検や診断を対象としたセンシングやモニタリング技術に関する研究や開発が盛んに行われている．このような現況を鑑みると，従来の目視点検に加えて，これらの技術を有効に活用することによる評価，診断が望ましい姿と考えられる．ここで，似て非なるセンシングとモニタリングという用語について少し触れておきたい．構造物の維持管理においては，前者はセンサー等を使用して様々な情報を計測・数値化する技術（計測技術），後者はセンシングによって得られた数値等を活用して構造物の状態を監視，評価する技術と表現してよいと思われる．具体的には，前者は加速度センサーを用いて橋梁の振動モードを推定すること，後者はビッグデータから有意な事実や異常の検出を行うことなどが例として挙げられる．現状におけるそれぞれの技術の状況を俯瞰すると，前者は実用化の水準まで成熟しているが，後者は開発中の段階と思われる．

そこで，本節では主に実用化の水準まで至っているセンシング技術を対象として（なお，技術によってはセンシングとモニタリングに跨るものもある）更新・改築の判断に期待される計測技術について，**表2.4.1**に示すように鋼橋（桁），コンクリート橋（桁），桁以外の主要な部材（斜張橋のケーブル，トラス橋のトラス部材，主塔等），床版，下部構造に分類して述べる．なお，今回紹介する計測技術は，出版物，論文等，公表されているものを可能な範囲で調査したものである．

表 2.4.1(1) 更新・改築の判断に期待される計測技術の一覧（鋼橋（桁））（その1）

分類	計測項目	計測技術	概要	参照先
鋼橋（桁）	振動	加速度計	・加速度センサーを橋梁上に設置 ・振動データから卓越振動数を算出 ・振動特性で劣化を簡易に評価	2.4.2(1)(a)
		レーザードップラー速度計	・レーザー光を橋梁に照射 ・固有振動数、振動モードを同定 ・常時微動の対象物の変状を簡易に検知	2.4.2(1)(b)
	荷重	ひずみ計（BWIM）	・ひずみ計を桁に設置 ・車両走行データの記録 ・重量計算で車両の軸重を簡易に算出	2.4.2(2)(a)
		光ファイバー	・FGBセンサー（ひずみ計）を橋梁に設置 ・データ測定により常時監視（荷重、き裂） ・桁ひずみから交通荷重を把握	2.4.2(2)(b)
	変位	GPS	・GPSセンサーを橋梁に設置 ・遠隔操作で常時モニタリング ・フィルター処理により異常値を検出	2.4.2(3)(a)
		光ファイバー	・光ファイバーセンサーを橋梁に設置 ・データ測定によりシステム常時監視 ・設定基準値を超えた場合警報メール	参考文献 鋼1),鋼2)
		レーザー変位計	・鋼桁の近くにスキャナユニットを設置 ・波形データの記録をスポット回収 ・非接触で変位量・腐食量などを計測	2.4.2(3)(b)
	応力	X線回折法	・鋼桁にポータブルX線測定器を設置 ・対象箇所の残留応力を測定 ・部材に発生している応力を評価	2.4.2(4)(a)
		磁歪法	・小型プローブを鋼橋に当て回転 ・対象箇所の鋼材に作用する全応力を測定 ・塗膜の上から測定が可能	参考文献 鋼3),鋼4)
	ひずみ	光ファイバー	・鋼桁に光ファイバーセンサーを設置 ・光ファイバーに沿って、ひずみを連続計測 ・1本のファイバで複数の部材に適用	2.4.2(5)(a)
		摩擦型ひずみゲージ（応力聴診器）	・鋼橋の塗膜上に応力聴診器を設置 ・長時間の連続ひずみをスポット計測 ・塗膜の修復不要、繰り返し利用可能	参考文献 鋼5),鋼6)
	たわみ	デジタルカメラ	・橋梁の桁中央を高倍率で動画撮影 ・画像処理を自動的に変位量に変換 ・高精度に実寸の変位量を算出	2.4.2(6)(a)
		DDセンサー	・DDセンサーとターゲットを設置 ・車両通過時に遠隔かつ非接触で測定 ・動的（高速頻度）で連続的にたわみ算出	参考文献 鋼7),鋼8)
		サンプリングモアレ（SMC）	・橋梁両支点,中央にターゲット設置 ・SMCカメラで簡便にターゲットの変位を計測 ・モアレ縞拡大現象利用でたわみ検出	2.4.2(6)(b)

表 2.4.1(1) 更新・改築の判断に期待される計測技術の一覧（鋼橋（桁））（その2）

分類	計測項目	計測技術	概要	参照先
鋼橋（桁）	き裂	疲労センサー	・鋼橋疲労損傷箇所に疲労センサーを設置 ・モニタリングデータ記録 ・き裂進展とともに余寿命予測を予測	2.4.2(7)(a)
		応力発光体	・鋼橋の塗膜割れ箇所に応力発光試験 ・ひずみと発光強度の相関利用し検出 ・塗装の上からき裂を可視化	2.4.2(7)(b)
		電場指紋 （FSM）	・鋼橋き裂発生エリアに複数ピン配置 ・エリア全域のピン間電位差定期測定 ・電位差変動でき裂の発生位置特定	2.4.2(7)(c)
		自己相関ロックイン赤外線 サーモグラフィー	・鋼床版車両通行時の熱弾性温度変動分布を赤外線サーモグラフィー可視化 ・応力分布を高精度に求め、き裂検出	参考文献 鋼9),鋼10)
	腐食	ACMセンサー	・鋼橋着目箇所にACMセンサーを設置 ・定期観測によりセンサーの値の出力 ・センサー出力値により腐食速度予測	2.4.2(8)
		ワッペン式試験	・小型試験片を鋼橋に設置 ・1～3年暴露 ・試験片から腐食減耗量を予測	参考文献 鋼11),鋼12)

表 2.4.1(2) 更新・改築の判断に期待される計測技術の一覧（コンクリート橋（桁））

分類	計測項目	計測技術	概要	参照先
コンクリート橋（桁）	振動	加速度計	・加速度センサーを路線バスに設置 ・振動データからたわみ特性値を算出 ・加速期から劣化期への移行を検知できる技術として期待されている	2.4.3(1)
	ひずみ	光ファイバー	・光ファイバーを桁に設置 ・ひずみ分布から中立軸の変化を算出 ・損傷の進行を検知 ・光ファイバーが安価で耐久性が期待できるため，定期回収・長期データ計測に向いている	2.4.3(2)
		デジタルカメラ	・デジタルカメラで遠隔地のモニタリング ・構造物の異常時に通報 ・構造物の施工管理へ適用	参考文献 コン1)2)
	ひび割れ	光ファイバー	・光ファイバーを桁に設置 ・連続的なひずみ分布からひび割れを検知 ・健全性を診断 ・光ファイバーが安価で耐久性が期待できるため，定期回収・長期データ計測に向いている	2.4.3(3)
		応力発光体	・粉末状のセラミック微粒子を塗布 ・応力集中部が発光しひび割れを検知 ・健全性を診断	参考文献 コン3)4)
	たわみ	レーザー変位計	・桁のたわみを測定 ・解析結果と比較して曲げ剛性の低下を評価 ・短期の測定には向いているが長期の測定は困難	2.4.3(4)
		水管式沈下計	・桁のたわみを測定 ・過積載車の影響を除外 ・健全性を診断	参考文献 コン5)
		AEセンサー	・AEセンサーを桁に設置 ・PC鋼材の破断を検知 ・安全性を評価	参考文献 コン6)

表 2.4.1(3) 更新・改築の判断に期待される計測技術の一覧（桁以外の主要な部材）

分類	計測項目	計測技術	概要	参照先
桁以外の主要な部材	振動	加速度計	・既設橋に複数のサーボ型加速度計を設置 ・振動を計測 ・振動数を同定し，損傷部材を検出	2.4.4(1)(a)
		レーザードップラー速度計	・LDVとTSを組合せたシステム設置 ・常時微動により対象部材を連続計測 ・低次から高次までの固有振動数算出	参考文献 桁以外1)～桁以外3)
	傾斜	傾斜計	・斜張橋の主塔に傾斜計を設置 ・常時監視によるデータ測定 ・管理時に異常な傾斜を定量検知	2.4.4(2)(a)
	応力	風光風速計	・トラス橋に風光風速計を設置 ・空力励起振動を遠隔システム常時監視 ・対象部材の励起振動を高精度に把握	2.4.4(3)(a)
	張力	加速度計	・ケーブル構造に加速度計を設置 ・ケーブルを現地で打撃などして加振 ・固有（卓越）振動数で張力を算出	2.4.4(4)(a)
		EMセンサー	・斜張ケーブルにEMセンサーを設置 ・ケーブルの固有振動数を計測 ・固有振動数から張力を監視	参考文献 桁以外4)～桁以外5)
	ひび割れ	デジタルカメラ	・画像解像度1mm/picシステム採用 ・斜張橋主塔を撮影 ・点群データに直してひび割れを検出	参考文献 桁以外6)

表 2.4.1(4) 更新・改築の判断に期待される計測技術の一覧（床版）

分類	計測項目	計測技術	概要	参照先
床版	振動	加速度計	・加速度計をRCの任意の位置に設置 ・周波数スペクトル分析により損傷を評価 ・簡易に測定が可能で予防保全から早期措置段階の検知への活用が期待されている	2.4.5(1)
		レーザードップラー速度計	・レーザードップラー速度計を床版に設置 ・固有振動数を測定 ・健全性を診断	参考文献 床版1)
	たわみ	変位計	・変位計を搭載した測定車両を走行 ・舗装面を加振したわみを検知 ・床版の健全度を判定・簡易に測定が可能 ・不動梁の設置が必要，長期計測には向かない	2.4.5(2)
		加速度計	・加速度センサーを床版に設置 ・加速度を2階積分することでたわみを算出 ・床版の健全性を診断	参考文献 床版2)
	腐食	分極抵抗	・鉄筋電位，分極抵抗，コンクリート抵抗 ・マクロセル腐食速度を測定 ・補修時期の適切な判断	2.4.5(3)
	ひび割れ	デジタルカメラ	・デジタルカメラで遠隔地のモニタリング ・構造物の異常時に通報 ・構造物の施工管理へ適用 ・簡易に測定が可能であるが，長期計測には向かない．	2.4.5(4)
		光ファイバー	・光ファイバーを床版に設置 ・連続的なひずみ分布からひび割れを検知 ・健全性を診断	参考文献 床版3)

表 2.4.1(5) 更新・改築の判断に期待される計測技術の一覧（下部構造）

分類	計測項目	計測技術	概要	参照先
下部構造	振動	レーザードップラー速度計	・レーザードップラー速度計で非接触測定 ・固有振動数と振動モード形を同定 ・健全性を診断	2.4.6(1)
		加速度計	・加速度センサーを橋脚に設置 ・加速度を2階積分することでたわみを算出 ・健全性を診断	参考文献 下部1)
	傾斜	傾斜計	・傾斜計を橋脚に設置 ・角度を測定 ・維持管理を合理的に実施	2.4.6(2)

参考文献

鋼1) 山下久生，蓮井昭則，能登宥愿，大島義信：光学ストランドによる既設橋梁の動的モニタリング，土木学会第60回年次学術講演会，Ⅰ-428，pp.853-854，2005.9

鋼2) 三上隆男：光ファイバ変位センサによる橋梁ヘルスモニタリング技術「その2」，石川島検査計測，IIC REVIEW No.38，pp.15-25，2007.10

鋼3) 三浦謙介，宮下剛，長井正嗣：磁歪法を用いた鋼橋の応力計測の簡易化に関する研究，土木学会第67回年次学術講演会，I-389，pp.777-778，2012.9

鋼4) 村井亮介，柳沢栄一，岡俊蔵，廣江哲幸，安福精一：磁歪法による鋼橋の動的応力測定ならびに実橋鋼材感度校正方法に関する検討，溶接学会論文集，第22巻第3号，pp.411-416，2004

鋼5) 小塩達也，山田健太郎，齋藤好康，椎名政三：摩擦型ひずみゲージによる応力聴診器の開発と構造物の健全度診断への応用，土木学会第60回年次学術講演会，6-128，pp.255-256，2005.9

鋼6) 応力聴診器による鋼構造物の簡易診断システム：NETIS新技術情報提供システム 登録No.KT-130086-A

鋼7) 島拓造，田中玲光，尾山達己，赤木淳：橋梁モニタリングによる鉄道高架橋の維持管理，土木学会第63回年次学術講演会，1-036，pp.71-72，2008.9

鋼8) DDシステム：NETIS新技術情報提供システム 登録No.KK-080035-VR，2017.3

鋼9) 鎌田敏郎，阪上隆英，玉越隆史：各種道路橋床版における疲労損傷の非破壊検査システムの開発，土木技術資料53-3，pp.26-29，2011

鋼10) 阪上隆英：赤外線サーモグラフィによる疲労き裂の検出技術，土木学会 第11回鋼構造と橋に関するシンポジウム論文報告集，pp.93-102，2008.8

鋼11) 大屋誠，武邊勝道，広瀬望，木村泰，恒松琴奈，麻生稔彦，落部圭史，今井篤実：耐候性鋼橋梁の腐食実態調査と実橋暴露試験の比較（その2：実橋の腐食実態調査），土木学会第65回年次学術講演会，I-163，pp.325-326，2010.9

鋼12) （社）日本鋼構造協会：耐候性橋梁の適用性評価と防食予防保全，JSSCテクニカルレポートNo.86，2009.9

コン1) 細川雅史，岡林隆敏，河村進一，吉村徹：インターネットによる構造物の施工及び維持管理情報の遠隔モニタリング，土木学会第55回年次学術講演会，Ⅰ-B88，2000

コン2) 田野岡直人，岡林隆敏，吉村徹，桐木俊行：土木構造物施工管理のための画像情報による遠隔モニタリング，土木学会第56回年次学術講演会，Ⅰ-A240，pp.480-481，2001

コン3) 川端雄一郎，徐超男，小野大輔，岩波光保，李シンシュ，上野直広，加藤絵万：暗視野下におけるコンクリートのひび割れ検出への応力発光センサの適用，土木学会第65回年次学術講演会，V-255，pp.509-510，2010

コン4) 李シンシュ，川端雄一郎，徐超男，小野大輔，李承周，岩波光保，上野直広，椿井正義，川崎悦子：応力発光センサーを用いた鉄筋コンクリートの破壊予測の検討，土木学会第65回年次学術講演会，V-256，pp.511-512，2010

コン5) 川谷充郎，金哲佑，土井宏政，山野：試験車走行による道路橋振動モニタリングの検討，平成24年度土木学会関西支部年次学術講演会，Ⅰ-9，2012

コン6) 森寛晃，中村秀三，濱田譲：PC緊張材の破断モニタリングに関する基礎的検討，土木学会第58回年次学術講演会，V-350，pp.619-620，2003

桁以外1) 久保田慶太，宮下剛，藤野陽三ら：レーザードップラー速度計とトータルステーションを用いた超遠隔自動振動計測システムの構築，土木学会第62回年次学術講演会，6-342，pp.683-684，2007.9

桁以外 2) 玉田和也，宮下剛ら：健全度評価のための斜張橋ケーブルの振動計測，土木学会第 65 回年次学術講演会，I-536，2010.9

桁以外 3) 大岩根健吾，古川毅，岡林隆敏，木村啓作：高精度振動数推定法による橋梁の損傷検出，土木学会第 59 回年次学術講演会，I-423，pp.843-844，2004.9

桁以外 4) 木口基，羅黄順ら：EM センサーによる張力管理計測事例（その 1），土木学会第 58 回年次学術講演会，CS1-016，pp.31-32，2003.9

桁以外 5) 高橋洋一，宮本則幸ら：EM センサーによる張力管理計測事例（その 2），土木学会第 58 回年次学術講演会，CS1-017，pp.33-34，2003.9

桁以外 6) 西村正三ら：橋梁維持管理における遠隔測定法の開発と評価，長崎大学，計測リサーチコンサルタント 報告書，2013

床版 1) 貝戸清之，阿部雅人，藤野陽三，本村均：実構造物の非接触スキャンニング振動計測システムの開発，土木学会論文集，No.693，VI-53，pp.173-186，2001

床版 2) 遠藤義英，皆川翔輝，山本康弘，山岸貴俊：輪荷重走行試験による RC 床版の疲労劣化に関するモニタリング技術の検討（その 2）低周波 3 軸加速度センサによる RC 床版の疲労損傷解析，土木学会第 71 回年次学術講演会，CS7-037，pp.73-74，2016

床版 3) 今井道男，新井崇裕，岩井稔，古市耕輔：輪荷重走行試験による RC 床版の疲労劣化に関するモニタリング技術の検討（その 4）光ファイバーセンサによるひび割れ検知，土木学会第 71 回年次学術講演会，CS7-039，pp.77-78，2016

下部 1) 恒国光義，堤洋一，加藤佳孝，魚本健人：既設 RC 道路橋のモニタリングによる健全度評価，コンクリート工学年次論文集，Vol.27，No.1，pp.1879-1884，2005

2.4.2 鋼橋（桁）

鋼橋（桁）においては，「振動」，「荷重」，「変位」，「応力」，「ひずみ」，「たわみ」，「き裂」，「腐食」が主な計測項目として挙げられる．ここでは，これらの代表的な研究・開発事例を示す．

(1) 振動

(a) 加速度計を用いた簡易振動計測によるスクリーニング技術

目　　的：一般車の通行による振動を加速度データとして測定し，橋の持つ固有振動数を求め，多くのデータベースから導かれた健全性判定図からその橋の健全度を判定することを目的としている．

調査方法：現地にてポータブルな加速度計を設置し，計測機器を使用して，橋の持つ固有振動数（卓越振動数）を推定することにより，簡易に橋梁全体の健全度をスクリーニングする．

適用事例：

a) 斜角を有する鋼橋の振動調査と固有値解析 [1)]

斜角を有する橋梁は活荷重の載荷により曲げと同時にねじりを受けるために直橋とは異なる変形挙動を示すことが分かっている．斜角を有する鋼橋を対象として実橋の振動計測を行い，3次元FEM固有値解析により実橋で生じている振動モードを推定し，直橋と比べて体感する振動特性が異なることを検討した．

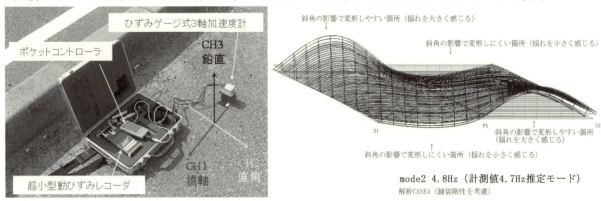

図 2.4.1 3次元 FEM 固有値解析による推定振動モード [1)]

b) 高精度振動数自動推定システムの開発と遠隔計測への適用 [2)]

構造物に損傷が発生した場合，剛性の低下に伴い構造物の固有振動数は低下する傾向がある．この振動数の変化をモニタリングすることで，構造物の損傷を逆探知することができると考えられる．しかし，そのためには，微小な振動数変化を検出することのできる高精度なモニタリングシステムが必要となる．ここではARモデルによる構造想定アルゴリズムを組込んだ高精度振動数自動推定システムを開発し，さらに，移動体通信を利用した遠隔計測への適用を図った．

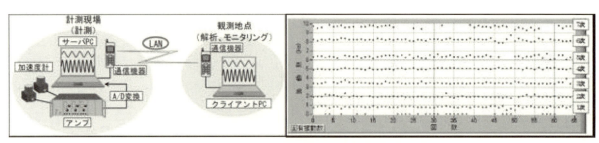

図 2.4.2 樺島大橋の固有振動数 [2)]

(b) レーザードップラー速度計による非接触による振動計測

目　　的：レーザー光を移動物体に照射し，その照射光と反射光との周波数差から速度を検出する光学式干渉計を用いて，対象物の振動数の変化により損傷部の検出を行う目的で用いる．高精度かつ非接触遠隔計測を行えることに特徴を有する．

調査方法：レーザードップラー速度計は，レーザー光を移動物体に照射し，その照射光と反射光との周波数差から速度を検出する光学式干渉計である．現地にて，レーザー計測器の設置後，データロガーへの接続，測定を行う．

適用事例：

a) 鋼鉄道橋の走行により発生する局部振動の評価 [3]

橋長約 160m（4 径間連続）の鋼 1 主箱桁橋梁を対象として，垂直補剛材下端部の主桁ウェブの変状に対して補強前後の局部振動の評価をした．その結果，補強前後で主桁下フランジにおいて異なる局部振動モードが生じることが分かった．これより，LDV が簡易かつ高精度に固有振動数，固有振動モードを同定[5),6)]でき，常時微動を生じる対象物の変状の変化に関する診断が行える可能性が示された．

写真 2.4.1　レーザードップラー速度計 [4]

(2) 荷重

(a) ブリッジウェインモーション(BWIM)による軸重推定

目　　的：橋梁を「はかり」に見立て，橋梁各部のひずみ応答を解析することにより，走行中の大型車両の重量および軸重等を測定することを目的とする．既設橋梁を適切に維持管理していく上で重要な，通過車両の実体を精度良く，継続して測定することができる．

調査方法：ひずみ計を桁に設置，車両走行データの記録，簡易重量計算で軸重を算出する．

適用事例：

a) BWIM による大型車両の実態調査と橋梁の疲労損傷評価 [9]

鋼 I 桁橋の縦桁を用いた大型車両の荷重実態調査を行い，測定車両ごとの縦桁に対する疲労損傷度の分析から，大型車両が橋梁の疲労損傷に与える影響を明らかにした．

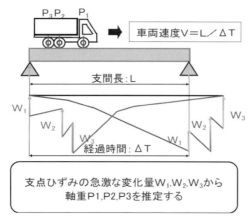

図 2.4.3 支点反力法の分析概念図[7] と高感度ひずみ計の設置例[10]

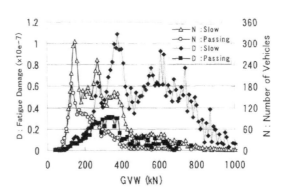

図 2.4.4 車線別の損傷度分布と台数分布[9]

(b) FGB光ファイバーセンサーによる計測

目　　的：交通荷重を測定するモニタリング技術で橋梁上を車両が通過した際に算出するウェインモーション（Weigh-In-Motion：WIMと称す）等に，光ファイバーセンサーを使用する．WIMで算出する際の精度の高い軸重を測定する目的で用いる．サンプリング周波数や測定精度等の面で優れており，橋梁におけるひずみ測定に適している．

調査方法：支間中央の下フランジ等，疲労や腐食の影響を受けにくい箇所にFGB光ファイバーセンサーを設置する．必要に応じてダミーセンサーの設置を行い，データ測定を実施する．

適用事例：

a) FGB光ファイバーセンサーによるWIMシステムの構築[12]

FGBセンサーの限られた測定点数の中で，測定データの温度補償を行えるシステムを構築し，サンプリング周波数が52.3Hzの条件では，橋梁上を車両が通過した時の重量による変形挙動を十分算出できた．FGBセンサーによりWIMが精度良く車両重量を算出できることを示した．構築したシステムで長期間の活荷重モニタリングを実施し，一年間のシステムの安定性と耐久性について確認した．

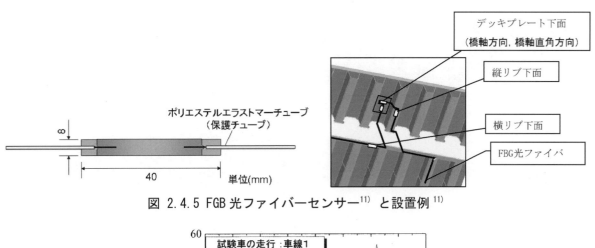

図 2.4.5 FGB 光ファイバーセンサー[11] と設置例 [11]

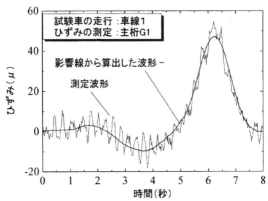

図 2.4.6 影響線と試験車荷重から算出したひずみ波形 [12]

(3) 変位

(a) GPS による変位測定

目　　的：GPS センサーを橋梁構造物に設置して，遠隔操作によって地震時等に変位を測定することを目的とする．構造物の施工中の干渉等を回避するため安全管理への適用も可能である．

調査方法：橋梁対象部に複数の GPS アンテナ設置，一定間隔でサンプリング測定，変位算出し評価する．

適用事例：

a) GPS を用いた橋梁健全度モニタリング [14]

橋梁上部工（鋼橋，RC 橋）の桁端部に GPS アンテナを設置しモニタリングを行った．6 箇所以上の衛星を用いて遮蔽物や橋梁の振動の影響がある状態で測定誤差を確認する目的の測定において，1-2cm 程度の誤差で変位の測定ができた．

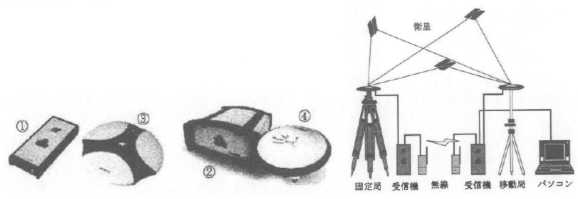

図 2.4.7 計測 [14]

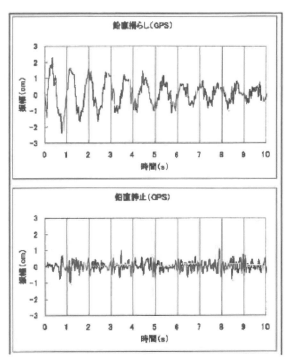

図 2.4.8 鉛直変位算出結果 [14]

(b) レーザー変位計による変位測定

目　　的：鋼桁の変位や鋼材表面の腐食量（形状）を測定することを目的とする．

調査方法：スキャナユニットを鋼桁の近くに設置，波形データの記録，変位量の算出を行う．

適用事例：

a) 周波数シフト帰還型レーザーを用いた供用中の橋梁の動的変位計測 [15]

周波数シフト帰還型レーザー（以下 FSFL）は，その原理において，遠隔・非接触の高精度な変位計測が可能であり，その計測精度は距離に依存しないという特徴を有している．FSFL の長距離区間の静的な変位計測性能は，既に 500m の計測距離で 200μm の高精度で計測できることが確認されている．供用中の橋梁における桁の動的な変位についても精度よく計測できることが検証できた．

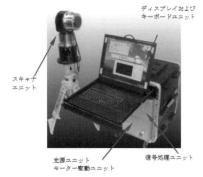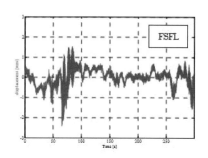

図 2.4.9 供用中の橋梁における桁の動的変位計測 [15]

b) 腐食損傷により撤去した鋼トラス橋格点部の腐食形状計測 [16]

大型の鋼部材を精度よく効率的に自動計測可能なレーザー式変位計を用いた表面粗さ計測装置を開発し，これを用いて腐食を有する鋼部材，暴露試験体の腐食性状を把握した．現在のところ現場での設置が困難な

ため，撤去部材を用いた試験室レベルでの分析の適用事例である．

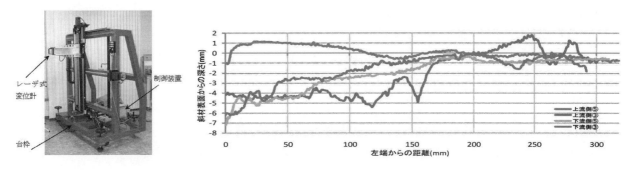

図 2.4.10 表面粗さ計測装置（レーザー式変位計）と鋼材表面からの腐食深さ [16),17)]

(4) 応力

(a) X線回析法による残留応力測定

目　　的：鋼構造物に発生している残留応力の測定を目的とする．

調査方法：対象箇所に X 線回析法装置を設置，X 線を照射，残留応力を算出する．

適用事例：

a) X 線回析法を用いた残留応力計測 [18),19)]

既往の橋梁の変状対応において，変状による鋼桁への影響を検証する際，X 線回析法を用いた残留応力計測（図 2.4.11）を行った．鋼材表面にショットブラストによる圧縮応力が残留している影響を取り除く必要があることなど課題はあったが，残留応力測定による既設橋の評価が可能であることが検証できた．

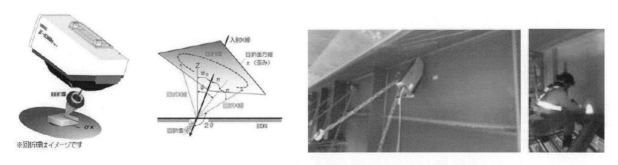

図 2.4.11 cosα法を用いた X 線残留応力測定技術と適用事例 [18)]

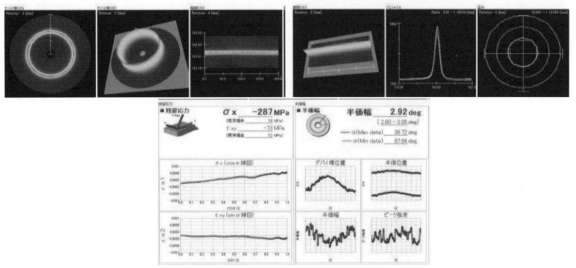

図 2.4.12 測定で得られたデバイ環と残留応力 [18)〜21)]

(5) ひずみ

(a) 光ファイバーによるひずみ測定

目　　的：光ファイバーに沿ったひずみを計測することを目的とする．

調査方法：鋼桁に光ファイバーセンサーを設置，光ファイバーに沿って，ひずみを連続計測，1本のファイバーで複数の部材に適用する．

適用事例：

a) 橋梁の点検・診断における光ファイバーセンサーの適用性に関する検討 [22]

既設橋を用いた実験によりファイバーセンシング技術の適用性を検討した．試験結果よりひずみゲージとの対比による適用可能性が検証できた．

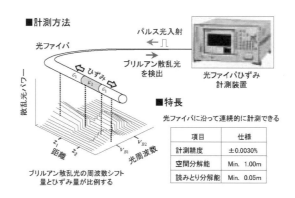

図 2.4.13 BOTDR方式事例 [22]

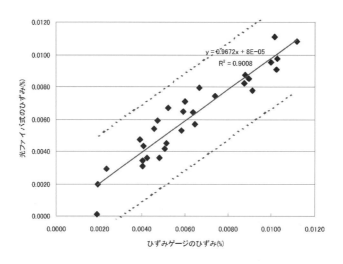

図 2.4.14 ひずみゲージとの対比 [22]

(6) たわみ

(a) デジタルカメラによるたわみ測定

目　　的：デジタルカメラを利用して簡易に非接触式の橋梁たわみ測定を行うことを目的とする．

調査方法：橋梁中央部をデジタルカメラで動画撮影，画像処理，実寸法のたわみを算出する．

適用事例：

a) デジタルカメラを利用した簡易非接触式の橋梁たわみ測定 [23]

橋梁中央部をデジタルカメラで高倍率動画撮影，一連画像のフレーム間移動量を画像処理，レーザー距離

計により撮影距離等の情報から実寸法の変位量に変換することでたわみ算出を実施した．1mm 以下の精度で橋梁のたわみ量を非接触で簡易に測定可能であることが分かり，現場への実用化が可能になった．

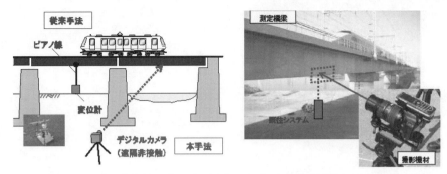

図 2.4.15 デジタルカメラを用いた本手法の計測イメージ[23]

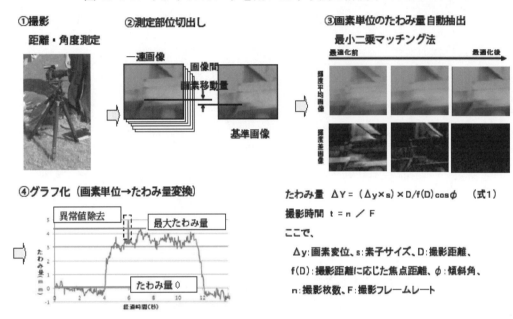

図 2.4.16 たわみ測定手法の概要[23]

(b) サンプリングモワレによるたわみ測定

目　　的：デジタルカメラで構造物の変形前後の画像のモワレ縞から位相分布をみることで構造物の変形分布を評価することを目的とする．

調査方法：ターゲット設置，サンプリングモワレカメラで撮影，モワレ縞の位相解析，たわみを算出する．

適用事例：

a) サンプリングモワレカメラを用いた鋼桁の健全度診断[25]

橋梁全体が撮影できる箇所に複数台の同期したカメラを設置して車両通過前後の撮影を行い，たわみの変化を精度よく（1mm 誤差）計測できた．

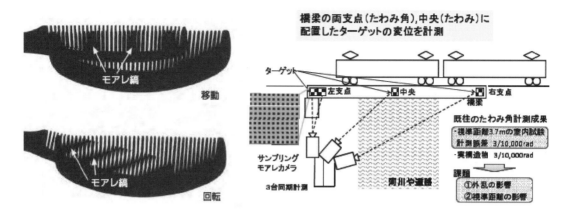

国立研究開発法人産業技術総合研究所（産総研）提供

図 2.4.17 モアレ縞とサンプリングモワレカメラ（SMC）による計測の概念 [25), 26)]

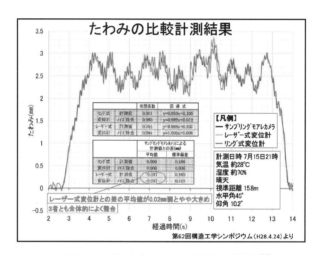

図 2.4.18 たわみの比較計測結果 [26)]

(7) き裂

(a) 疲労モニタリングセンサーによる疲労損傷度の監視

目　　的：鋼橋の疲労損傷が生じている箇所において，取り付けた部材に蓄積された疲労損傷度を，センサー内のき裂の進展量を測定することで推定することを目的とする．

調査方法：桁の疲労損傷箇所に疲労センサーを設置，モニタリングデータの記録，疲労損傷度を算出する．

適用事例：

a) 疲労損傷度モニタリングセンサーによる実橋モニタリング [28),29)]

金属箔のき裂進展特性を応用した疲労センサーを用いて鋼橋の余寿命診断性能を検証した．疲労実験と実橋モニタリング計測で，従来のヒストグラムレコーダで求められた疲労損傷度と一致する傾向が得られた．

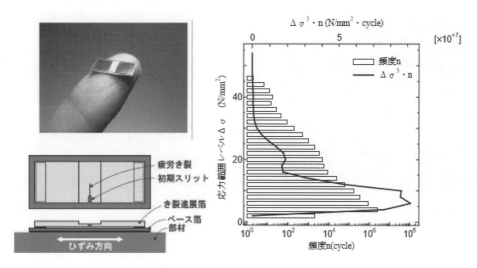

図 2.4.19 疲労センサーと応力頻度測定結果 [28),29)]

(b) 応力発光体によるき裂測定

目　　的：鋼橋の疲労き裂を繰り返し発光可能な「応力発光体」により可視化することを目的とする．

調査方法：発光体微粒子を含有した塗料を対象物に塗布，応力集中部分が発光，応力異常情報を取得する．

適用事例：

a) 応力発光体シートによる計測 [30)]

既設ゲルバートラス橋のき裂箇所のストップホールに応力発光シートを塗布して荷重載荷試験（走行速度20km/h）によりビデオカメラで撮影し，発光状態の差分画像を処理した結果，車両走行によるき裂進行の確認ができた．

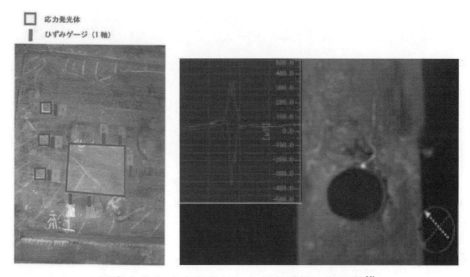

写真 2.4.3 応力発光シートとき裂部の生画像 [30)]

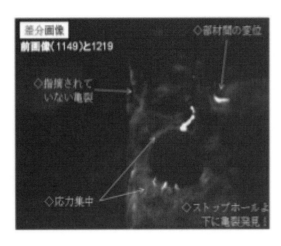
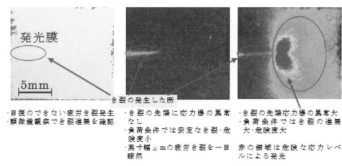

国立研究開発法人産業技術総合研究所（産総研）提供 [31]

写真 2.4.4 構造体に隠れたき裂と応力集中程度の検出例 [30],[31]

(c) 電場指紋によるき裂測定

目　　的：鋼橋に電場を形成させ電位差を計測することで損傷の程度を特定することを目的とする．

調査方法：鋼橋の対象箇所に複数のセンシングピンを設置，直流電流を流して電場を形成し電位差を計測，損傷程度（き裂長さ等）を把握する．

適用事例：

a) 実鋼床版における電場指紋照合法（FSM）のモニタリング測定 [33]~[35]

FSMにより既設鋼床版のUリブと横リブ交差部スリットのき裂進展監視を実施した．その結果，き裂進展を0.1mm程度の精度でモニタリングできることが検証できた．

写真 2.4.5 計測箇所とセンシングピンの設置状況 [33],[35]

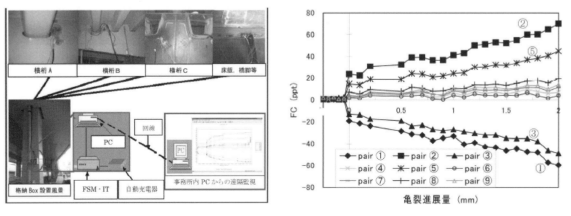

図 2.4.20 システム概要とき裂進展量と電位差変化率との関係 [34],[35]

(8) 腐食

(a) ACM センサー

目　　的：鋼橋の腐食環境における腐食速度を推定することを目的とする．

調査方法：センサーを設置，モニタリングデータの記録，ACM（Atmospheric Corrosion Monitor）センサー出力から腐食速度を算出する．

適用事例：

a) 鋼橋の化粧板内部における ACM センサーによる腐食モニタリング[36]

鋼橋の化粧板内部において ACM センサーによる腐食モニタリングを行い，腐食速度を推定した．この結果，化粧板内部で雨水の浸入が生じた箇所では，一般部よりも腐食速度が大きかったことが分かった．

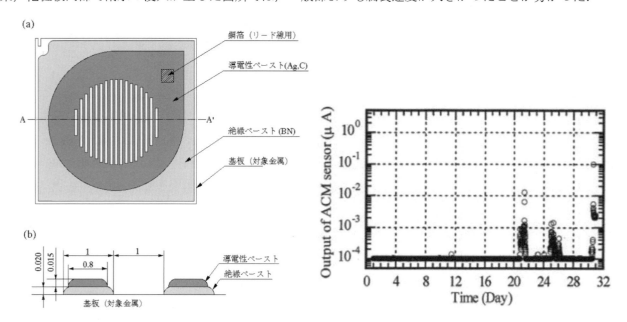

図 2.4.21　ACM センサーと出力例 [36],[37]

参考文献

1) 前田春和, 佐藤徹也, 島田静雄ら：斜角を有する鋼橋の振動調査と固有値解析, 土木学会中部支部, Ⅰ-035, pp.69-70, 2009.3

2) 増田大樹, 岡林隆敏, 要谷貴則, 奥松俊博：高精度振動数自動推定システムの開発と遠隔計測への適用, 土木学会第 59 回年次学術講演会, 1-132, pp.263-264, 2004.9

3) 牧野高平, 宮崎翼, 松田浩, 山縣琢己, 柳井茂, 石田辰英：レーザードップラー速度計による振動計測と構造同定, 第 65 回土木学会年次学術講演回概要集, I-454, pp.907-908, 2010

4) 宮下剛, 石井博典, 藤野陽三, 庄司朋宏, 関雅樹：レーザー計測を用いた鋼鉄道橋の高速走行により発生する局部振動の把握と列車速度の影響, 土木学会論文集 A, vol.63, No.2, pp.277-296, 2007

5) 貝戸清之, 阿部雅人, 藤野陽三, 依田秀則：レーザー常時微動計測手法の構築と構造物の損傷検出への応用, 土木学会論文集, No.689/I-57, pp.183-199, 2001

6) 貝戸清之, 阿部正仁, 藤野陽三, 本村均：実構造物の非接触スキャニング振動計測システムの開発, 土木学会論文集, No.693/VI-53, pp.173-186, 2001

7) 高田佳彦, 木代穣, 中島隆, 薄井王尚：BWIM を応用した実働荷重と走行位置が鋼床版の疲労損傷に与える影響検討, 土木学会構造工学論文集, Vol.55A, pp.1456-1467, 2009

8) 小塩達也, 山田健太郎, 若尾政克, 因田智博：支点反力による BWIM を用いた自動車軸重調査と荷重特性の分析, 土木学会構造工学論文集, vol.49, pp.743-753, 2003

9) 小塩達也, 山田健太郎, 深津伸：BWIM による大型車両の実態調査と橋梁の疲労損傷評価, 土木学会構造工学論文集, vol.48A, 2002

10) 国土技術政策総合研究所：道路橋を通過する車両の重量予測プログラム
（http://www.nilim.go.jp/japanese/technical/bwim/BWIM.html）, 2017.3

11) 三木千壽, 鈴木啓悟, 加納隆史, 佐々木栄一, 石田稔, 高森博之：鋼床版の疲労への SFRC 舗装による予防補強とその健全性モニタリング, 土木学会論文集 A, vol.62, No.4, pp.950-963, 2006

12) 小林裕介, 三木千壽, 佐々木栄一：FGB 光ファイバーセンサーによる Weigh-In-Motion システムの構築, 土木学会応用力学論文集, Vol.6, pp.1009-1016, 2003

13) FBG ロングセンサーによる計測・モニタリングシステム, NETIS HP (KT-140134-A)

14) 木村保崇, 大島俊之, 三上修一, 山崎智之, 村上新一：GPS を用いた橋梁健全度モニタリング, 平成14年度　土木学会北海道支部　論文報告集　第59号, I-29, pp.108-111, 2002

15) 梅本秀二, 久保田慶太, 岡本卓磁, 原武文, 伊藤弘昌, 藤野陽三：周波数シフト帰還型レーザーを用いた供用中の橋梁の動的変位計測, 土木学会第63回年次学術講演会, 6-072, pp.143-144, 2008.9

16) 山本憲, 野上邦栄, 山沢哲也, 依田照彦, 笠野英行, 村越潤, 遠山直樹, 澤田守, 有村健太郎, 郭路：腐食損傷により撤去した鋼トラス橋格点部の腐食形状計測, 第38回土木学会関東支部技術研究発表会, I-20

17) 山沢哲也, 野上邦栄, 園部裕也, 片倉健太郎：厳しい塩害腐食環境下にあった鋼圧縮部材の残存耐荷力実験, 土木学会, 構造工学論文集, vol.55A, pp.52-60, 2009.3

18) 例えば, パルステック工業　HP（http://www.pulstec.co.jp/pr/xray/）, 2017.3

19) 石川敏之, 田村隆佳ら：残留応力計測による疲労き裂検出法に関する研究, 構造工学論文集, vol.63A, pp.517-526, 2017.3

20) 石川敏之, 田村隆佳ら：X線回析法を用いた残留応力計測による疲労き裂の検出, 土木学会第69回年次学術講演会概要集, I-373, pp.745-746, 2016.9

21) 野末秀和, 内山宗久, 堤成一朗, Riccardo, F.：cosα 法を用いた X 線残留応力測定技術の現場適用に向けた基礎研究, 溶接構造シンポジウム 2014 講演論文集, 2014

22) 奥津大, 藤橋一彦, 村越潤, 麓興一朗, 高木伸也, 次村英毅：橋梁の点検・診断における光ファイバセンサの適用性に関する検討, 土木学会第58回年次学術講演会概要集, VI-347, pp.693-694, 2003.9

23) 小野徹, 近藤健一, 坂本保彦, 内田修：民生用デジタルカメラを利用した簡易型非接触式たわみ測定器の実用化, 土木学会第66回年次学術講演会, VI-253, pp.505-506, 2011.9

24) 北側彰一, 谷和彦, 岩田節雄, 北村幸嗣, 米山聡：デジタル画像相関法による鋼構造物のたわみ分布測定, 溶接学会全国大会講演概要, (358), pp.151-151, 2005

25) 産業技術総合研究所：モアレを利用した構造物の変形分布計測技術, 産総研 TODAY　2014-12, pp.6-7, 2014.12

26) 矢島秀治：サンプリングモワレカメラを用いた鋼桁の健全度診断, 鋼橋の維持管理全体の高度化に関するワークショップ, 土木学会関西支部, 鋼橋 WS 資料, 2016.7

27) 産業技術総合研究所：デジタルカメラで撮影するだけで橋のたわみを計測する技術の開発
（http://www.aist.go.jp/aist_j/press_release/pr2016/pr20160831/pr20160831.html）, 2017.3

28) 大垣賀津雄，川口喜史，梅田聡，仁瓶寛太，村岸治，小林朋平：疲労センサーによる鋼橋の余寿命診断性能に関する実験的研究，土木学会第 58 回年次学術講演会，I-559，pp.1117-1118，2003.9

29) 公門和樹，森猛，成本朝雄，村越潤，麓興一郎：疲労損傷モニタリングセンサーによる実橋モニタリング，土木学会第 59 回年次学術講演会，I-131，pp.261-262，2004.9

30) 建設コンサルタンツ　維持管理研究委員会報告書　資料 No.15-1：4.主要地方道大阪中央環状線　旧鳥飼大橋（北行）橋梁調査，pp.2-4-1　2-4-19，2015.2

31) 産業技術総合研究所：「見えない」危険を可視化する技術の開発
（http://www.aist.go.jp/aist_j/press_release/pr2008/pr20081114/pr20081114.html），2008.11

32) 篠川俊夫，徐超男，寺崎正，上野直広，安達芳雄，李承周，小野大輔，椿井正義，竹村貴人：応力発光体を用いた実橋梁ひずみ計測実験，土木学会第 65 回年次学術講演会，VI-157，pp.313-314，2010.9

33) 奥健太郎，有田圭介，金裕哲：電場指紋照合法による疲労き裂の発生・進展モニタリング，鋼構造論文集第 13 巻第 50 号，pp.35-43，2006.6

34) 高田佳彦，金治英貞，川上順子：電場指紋照合法（FSM）を用いた疲労き裂モニタリングの実橋梁への適用性検討，建設の施工企画'09.5 特集　橋梁，pp.21-27，2009.5

35) 奥健太郎：鋼橋に生じる疲労き裂の検出に対する FSM モニタリング技術の適用，WE-COM マガジン 20 号，日本溶接協会　溶接情報センター　WE-COM 溶接技術者交流会　特集：インフラ溶接構造物の疲労寿命延長技術，pp.52-60，2016.4

36) 廖金孫，田中正明，原直人，柴崎剛，藤野陽三：橋梁化粧板内部の環境腐食性評価と鋼桁防食性向上への提案，土木学会論文集 F，vol.62，No.1，pp.67-78，2006.3

37) 国立研究開発法人 物質・材料研究機構（NIMS）ホームページ，ACM 型腐食センサー
(http://www.nims.go.jp/mits/corrosion/ACM/ACM1.htm)，2017.3

2.4.3 コンクリート橋（桁）

コンクリート橋（桁）においては，「振動」，「ひずみ」，「ひび割れ」，「たわみ」，「画像」が主な計測項目として挙げられる．ここでは，これらの代表的な研究・開発事例を示す．

（1）振動

(a) 加速度センサーを用いたバスモニタリングによる振動計測

目　　的：バスモニタリングシステムは，公共交通機関である路線バスを利用した主として中小橋梁を対象とするモニタリング手法であり，橋梁を日常的に監視し，老朽橋梁の安全性能が著しく低下する「加速期」から「劣化期」への移行の検知を目指している．

調査方法：定期路線バスの後輪バネ下に加速度センサーを取り付け，既存橋梁を通過する際の振動計測から対象橋梁のたわみ特性値を算定して安全性能などの性能低下を検知する．

適用事例：

a) 宇部市バス路線を利用した実証実験 [1]

宇部市内で実際に運行中の路線バスを利用した長期実証実験で2010年12月から2013年12月まで約3年間に亘って実施した（現在も継続中）．**写真2.4.6**に本実験で使用した路線バスの外観，加速度センサー設置状況を示す．加速度センサーから，橋梁の評価指標となる「たわみ特性値」の算出した（**図 2.4.22**）．たわみ特性値の長期推移においては，重大劣化判定基準には達しておらず，今のところ重大な損傷は起きていないという結論に至る．

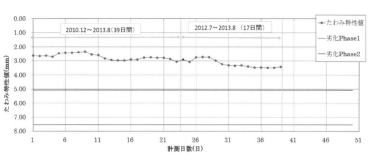

写真2.4.6 バスモニタリングシステムの概要 [1]　　　図 2.4.22 たわみ特性値の長期推移 [1]

（2）ひずみ

(a) 光学ストランドセンサー（OSMOS）によるひずみ分布計測

目　　的：主桁の中立軸は，荷重による影響がないことから中立軸の変化を計測することで部材の損傷の進行を検知することを目指している．

調査方法：光学ストランドセンサー（OSMOS）を既存橋梁の断面内に取り付け，ひずみを測定することにより，中立軸，ならびに断面内のひずみ分布を計測する．

適用事例：

a) 架設後 35 年経過した RCT 桁橋での実証実験 [2]

昭和 45 年の架設から既に 35 年経過した T 桁を用いた鉄筋コンクリートの 3 径間連続道路橋（片側 1 車線，合計 2 車線）で，光学ストランドセンサー（OSMOS）を用いて中立軸，ならびに断面内のひずみ分布計測を行った．約 40 分間の連続計測を行った結果，主桁下面のひずみの大きさは，荷重によらず 1.2m でほぼ一定の中立軸高さとなっていた．主桁断面で計算した 1.15m と同程度の値であり，妥当な計測結果であると考えられる．

 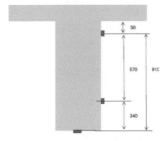 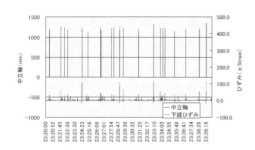

写真 2.4.7 対象橋梁の外観 [2]　　図 2.4.23 センサー設置位置 [2]　　図 2.4.24 中立軸と主桁下縁のひずみ [2]

(3) ひび割れ

(a) 光ファイバーセンサーを用いたひび割れ検知

目　　的：継続したモニタリングを通じたひび割れに関するデータの蓄積を行い，その経時変化などから剛性低下や余寿命把握といった健全性診断手法を目指している．

調査方法：BOCDA 方式の光ファイバーセンサーを既存橋梁に貼付し，光ファイバーに沿って連続的なひずみ分布を計測することでひび割れを検知する．

適用事例：

a) 超高強度繊維補強コンクリート PC 橋でのひび割れ検知モニタリング [3]

BOCDA 方式によるひび割れ検知技術を，歩道橋へ適用した．本橋は橋長 30.5m，有効幅員 3.5m の 3 径間連続 PC ラーメン橋であり，上部工材料に UFC を使用した外ケーブル構造である．中央支間（26.0m 長）の桁下面に光ファイバーを全面接着し，定期的にひび割れモニタリングを実施している．

 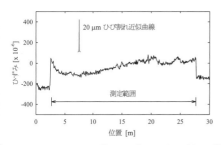

写真 2.4.8 対象橋梁の外観 [3]　　写真 2.4.9 センサー設置状況 [3]　　図 2.4.25 ひずみ分布の計測結果 [3]

(4) たわみ

(a) レーザー変位計によるたわみ計測

目　　的：実測したたわみと再現解析を組み合わせることで曲げ剛性の低下評価し，損傷程度を推定することを目指している．

調査方法：車両を走行させて桁を加振しレーザー変位計でたわみを測定する．車両走行時の桁のたわみ振動を構造解析により再現する．

適用事例：

a) 車両を用いた経年劣化した橋梁構造物の損傷推定[4]

鋼板補強され外観目視では健全性が評価できない RCT 桁において，車両を用いて強制加振を行い，レーザー変位計によって橋桁央におけるたわみを計測した．また，車両通過時の桁のたわみ振動を，橋桁や橋脚は弾性はり要素でモデル化した二次元平面モデルを用いた構造解析により再現を行った．たわみの時刻歴応答は良く一致しており曲げ剛性による健全度の評価が可能であることを明らかにした．

写真 2.4.10 対象橋梁の外観[4]　　　図 2.4.26 センサー設置状況[4]

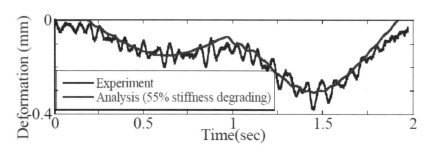

図 2.4.27 たわみの測定結果と解析結果[4]

参考文献

1) 田中英哲, 宮本文穂, 江本久雄, 矢部明人：中小橋梁を対象としたバスモニタリングシステムの長期実証実験と損傷検知, 土木学会論文集 F3（土木情報学）, Vol.70, No.2, pp.193-206, 2014.10

2) 恒国光義, 堤洋一, 加藤佳孝, 魚本健人：既設 RC 道路橋のモニタリングによる健全度評価, コンクリート工学年次論文集, Vol.27, No.1, 2005

3) 今井道男, 一宮利通, 河野哲也, 三浦悟：光ファイバーセンサーを用いた PC 構造物のひび割れ検知技術, プレストレストコンクリート, Vol.51, No.3, pp.78-83, 2009.5

4) 内藤慎也, 友廣郁也, 菅原大樹, 石田純一, 渡邊 学歩：車両を用いた経年劣化した橋梁構造物の損傷推定に関する実験的研究, 土木学会第 69 回年次学術講演会, I-523, pp.1045-1046, 2014.9

2.4.4 桁以外の主要な部材

桁以外の主要な部材においては，「振動」，「傾斜」，「応力」，「応力(風向風速計)」，「張力」が主な計測項目として挙げられる．ここでは，これらの代表的な研究・開発事例を示す．

(1) 振動

(a) 加速度計

目　　的：既設鋼橋部材の振動モニタリングを行うことを目的とする．これより，固有値解析とあわせて構造物の冗長性を評価する．

調査方法：既設鋼橋に複数のサーボ型加速度計を設置，鉛直方向の振動を計測，振動数を同定する．

適用事例：

i) 鋼トラス橋の振動モニタリング[1]

既設トラス部材の振動モニタリングで要求される計測位置，計測量，損傷の検出限界の把握を目的として計測を実施した．その結果，トラス橋の上弦材の損傷は，橋梁全体系の固有振動数の変化から，垂直材，斜材の損傷は全体系ならびに部材局所系の固有振動数の変化から検出されることが分かった．

表 2.4.2 損傷による固有振動数の変化[1]

固有振動モード形	固有振動数(Hz)			
	健全	case1	case2	case3
対称1次モード	3.88	3.72	3.72	3.71
逆対称1次モード	6.81	5.53	5.52	5.5
対称1次ねじれモード	7.31	7.35	7.29	7.36
対称2次モード	10.02	9.73	9.73	9.75
逆対称1次ねじれモード	11.95	10.36	10.35	10.34
逆対称2次モード	12	12	11.99	12.01
対称2次ねじれモード	18.84	18.93	18.93	18.95
逆対称2次ねじれモード	21.99	21.08	20.66	21.04

写真 2.4.11　対象橋梁の外観[1]

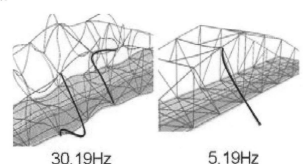

図 2.4.28 ひずみ分布の計測結果[1]

(2) 傾斜

(a) 傾斜計による主塔の傾斜監視

目　　的：常時遠隔モニタリングにより閾値を用いて設定し，主塔の傾斜角について計測すること目的とする．これより，地震動などの際に健全度を診断できる．

調査方法：主塔部に傾斜計を設置，常時遠隔モニタリングシステムを構築，常時微動にて観測する．

適用事例：

a) 斜張橋の主塔の傾斜常時モニタリング [3]

対象斜張橋の主塔に傾斜計を設置し，常時遠隔モニタリングを実施した．常時微動から地震時のデータなど数例の計測結果を得ることでデータの評価ができた．

表 2.4.3 センサー設置位置 [3]

名称	計器名	計測座標	設置位置
地震計	T1	X,Y	主塔部 50m
	T2	X,Y	主塔部 25m
	T3	Y,Z	主塔部 2.5m
	K1	X,Y,Z	桁内P2橋脚（幕別側）
	K2	Y,Z	桁内A-1～P1径間中央部
	K3	Z	桁内A-1～P1径間中央部（上流部）
	K4	X,Y,Z	桁内A-1橋脚（帯広側）
	B1	X,Y,Z	橋脚頭部
	P1	X,Y,Z	ケーソン底部
	G1	X,Y,Z	GL40m底部
	G2	X,Y,Z	地表面
傾斜計	BK-1	X,Y	主塔部 50m
	BK-2	X,Y	主塔部 2.5m
温度計	BT-1	-	主塔部 50m
	BT-2	-	主塔部 2.5m

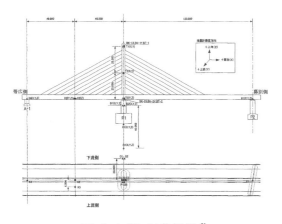

図 2.4.29 対象橋梁 [3]

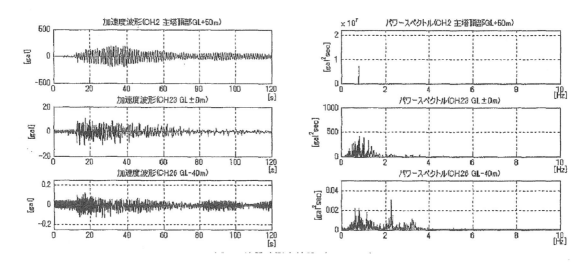

図 2.4.30 地震時測定結果 [3]

(3) 応力（風向風速計）

(a) 橋梁部材の遠隔計測システムの構築と運用

目　　的：対象橋梁に風向風速計を設置し，風向きおよび風速の観測を目的とする．

調査方法：対象部材に風向風速計を複数設置，100km以上隔てた場所より遠隔モニタリングを実施する．

適用事例：

a) 監視空力励起振動するトラス橋梁部材の遠隔計測システムの構築と運用 [5]

構築した計測・通信システムにより遠隔地の対象橋梁の部材の空力励起振動の現状把握を高度にかつ効率的に実施することが可能になった．

写真 2.4.12 対象橋梁 [5]

表 2.4.4 計測対象部材 [5]

対象	位置	数量
主構面内振動	斜材	8（各中間橋脚上4部材）
主構面外振動	斜材	2（各中間橋脚上1部材）
部材ひずみ	斜材	5（1部材）
水平風速	斜材周辺	6（各中間橋脚上3）
鉛直風速	斜材周辺	2（各中間橋脚上1）
風向	斜材周辺	6（各中間橋脚上3）
映像	斜材	1（中間橋脚上）

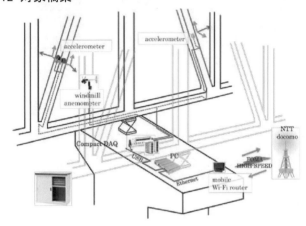

図 2.4.31 遠隔計測システムの構成 [5]

(4) 張力

(a) 加速度計を用いた振動法によるケーブル張力の算出技術

目　　的：斜張橋やニールセン橋などのケーブル構造物では，架設時にケーブルに導入される張力が設計値を満足するように油圧ジャッキやロードセルなど直接導入による張力調整が行われる．振動法ではこれらのケーブル張力を測定することを目的とする．

調査方法：現地にてケーブルに加速度計を設置，加速度計の配線をデータロガーへの接続し，ケーブルゴムハンマーや，人力（両手）で加振，ケーブル張力測定を行い加速度波形からFFTアナライザーで固有振動数を分析することで張力を算定する．数秒の加振を行い移動し繰り返し測定する．振動法の実用式[6]により間接的に張力を算出する．

適用事例：

a) 斜張橋のケーブル張力の振動法による算定精度の評価 [7]

斜張橋の架設状態を対象として，ケーブル張力を振動法により測定し実用式の評価を行った．振動法（間接法）による算定張力と油圧ジャッキの張力（直接法）による比較を行った．その結果，算定したケーブル張力の算定誤差は8%以内であり，実用式を用いた振動法の有効性を検証できた．

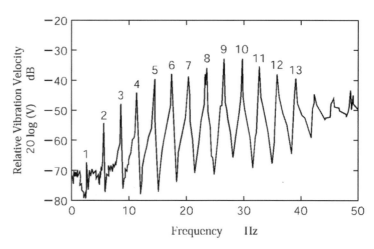

図 2.4.32 ケーブルの打撃と張力測定結果 [7]

参考文献

1) 白田幸忠, 石崎覚史, 宮下剛, 長井正嗣：鋼トラス橋の振動モニタリングにおける損傷検出限界の解析的検討, 土木学会第 65 回年次学術講演会, I-493, pp.985-986, 2010.9

2) 貝戸清之, 松岡弘大, 渡辺勉, 曽我部正道, 藤野陽三：走行列車荷重下における鉄道橋桁の動的応答の特性とその利用, 土木学会論文集 F, vol.66, pp.382-401, 2010.7

3) 宮森保紀, 坪田豊, 内田喜大, 大島俊之：構造健全度診断に向けた札内清柳大橋の常時遠隔モニタリング, 平成 16 年度土木学会北海道支部 論文報告集, 第 61 号, I-31, pp.5-8, 2004

4) 黒墨秀行, 村上功, 岩崎正二, 出戸秀明, 向井正二郎：高精度傾斜計を用いた橋梁のたわみ角測定, 土木学会第 55 回年次学術講演会, I-A246, 2000.9

5) 西川貴文, 奥松俊博, 中村聖三, 岡林隆敏：空力励起振動するトラス橋梁部材の遠隔計測システムの構築と運用, 土木学会第 67 回年次学術講演会, I-490, pp.979-980, 2012.9

6) 新家徹, 広中邦汎, 頭井洋, 西村晴久：振動法によるケーブル張力の実用算定式について, 土木学会論文報告集, 1980.2

7) 山極伊知郎, 宇津野秀夫, 杉井謙一, 本田祐嗣：ケーブル張力と曲げ剛性の同時推定法, KOBE STEEL ENGINEERING REPORTS, Vol.49 No.2, 1999

2.4.5 床版

床版においては,「振動」,「たわみ」,「腐食」,「ひび割れ」が主な計測項目として挙げられる.ここでは,これらの代表的な研究・開発事例を示す.

(1) 振動

(a) 加速度計によるRC床版の振動計測

目　　的：加速度計によって得られるRC床版の振動から周波数スペクトルを分析することにより,疲労損傷の程度を評価することを目指している.

調査方法：RC床版の任意の位置に加速度計を設置し,振動データを採取し周波数スペクトルの形状分析を行う.

適用事例：

a) 輪荷重走行試験によるRC床版の健全度評価手法の有効性 [1]

輪荷重走行試験によるRC床版の疲労劣化の測定を行い,測定データと疲労損傷との相関性について分析を行った.床版の減衰振動時の低周波帯域の周波数スペクトルについて,スペクトル形状の偏りを算出した.スペクトル形状の偏りは,疲労損傷程度 a, b の初期の劣化現象に対して大きく変化し,センサーの設置場所に依存し難い結果が得られることを確認した.

写真 2.4.13　輪荷重走行試験の状況 [1]　　　　写真 2.4.14　加速度計の外観 [1]

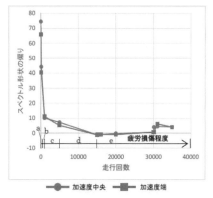

図 2.4.33　輪荷重の走行回数とスペクトル形状の偏り [1]

(2) たわみ

(a) 変位計を用いた走行試験機によるたわみ計測

目　　的：荷重およびたわみ量が簡易的に測定できるFalling Weight Deflectometer（FWDと称す）試験機を用いてRC床版の健全度評価手法の確立を目指している.

調査方法：FWD 測定車両により舗装面に加振を行い，その際の変位を FWD 試験機に搭載されているたわみセンサーで検知することにより，床版健全度を判定する．

適用事例：

a) 既設 RC 床版の健全度評価手法の有効性[2]

補修範囲の決定の妥当性を確認するため，舗装面の切削を行い床版全面のたたき調査を行った．FWD による補修範囲とたたき調査結果を比較すると，浮きや砂利化が確認された箇所と補修箇所は概ね一致していることが分かる．床版下面からの外観点検結果からでは評価することができない損傷を把握し，補修範囲を決定することができる．また，下面判定結果が同様な橋梁に対して，本評価手法を用いることで補修の優先度を決定することができる．

写真 2.4.15 FWD 試験機[2]

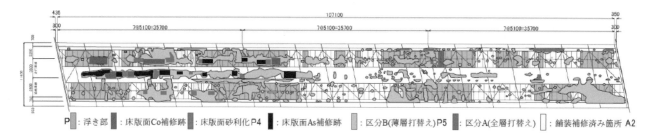

図 2.4.34 FWD による補修範囲と床版上面たたき調査結果の比較[2]

(3) 腐食

(a) 鉄筋電位，分極抵抗，コンクリート抵抗によるマクロセル腐食速度計測

目　的：マクロセル腐食速度を計測することにより，補修時期の適切な判断を目指している．

調査方法：任意の時間毎における鉄筋電位，分極抵抗およびコンクリート抵抗を測定し，マクロセル腐食速度のモニタリングを行う．

適用事例：

a) 既存鉄筋コンクリート部材におけるマクロセル腐食速度モニタリングシステム[3]

任意の時間毎における鉄筋電位，分極抵抗およびコンクリート抵抗を測定し，マクロセル腐食速度のモニタリングを行った．また，その際に測定された分極抵抗値を用い，ミクロセル腐食速度もモニタリングした．4組の対極板等をひび割れに垂直な鉄筋に沿って，20cm 間隔に配置した．測定対象部材より採取したコンクリートコアを用いて，コンクリート抵抗の測定した．これらにより，マクロセル腐食速度がモニタリングで

きた．また．ミクロセル腐食速度よりもマクロセル腐食速度が速いことを確認した．すなわち，既存鉄筋コンクリート部材の鉄筋腐食を評価する際には，ミクロセル腐食のみならずマクロセル腐食も考慮しなければならないことを確認した．

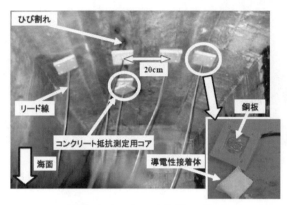

写真 2.4.16　測定状況 [3)]

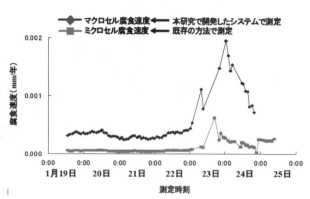

図 2.4.35　構造物試験での腐食速度モニタリング [3)]

(4) ひび割れ

(a) ウェーブレット変換を用いたひび割れ画像計測

目　　的：画像解析における精度をさらに向上させる新しい画像解析手法を用いたひび割れ抽出技術の実用化を目指している．

調査方法：デジタルカメラによって撮影した画像をウェーブレット変換によりひび割れの長さや幅の情報として定量化する．

適用事例：

a) RC 中空床版のひび割れ調査 [4)]

ウェーブレット変換を用いた画像解析を，曲げひび割れが多数発生している RC 中空床版橋の床版調査に適用した．床版パネル2箇所を合成した撮影画像，二値化画像およびひび割れ画像を**写真2.4.18～写真2.4.20**示す．ひび割れ幅の検出精度の検証を行った結果，ひび割れ幅 0.1～0.15mm は撮影画像の品質により検出がやや困難な場合があるが，幅 0.2mm までのひび割れ検出は可能であることを確認した．

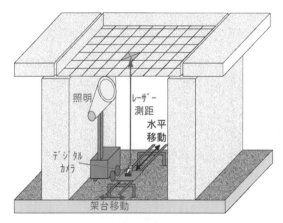

図 2.4.36　ひび割れ画像の撮影方法 [4)]

写真 2.4.17　ひび割れ画像の撮影状況 [4)]

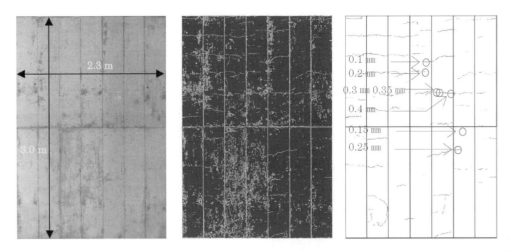

写真 2.4.18　撮影画像 [4]　写真 2.4.19　二値化画像 [4]　写真 2.4.20　ひび割れ画像 [4]

参考文献

1) 遠藤義英，皆川翔輝，山本康弘，山岸貴俊：輪荷重走行試験による RC 床版の疲労劣化に関するモニタリング技術の検討（その 2）低周波 3 軸加速度センサーによる RC 床版の疲労損傷解析，土木学会第 71 回年次学術講演会，CS7-037，pp.73-74，2016.9

2) 山口恭平，早坂洋平，曽田信雄，大西弘志：FWD を用いた既設 RC 床版の健全度評価手法に関する一提案，土木学会構造工学論文集，Vol.61A，pp.1062-1072，2015.3

3) 海野統彦，竹中龍蔵，宮里心一，竹内 悟：既存鉄筋コンクリート部材におけるマクロセル腐食速度モニタリングシステムの開発，土木学会第 58 回年次学術講演会，V -017，pp.33-34，2003.9

4) 堀口賢一，丸屋剛，武田均，小山哲，澤健男：ウェーブレット変換を用いたひび割れ画像処理技術の実橋床版への適用，大成建設技術センター報，vol.40，pp.14-1-14-6，2007

2.4.6 下部構造

下部構造においては，「振動」，「傾斜」，「ひずみ」，「反力」，「変位」，「ひび割れ」が主な計測項目として挙げられる．ここでは，このうち，「振動」「傾斜」について代表的な研究・開発事例を示す．

(1) 振動

(a) レーザードップラー速度計（LDV）による微動の非接触測定

目　　的：実構造物の振動モード形を推定することで，構造物の健全性の診断を目指している．

調査方法：レーザードップラー速度計（LDV）を用いて微動の非接触測定を行い，構造物の低次モードの固有振動数と振動モード形を同定する手法である（写真 2.4.21）．

適用事例：

a) 実構造物の振動モード形推定[1]

点 A～E の SM(f)の 3.6Hz の成分（SMmax）を SR(f)の同振動数成分の値（SRmax）で除して各点測定時の振動レベルで基準化し，基準化したモード振幅 Snmax を得た．結果を点 A のモード振幅および高さを 1 として解析結果とあわせて図 2.4.37 に示す．解析値と提案手法による推定値はよく一致しており，提案手法の妥当性が示されたものと考える．

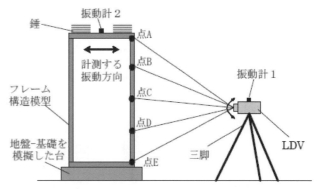

写真 2.4.21　レーザードップラー速度計（LDV）による微動の非接触測定[1]

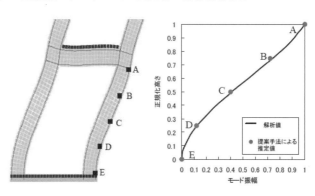

図 2.4.37 実構造物の振動モード形推定[1]

(2) 傾斜

(a) 傾斜計による橋脚の傾斜計測

目　　的：橋脚の傾斜を定期的に自動で測定することで，構造物の維持管理を合理的に実施することを目指している．

調査方法：傾斜計を橋脚に設置し，定期的に自動でデータを収集する．

適用事例：

a) 実構造物の傾斜計測の精度検証[2]

撤去予定のRC橋脚に高精度傾斜計（有線）と無線傾斜計を設置し，計測値の相関を確認した．実際の洪水等による橋脚の変位を想定し，±1°程度の橋脚の傾斜が検知可能かどうか，併せて無線傾斜計の通信状況を確認した．実橋脚を傾斜させるために，バックホウを用いて変位を与えた．高精度傾斜計と無線傾斜計で得られた計測値は高い相関が得られ，その差は概ね±1°以内であった．

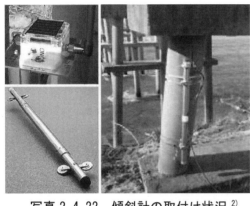

写真 2.4.22　傾斜計の取付け状況[2]

写真 2.4.23　橋脚への載荷状況[2]

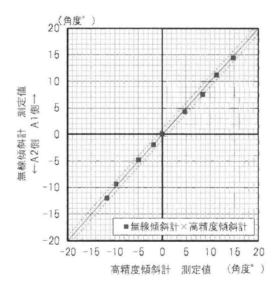

図 2.4.38　傾斜の測定結果[2]

参考文献

1) 上半文昭，目黒公郎：構造物診断を目的とした非接触微動測定法，生産研究，Vol.55, No.6, pp.127-132, 2003

2) 小河聡，春田健作，梅本秀二，大畑秀之，井上満晶，竹田和真：橋梁の維持管理の高度化・モニタリング技術の検証（上津屋橋－流れ橋－），土木学会第71回年次学術講演会，VI-590, pp.1179-1180, 2016.9

2.4.7 まとめ

　センシング技術は様々な研究開発が推進されており，多くの成果があがっている．一方で，センシングによって得られたデータが構造物の劣化や損傷に対してどのような指標となりえるのかについては未だ途上と言わざるを得ないのが現状である．実構造物でのフィールド計測においても，様々な構造物で試行錯誤が行われているが，中には適用性が高いと評価される技術もある一方で，国内で適用するには測定基準として登録されていないという理由で参考データになる現状もあるため，新技術の測定基準類の整備が課題となる．特に，フィールド計測においては，技術の精度に加えて，現場作業の容易さも重要な指標となり得る．計測に多くの労力と時間を有する技術はデータが優れていても適用現場が拡大する可能性は低いと推察され，計測機器に加え，設置治具の軽量化，計測速度の向上が課題となるであろう．

　今後の展望としては，センシング技術によって得られたデータを有効に活用できるように実構造物でのデータを蓄積し，劣化や損傷とセンシングデータの相関関係を整理することが望まれる．また，昨今のICT技術は目覚ましい発展を遂げている．センシングデータを大量に扱う，いわゆるビッグデータを高速に処理するソフトの技術開発にも着目したい．

2.5 構造物の管理体制や計測技術の課題

　本章では地方自治体がどのような状況で維持管理を行っているのかをアンケートにより調査し，結果について紹介すると同時に，各管理団体がどのような形で点検や診断の作業を進めているのかを点検要領や実例を調査することを通じて構造物の更新・改築に関わる現状について把握することを試みた．さらには今後の維持管理において構造物の更新・改築をはじめとする各種作業への意思決定に活用されることが期待される計測技術についても取りまとめた．

　今回実施した地方自治体に対するアンケート調査では図らずも各研究者が考えているよりも切迫した状況下で維持管理に取り組まれている自治体が多いという状況が示されていると考えられる．今回の調査ではアンケート対象が 30 団体程度と決して多いとは言えないものの，一定の傾向は示すことができていると考えられるため，今後は各自治体の状況に応じた技術的支援や技術情報（マニュアルや事例集等）の発信を通じて状況の改善を図るべきであると考えられる．各管理団体の点検要領の確認や実際の事例を確認することにより，各団体の置かれている状況に応じたスタンスの違いを確認できたのではないかと考えている．今後の点検や診断の体制を見直す際に参考になれば幸いである．

　現在の点検や診断では目視点検の結果に非常に大きな重みがあり，維持管理自体が目視点検結果に大きく依存しているという状況がある．目視点検自体は経験や技術を擁している技術者が担当すれば極めて精度の高い情報を得られることが知られている．また，昨今の構造物維持管理における点検実施強化の流れに沿って技術者の育成が急務ととらえており，現時点でも複数の育成プログラムが運営されている．しかしながら，精度の高い目視点検を実現できる技術者の育成には多大な知識や経験の蓄積に要する一定の教育期間が必要であることも事実であり，現状の教育体制で質量ともに十分な維持管理体制を直ちに実現することは困難であると考えている．また，現状においては十分に高い品質の目視点検のみが行われているとは言えない状況であり，その結果として目視点検のみでは判断できない事象に対しては現在の目視点検に依存している技術体系は非常に脆弱であり，大きな問題を孕んでいることを認識しなければならない．

　さらには，現在の点検体制においては目視点検では材料劣化等の現象は確認できるものの構造物自体の挙動を確認するセンシングの視点が欠けていることにも注意が必要である．今回紹介した各種技術は目視点検に偏重した点検・診断からどのような技術によって技術的蓋然性やアカウンタビリティが担保される形になる可能性があるのかを示すものであり，これらの技術を積極的に用いてより技術水準の高い維持管理が実現されることが望まれる．

第3章　構造物の更新・改築における意思決定

3.1　概要

　構造物の更新・改築は，新設よりコストが高く，様々な制約があり実施が難しいことが多い．たとえば，既設構造物の撤去に大きな費用がかかったり，現存施設としての機能，サービスを維持しながらの施工となり仮設工事に多大な費用が必要となったりする傾向にある．その一方で，構造物の老朽化が進んでいる状況では，早期に更新・改築を行うことが重要である．そこで問題となるのが，早期に更新・改築に踏み切るという意思決定である．更新・改築が大規模なものになるほど，事業者組織の経営上の重要事項となったり，社会に与える影響が大きくなったりするため，より正確な意思決定が必要とされる．しかしながら，従来の構造物の新設時に用いられるような「経済性」を中心とした意思決定は，更新・改築の場合には通用しない恐れがあり，膨大な費用がかかるために実施が先送りされるような場合も考えられる．

　そのような中で，ポイントとなるのは，「目的設定」や「評価」等であり，適切な目的を設定した上で，様々な観点から評価して，意思決定を行う必要がある．本章では，実際に行われた更新・改築事例から早期に更新・改築を行うための意思決定に必要な情報や評価基準，実施に役立つツール等を紹介する．

3.2　更新・改築の意思決定に至るプロセス

　更新・改築の意思決定に至るプロセスは，以下に分類される．
- ➢　構造物の現状の把握と将来の予測
- ➢　更新・改築の目的設定
- ➢　性能項目・判断基準の整理
- ➢　制約・課題を解消しうる施工技術に関する情報収集
- ➢　対策案の作成と比較，意思決定
- ➢　個別工法等の決定

上記のプロセスを図 3.2.1 に示す．以下，本節ではプロセスごとに各項において概説する．

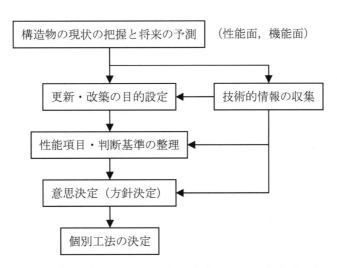

図 3.2.1　構造物の更新・改築の意思決定に至る一般的なプロセス

(1) 構造物の現状の把握と将来の予測

構造物の更新・改築を実施するか意思決定を行うための最初のステップとしては，構造物の現状を把握することが必要不可欠である．

構造物の性能面においては，日常の維持管理，モニタリングシステム等により把握する．詳細については，**第2章**に示す．

交通施設としての機能面においては，車線数・幅などの交通容量，現状の交通状況等も考慮する必要がある．

(2) 更新・改築の目的設定

次のステップにおいて目標性能を設定するための，構造物の更新・改築を行う目的を設定する．詳細は3.3に示す．

(3) 性能項目・判断基準の整理

設定した目的に対し，その目的や付随する事項を実現するために，構造物に要求される性能項目を設定し，それぞれに対する評価・判断基準を設定する．前述のように，意思決定の判断基準が「経済性」のみでは意思決定が難しいため，多面的に評価項目，判断基準を整理する必要がある．詳細は3.4に示す．

(4) 制約・課題を解消しうる施工技術に関する情報収集

構造物の更新・改築においては，さまざまな制約条件が伴う．これらの制約条件を解消するためには，新たな技術の適用等が必要となる場合が多いが，これの適用のためには情報の収集が不可欠である．

制約を解消する個別の技術については**第4章**に示すが，このような情報を得るための情報収集について，3.5において事例を示す．

(5) 対策案の作成と比較，意思決定

これまで設定・収集してきた個別の事柄を整理し，更新・改築の実行の可否やその方法について意思決定を行う．

意思決定の方法は，意思決定の主体や対象とする事業の性質によってさまざまである．また，意思決定の内容についても，大規模プロジェクトの全体方針から個別に取られる施工法，個々の対策等さまざまな事柄を含む．ここでは，大規模な更新・改築を伴う代表的なプロジェクトについて，プロジェクトの実施に関する意思決定や更新・改築する構造物の選定方法等について，3.6において事例を示す．

(6) 個別工法等の決定

更新・改築の実施に関する意思決定を行った後の，個別工法等の詳細な決定については，**第4章**に示す．

3.3 更新・改築の目的設定

3.3.1 目的設定の重要性

構造物の更新・改築を行う際には，検査・調査結果から得られる構造物・施設の現状有する性能を把握し，その現状を踏まえて，構造物の性能を改変する目的を定める必要がある．目的を設定した上で，目標とする各性能項目の水準を設定することで，具体的な更新・改築の意思決定に役立てることができる．

構造物の更新・改築の目的は，「対象とする性能の種類」と「性能に対する行為の種類」の組合せで示すことができる．

対象とする性能の種類とは，一般に，以下に示す項目である．性能の設定は，ハード，ソフトの両面から現状を評価した上で実施する．個別の性能に関する詳細は，3.4 に示す．

- 使用目的との適合性
- 構造物の安全性
- 耐久性
- 施工性
- 維持管理性
- 環境との調和，社会適合性
- 経済性

これらの性能に対する行為の種類は，以下に示すものとなる．それぞれの詳細は 4.3.2 に示す．

- 性能回復
- 性能向上・性能追加
- 性能縮減

目的設定の例として，これまで行われてきた更新・改築の事例から抽出・分類したものを紹介する．

3.3.2 目的設定の具体例の分類

構造物の更新・改築を行う目的をこれまで見られた事例から抽出したものを**表 3.3.1** に示す．更新・改築の目的にはさまざまなものがあり，回復，向上，追加，縮減するべき性能も多岐にわたる．ここでは使用目的との適合性（交通施設の場合，主に利便性），安全性，耐久性・維持管理性について整理した．

また，目的はひとつではなく，複数となり得る．たとえば，表中に示した橋の荷重制限や通行止めは，利便性を縮減する代わりに，経済性を向上していることとなる．また，ターミナル駅の改築等にみられるように，柱の耐震補強による安全性の向上，ホーム増設や通路の拡幅，バリアフリー化による利便性向上等，一度の施工で複数の目的を達成することにより，制約が多く，施工期間，施工費が増大しがちな構造物の更新・改築に踏み切ることができるようにした例もみられる．このように，更新・改築の目的設定においては，多面的な視点による目的設定が重要である．

表 3.3.1 各性能に対する目的の設定および対策例

対象とする性能	更新・改築の目的	実施事項の例	性能に対する行為
使用目的との適合性（ここでは利便性）	交通容量増加	拡幅による車線増加（桁増設，桁の拡幅） 複線化・複々線化（桁増設，桁の拡幅） 駅改良（支間拡大） 岸壁の延長（防波堤の転用）	性能向上・性能追加
	利用の拡大	出入口新設（盛土切取・補強） 駅新設（高架橋改築）	
	まちづくりへの対応	連続立体交差化（高架化） バリアフリー化（施設の増設） 高架下空間の拡大（支間拡大）	
	利用の制限による運営コスト低減 （利便性縮減，経済性向上）	橋の荷重制限，速度制限 通行止め，廃線	性能縮減
安全性	老朽化対策	当て板補強，床版取替え 桁の架替え，柱・橋脚の取替え	性能回復
	損傷部材の復旧 （震災時など）	柱・橋脚の補修 支承交換	
	地震対策	柱・橋脚の耐震補強	性能向上・性能追加
	降雨対策	斜面の補強	
	風邪対策	防風壁の設置・かさ上げ	
	津波対策	桁のラーメン構造への改築	
	洪水対策 （河川改修）	桁の架替え	
耐久性・維持管理性	維持管理の省力化・コスト低減	床版増厚 構造改良による長寿命化 桁の架替え	性能回復 性能向上・性能追加

3.4 性能項目および判断基準

構造物の更新・改築に関わる意思決定においては，多面的な視点による目標設定だけでなく，評価や判断基準についても，構造物の新設とは異なる視点が必要となる．ここでは，意思決定に関わる評価項目および判断基準について，これまでの事例から抽出された内容や，今後必要と考えられる内容について，構造物の性能項目ごとに示す．

3.4.1 使用目的との適合性

構造物が建設された当初から想定されている使用目的に適合した性能を現在も有しているか，または，その構造物に対して現在の社会から要請または期待されている性能を有しているか，判断するための指標である．以下に示す利便性や社会的使命について，主に考慮する必要がある．

(1) 利便性（現状，対策後）

道路や鉄道等の交通施設においては，自動車や列車を通すことにより，利便性を向上させることが第一の使用目的であり，そのために構造物は交通荷重に耐え，使用に十分な剛性等を有していなければならない．

当初想定されていた交通容量で設計，建設された構造物に対し，現在必要とする交通容量は当初想定と異なる場合が多い．現在必要とする交通容量が当初想定より大きければ，道路においては渋滞が，鉄道においては混雑が発生する．道路構造物を例にすると，重交通路線での渋滞による社会的損失は大きく，その影響は，周辺環境等にも波及する．また，利便性が高くなければならないはずが，渋滞により逆の効果をもたらしているケースも考えられる．そのため，更新・改築の実施には，これまでの利便性を超える要素が必要であり，更なる道路ネットワークの整備構築，車線拡幅，出入り口の設置等に伴う渋滞の緩和等が判断指標となる．

鉄道構造物においては，速度向上による到達時間の短縮，駅の改良による乗換えの利便性向上，直通運転による利便性の向上等が挙げられる．また，まちづくりの観点では，バリアフリー化や自由通路の新設，駅前広場等の交通結節点の整備等，利便性を向上させるために既存の駅施設の更新・改築が必要になる場合が多く見られる．この際には，目的地到達時間，駅利用者が徒歩にかかる時間等の指標が必要となる．

一方で，地方における少子高齢化，過疎化による交通容量の減少等，当初の想定に比べて現在の交通容量が小さくなる場合もある．地方自治体によっては，管轄する道路橋等の財産を適切に維持管理し続けることが困難となり，劣化・損傷した橋梁に対して補修・補強・更新等の対策を行わず，重量制限等の通行規制や通行止めを行うことにより，維持管理のコストを抑える例もある．国土交通省の調査によると，平成25年時点で地方公共団体が管理する15m以上の橋梁で，通行止めが232橋，通行規制が1,148橋となっている[1]．

(2) 社会的使命

土木構造物は，人々の生活に欠かせない重要な構造物であることは言うまでもない．中でも，地震大国である日本では，災害時でも機能する緊急輸送道路は社会的にも大きな使命を果たしており，更新・改築において，災害時等における活用も踏まえた社会資本整備を行うことのウェイトは大きいと考えられる．

緊急輸送道路に指定されている道路橋や乗客数の多い鉄道橋等においては，耐震性能の水準を通常の構造物より高く設定し，これらの構造物に対してのみ耐震補強を施すなど，社会的使命に応じて要求性能を設定する必要がある．

3.4.2 安全性

(1) 構造物の健全度および性能

　構造物は，様々な変状発生要因により劣化が進行し，年数の経過により健全度が低下する．従来は健全度が低下した橋梁に対して，部分的な補修により，健全度を回復させることを繰り返してきた．しかしながら，厳しい使用環境により，部材によっては性能が建設時点まで回復しないことや，劣化速度が速くなる事例が顕在化してきているため，適切な時期に更新・改築が必要となってきている．橋梁の健全度および性能に関する概念を**図 3.4.1** に示す．これまでは補修等によって定期的に，かつ建設当初の性能まで性能を回復可能であるとの前提で維持管理の業務が計画，実行されてきた．しかしながら，図のように，性能が建設次点まで回復しない場合や，経年が増加するにつれて補修すべき時間間隔が短くなっていく場合がある．

　従来の部分的な補修では性能が建設時点まで回復しないような構造物に対しては，**第2章**に示す方法等により構造物の現状の性能を適切に把握し，それが，管理限界値を超える前に更新・改築を実施する必要がある．このとき，更新後の性能としては現在の新設構造物と同等，またはそれ以上の性能を確保することを目標とすべきである．

　また，対象構造物の耐荷性能が最新の技術基準を満足していない場合には，それを満足すべく併せて対策を実施することが効率的かつ効果的であるが，そのための費用も必要となるため，目標とする性能や準拠すべき技術基準を的確に設定する必要がある．その際には，構造物の重要度や，3.4.1(2)に示した社会的使命等を考慮するのがよい．

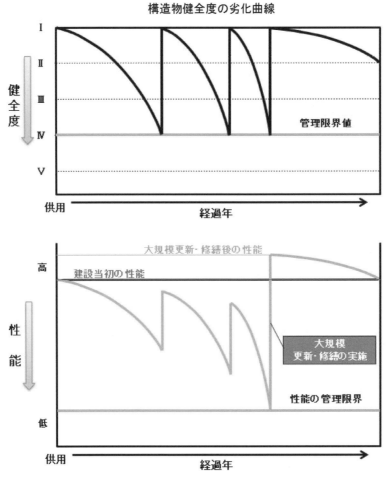

図 3.4.1　橋梁の健全性および性能に関する概念 [2)]

(2) 対策の実施時期

更新・改築の実施にあたっては，基本要件である構造物の現状（健全度や変状の程度等）の他，劣化の速度や，修復の困難性（劣化が進行した場合，補修では元の性能への復元が困難）や隣接地の状況（第三者等被害リスクを想定した変状発生による危険性等）といった細部要件を考慮して，適切で効果的な対策実施時期を決定する必要がある．対策実施時期の検討の例を図 3.4.2 に示す．STEP1 は，基本要件である構造物の現状により対策実施時期を判断するものであり，構造物の変状が著しいものから対策を実施することを原則とするのが一般的である．STEP2 は，細部要件である性能低下要因，修復の困難性，変状発生による危険性の内容により，STEP1 で判断した対策実施時期の見直しを行うものである．例えば，構造物の劣化要因により劣化が早いと判断される場合や，構造物のクリティカルな部材に変状が発生している場合は，実施時期②から実施時期①あるいは実施時期③から実施時期②への変更を判断する．

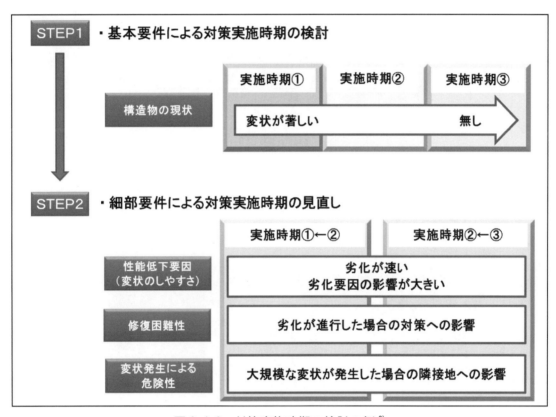

図 3.4.2　対策実施時期の検討の例[2]

3.4.3 耐久性・維持管理性
(1) 耐用年数（現状，対策後）

現状，土木構造物の耐久性は構造物毎で異なるが，補修・補強により，一定の寿命を確保している．道路構造物を例にすると，現在の設計では，橋梁は設計耐用年数を 100 年としている[3]が，使用状況，周辺環境等により，寿命が変わることも考えられる．そのような点から，更新・改築により，確保すべき耐用期間を満足させることが可能となる．そのため，更新・改築の実施には，構造物の重要性および将来的に確保すべき耐用期間が判断指標となると考えられる．

ただし，設計耐用期間は長ければよいというものではなく，環境条件が厳しく設計耐用期間を確保すること（図 3.4.3 の Case2）が困難な場合においては，設計耐用期間を設計供用期間より短く設定し，適切な時期に更新すること（Case1）で，設計供用期間全体における LCC（3.4.6(2)）を低減させることも考えられる．

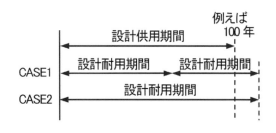

図 3.4.3 耐用期間のイメージ[4]

(2) 維持管理性

土木構造物は，制約条件の厳しい場所に建設されているケースが多く，点検や補修等を行っていくうえで，維持管理のしやすさ（詳細に，見落としなく点検できる）は構造物を長期的に使用する上でも重要な要素となる．

そのため，更新・改築の実施には，制約条件が厳しく，点検がしづらい狭隘な箇所等において確実な維持管理性を確保することが判断指標となる．

3.4.4 施工性

更新・改築の実施にあたっては様々な制約がその施工性に影響を及ぼす．主な制約条件としては空間的制約や時間的制約，施工の難度などがある．例えば，対象施設を供用しながらの更新・改築においては，供用部分との離隔確保という空間的制約や，限られた施工時間という時間的制約が伴う．これらの制約を解決する技術として，これまでに実施された更新・改築の事例について 4.2 に示す．

3.4.5 環境との調和

橋梁においては，自動車や列車の通過に際し，騒音や振動が発生することは避けられない．沿線環境との調和を図るためには，発生する騒音や振動のレベルを環境基準以下にするなどの配慮が必要である．既設の鉄道橋においては，騒音の大きくなる鋼橋の桁ウェブに制振材を取り付けるなどして，部材の振動を抑えて騒音のレベルを低下させる例がある．道路橋においては，伸縮継目（ジョイント）部分を自動車が通過するときに振動が発生するため，継目部にノージョイント化を施すことにより，振動の発生を抑える例がある．

3.4.6 経済性

経済性は新設・既設を問わず，構造物にとって重要なファクターであるが，構造物の更新・改築において

は，新設時に考える事柄以上に，多面的に考える必要がある．単に施工費用だけの経済性でなく，経済性に関わる新たな評価項目を積極的に取り入れ，判断基準として利用するのが重要である．

(1) 施工費用

いわゆる「更新・改築にかかる費用そのもの」がこれに該当する．構造物の更新・改築に際しては，構造物の新設と異なり，以下の観点で費用を算出する必要がある．

- ➢ これまで利用してきた構造物や部材の撤去
- ➢ 施工中の機能・サービスを維持するための仮設構造物
- ➢ 施工が長期化することによる費用
- ➢ 施工中の安全確保にかかる費用
- ➢ 税制区分の変更による費用

(2) ライフサイクルコスト（LCC）

更新・改築を行うことは，一般に，構造物の耐久性および維持管理性を向上させることにつながる．この効果は，費用面においてはLCCの低減という形になって現れる．更新・改築を施さない場合との比較により，LCCがどの程度低減するか算出することで，更新・改築を行う意思決定の重要な判断基準となる．

(3) 費用対効果

費用対効果も意思決定上の重要な判断基準である．更新・改築にかかる費用に対してどの程度の効果が得られるか，前述のLCCや，利用者の利便性増加による社会的な便益，管理者としての料金収入の増加等，更新・改築により得られる効果を最大限，かつ可能なかぎり正確に見積もることが重要である．

(4) 税制区分

構造物に性能が当初よりも向上される場合には，財務上の取り扱いにおいて構造物の財産価値が向上する場合がある．そのとき，当該構造物にかかる固定資産税が大幅に増加する場合があり得るので，費用算出の際には，留意が必要である．

(5) 公的補助制度等

地方自治体等の管理者に対し，構造物の更新・改築を促すための公的な補助制度等も存在する．構造物の長期維持管理計画を支援するものや，耐震対策を支援する制度等も存在するため，実施の際には最新の支援制度についても把握する必要がある．

(6) 施工中の供用

施工中にも施設として供用し続け，機能やサービスを維持するかどうかは，施工費用を大きく左右する．う回路や代替路線が確保可能である場合以外には，供用し続けながらの施工が必要となる．その場合，荷重を受け持つ仮設構造物の設置や撤去，仮線構築のための借地代等が必要となるため，施工の計画を立てた上で，これらにかかる費用を算出する必要がある．

(7) アセットマネジメント

通常，管理者は複数の構造物を抱えており，所管する多数の構造物の全体像を見ながら対策の意思決定を行うことが重要である．多数の構造物群を利益または便益を産み出す資産（アセット）ととらえ，リスクコストを最小としてインフラ資産から最大限の効用を引き出す考え方がアセットマネジメントである．抱えるインフラ資産が膨大であるほど，そのマネジメントの重要性が高い．

アセットマネジメントは，本章に示している意思決定のプロセスを維持管理の面でひとつのシステムとしたものととらえることができ，点検やモニタリングから得られる構造物の健全性を用いて戦略的に補修・補強や更新・改築の意思決定を行うものである．

アセットマネジメントを実施するためには，以下のものが必要となる[5]．

- 構造物の健全性を把握できる点検,診断,監視ツール
- 点検結果等を構造物ごとに管理するデータベース
- 構造物の将来の性能を予測する劣化予測ツール
- データベースから対策の優先順位を策定するツール
- アセットマネジメントの計画,実施をトレースし,修正する PDCA サイクル

維持管理上の更新・改築その他の補修・補強に関わる意思決定のプロセスをひとつのシステムで完結したシステムの構築が近年行われており,実用的・試験的に導入している管理者も増加しており,3.6 に事例の一部を紹介する.

参考文献

1) 国土交通省 HP,http://www.mlit.go.jp/road/sisaku/yobohozen/yobo1_1.pdf
2) 東日本高速道路・中日本高速道路・西日本高速道路:高速道路資産の長期保全及び更新のあり方に関する技術検討委員会 報告書,2014.1
3) 日本道路協会:道路橋示方書・同解説(Ⅰ共通編・Ⅱ鋼橋編),2012.5
4) 土木学会 複合構造委員会:2014 年制定 複合構造標準示方書[原則編・維持管理編],丸善出版,2015.5
5) 小林潔司,田村敬一 編:実践 インフラ資産のアセットマネジメントの方法,理工図書,2015.11

3.5 技術的情報の収集

構造物を更新・改築する技術は，すでにさまざまなものが開発，提案，適用されてきている．更新・改築に伴うさまざまな制約の中で施工を進める必要性から，それぞれの技術が開発されているため，構造物の更新・改築を実施するに際しては，施工上の制約条件を整理し，問題点を解消しうる技術を適用しなければならない．しかし，制約条件を解消しうる技術の情報を得るのが難しい場合もある．ここでは，これまでの事例より技術情報を入手，収集する方法について示す．

3.5.1 技術の公募

建設・維持管理にあたっては，構造および施工の多様化に加え，既設構造物の劣化の進展に伴い，安全性，使用性，耐久性の効率的な確保が求められている．このため，大学，研究機関，民間企業等が保有する幅広い分野に関する技術・ノウハウを活かし，最新の知見を積極的に取り入れ，効率的かつ効果的に高度な技術を開発するために，共同研究等での新技術を募集している[1]．

3.5.2 発注方式の工夫

従来は構造物の設計と施工は別々に発注されるのが一般であるが，設計者が制約条件を解消しうる技術の情報について精通している必要がある．特に，構造物の更新・改築においては，施工の可否や難易度により設計が決定されることも少なくない．一般には，施工を行う業者が各種施工技術について精通しているため，設計の段階から施工が得意な業者が関係するための設計・施工一括発注（デザインビルド）や，設計者や施工者以外のコンストラクション・マネージャーが全体を統括するコンストラクション・マネジメント方式といった新しい発注方式を採用するなど，設計・施工の発注方式を工夫するのが効果的と考えられる．

3.5.3 公的な相談窓口等

(1) 国立研究開発法人土木研究所 構造物メンテナンス研究センター（CAESAR）による技術指導・支援

CAESARでは，道路構造物の設計，耐震補強，損傷等（塩害・アルカリ骨材反応，疲労等）への対応について，従来蓄積してきた豊富な知見をもとに，道路管理者に対する技術指導・支援を行っている[1]．

(2) 道路・橋梁管理者のためのメンテナンス実務者コミュニティ（MEC）

一般財団法人阪神高速道路技術センターでは，道路・橋梁管理者間の情報提供・交換の場を定期的に設け，地方公共団体への技術的な支援を実施している[3]．

(3) 橋梁建設協会「橋の相談室」

一般社団法人　日本橋梁建設協会においては，「橋の相談室」と題した相談窓口を設けており，主に鋼橋技術の知識・経験の提供を行っている[4]．

参考文献

1) 首都高速道路HP，http://www.shutoko.jp/ss/tech-shutoko/newtech/kyoudou/index.html
2) 土木研究所 構造物メンテナンス研究センターHP，http://www.pwri.go.jp/caesar/contact/index.html
3) 阪神高速道路技術センターHP，http://www.tech-center.or.jp/support/
4) 日本橋梁建設協会HP，http://www.jasbc.or.jp/soudan/

3.6 更新・改築に至る意思決定事例

構造物の更新・改築を実施するという意思決定の方法は，対象となる構造物，プロジェクトの規模，意思決定を行う組織によりさまざまな形態をとる．ここでは，大規模な更新や改築を伴うプロジェクトについて，各事業者における意思決定事例を紹介する．なお，「更新」，「改築」，「修繕」等の用語について，1.3 に示した定義とは，各社で異なる用法としている場合があるが，ここでは，各社のプロジェクトにおける用語の定義を優先して記載している．

3.6.1 NEXCO

NEXCO 3 会社が管理する高速道路の更新・改築に至る意思決定の事例として，「高速道路資産の長期保全及び更新のあり方に関する技術検討委員会」（以下，「検討委員会」）において示された大規模プロジェクトとしての意思決定および具体的な更新・修繕箇所の選定方法であるフロー型の意思決定事例を紹介する．

(1) 大規模更新・修繕プロジェクト

NEXCO 3 会社は，高速道路ネットワークに対して将来にわたって持続可能で的確な維持管理・更新を行うために，2012 年 11 月に検討委員会を設立し，検討を実施した．検討委員会では，予防保全並びに性能強化の観点も考慮に入れた技術的見地より，大規模更新・大規模修繕の必要性や具体化について検討を行い，その結果をもとに 2014 年 1 月に大規模更新・大規模修繕の目的，実施時期や事業規模，実施に伴う課題等について提言がなされた．ここで，検討委員会における大規模更新と大規模修繕および通常修繕の定義を表 3.6.1 に示す．

表 3.6.1 大規模更新・大規模修繕および通常修繕の定義[1]

	定　義	目標性能	標準的な交通影響	代表的な対策
大規模更新	■補修を実施しても、長期的には機能が保てない本体構造物を再施工することにより、本体構造物の機能維持と性能強化を図るもの	■最新の技術で、現在の新設構造物と同等またはそれ以上の性能を確保	長期間にわたる通行止め、または車線数減少などの通行規制をともない、交通への影響が多大なもの。	・橋梁上部工（床版、桁）の架替え
大規模修繕	■本体構造物を補修・補強することにより性能・機能を回復するとともに、予防保全の観点も考慮し、新たな変状の発生を抑制し、本体構造物の長寿命化を図るもの	■最新の技術で、建設当初と同等またはそれ以上の性能を確保	車線数減少などの通行規制をともない、通常修繕に比べ、交通への影響が大きいもの。ただし、トンネルのインバート施工は大規模更新相当の交通への影響をともなう。	・橋梁の高性能床版防水や表面被覆などの予防保全対策 ・盛土の排水機能強化などの安定性確保対策 ・最新の基準による切土のり面のグラウンドアンカーの再施工 ・トンネルのインバート施工による補強 ・トンネル覆工の炭素繊維補強　など
通常修繕	■構造物の性能・機能を保持、回復を図るもの	■建設当初の性能を確保	車線数減少や路肩規制などの通行規制をともなうが、原則、日々の通行規制解除が可能であり、交通への影響が小さいもの。	・舗装補修 ・橋梁床版の部分補修 ・トンネル覆工背面空洞対策 ・コンクリートはく落対策　など

検討委員会では，橋梁，土構造物，トンネルを対象に検討が実施されたが，ここでは，橋梁に関する検討結果を示す．

検討委員会では，

a) 高速道路の課題

b) 高速道路資産の変状状況

について把握したうえで，

c) 構造物の変状発生要因の整理

d) 高速道路資産の変状分析

を行い，大規模更新・大規模修繕の必要要件として，意思決定フローを決定している．以下に a)〜d)について示す．

a) 高速道路の課題

○経過年数の増加　〜高速道路の経年劣化の進行〜

図 3.6.1 に，高速道路の経過年数の推移を示す．2016 年度（平成 28 年度）末には，供用後 30 年以上の供用延長は 4 割を超え，償還期間が満了する 2050 年（平成 62 年）には，供用後 50 年以上の供用延長が約 8 割となるため，経年劣化のリスクの高まりが懸念される．

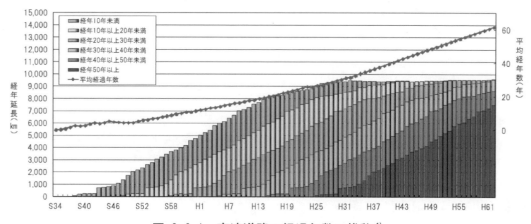

図 3.6.1　高速道路の経過年数の推移[1]

○使用環境の変化　〜車両の大型化並びに大型車交通の増加〜

・大型車交通の増加

高速道路ネットワークの拡充に伴い大型車交通が増加するとともに（**図 3.6.2**），1993 年（平成 5 年）の車両制限令の規制緩和により車両の総重量が増加する傾向も見られ（**図 3.6.3**），高速道路の使用環境がさらに厳しいものとなっている．

・総重量違反車両の現状

総重量違反車両の割合は，本線軸重計による推計結果では，大型車両の約 24%が総重量を超過している（**表 3.6.2**）．**図 3.6.4** は日本平（東名高速道路）の本線軸重計データを車種別に整理したものであるが，トレーラーなど総重量の大きい特大車も 29%と高い割合で違反となっている．本線軸重計による総重量違反車両の中には，総重量約 80t 超（日本平では年間約 100 台）の車両通行データも確認されている．

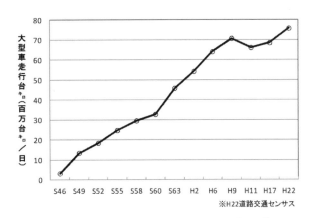

図 3.6.2　大型車走行台キロの推移[1]

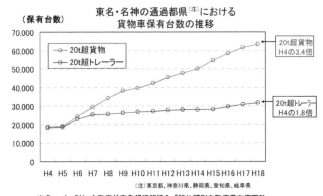

図 3.6.3　東名・名神の通過都県における
貨物保有台数の推移[1]

表 3.6.2　本線軸重計データ(2005年)による
推計の総重量違反車両の割合[1]

道路名	地名	本線軸重計による総重量違反車両割合(%)
東名	日本平	34.3
名神	向日町	29.3
京葉	園生	20.2
京葉	海神	29.8
山陽	東広島	6.0
平均		23.9

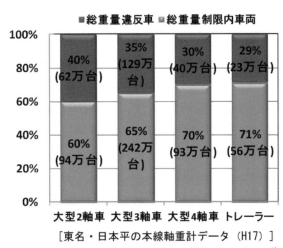

図 3.6.4　車種別総重量違反車両(推計)の割合[1]

・総重量違反車両による構造物への影響

総重量違反車両は，橋梁に大きなダメージを与え，例えば鋼部材の疲労に着目した場合，その大きさは重量の3乗に比例することが知られている[2]．

図3.6.5は，軸重超過車両[※1]による構造物への影響について軸重に着目して分析したものである．累積軸重（図3.6.5の左縦軸）のピークは，大型車では6〜7t，トレーラーでは5〜6tであり，軸重超過車両の割合は34.3%である．それに対し，影響度分布割合[※2]で示すと，軸重超過車両の割合は，大型車で77%（図3.6.5の②），トレーラーで83.%（図3.6.5の④）となり，疲労寿命に大きく影響していると推測される．

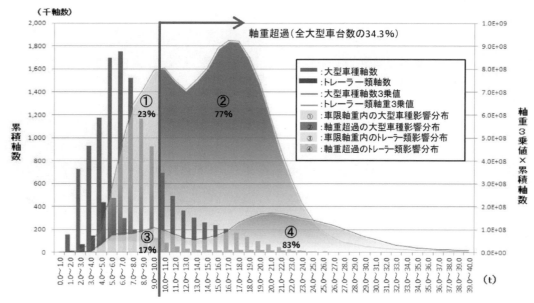

図 3.6.5 本線軸重計における累積軸重と「軸重3乗値×累積軸重」[1]

○維持管理上の問題 〜積雪寒冷地の供用延長の増加〜

高速道路の積雪寒冷地における供用路線の延伸や1993年（平成5年）頃からスパイクタイヤが使用されなくなった（1990年（平成2年）スパイクタイヤ粉じん防止法制定，1992年（平成4年）4月以降罰則規定施行）影響により，凍結防止剤（塩化ナトリウム）の使用量が増加（平均で33t⇒53t）している（**図 3.6.6**）．特に凍結しやすい高架部は散布される量が多くなる傾向があり構造物の変状の大きな要因となっている．

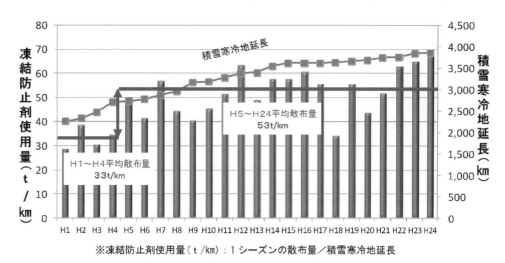

図 3.6.6 凍結防止剤使用量の推移[1]

○変状リスク 〜設計・施工基準の変遷，明確になっていなかった変状リスク〜

旧基準により設計施工されたこと等の理由により，これまで明確になっていなかった PC 鋼材の変状（**図 3.6.7**）などのリスクが顕在化してきている．

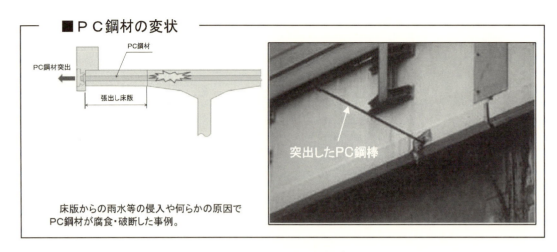

図 3.6.7 変状リスク事例[1]

〇まとめ

以上の課題に対応し，高速道路ネットワークの機能を長期にわたって健全に保ち，永続的に活用していくためには，これまで見込んでいた維持修繕に加え，本体構造物を再施工する大規模更新や予防保全的な観点も取り入れた大規模修繕も含め，技術的見地から基本的な方策の検討が必要である．

b) 高速道路資産の変状状況

橋梁の健全度の割合は，経過年数とともに低下する傾向となっており，30年経過すると，約半数の橋梁に注意が必要な変状が発生している（図 3.6.8）．変状の種類としては，鉄筋コンクリート床版の劣化（図 3.6.9），鋼床版の疲労損傷（図 3.6.10），コンクリート橋の劣化（図 3.6.11）による変状等が発生している．なかでも床版においては損傷事例が膨大であり，維持管理上の大きな課題となっている．なお，鉄筋コンクリート橋・プレストレストコンクリート橋で，40年以上の健全度が向上しているのは，補修により回復していることなどが影響している．

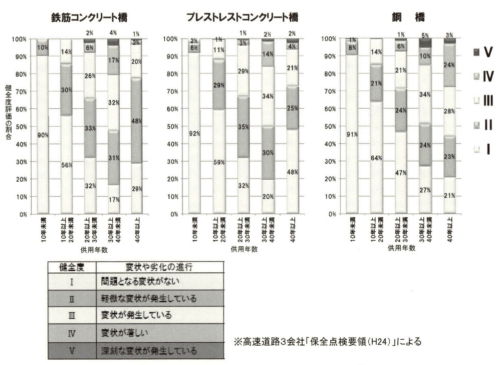

図 3.6.8 橋梁毎の健全度評価の割合[1]

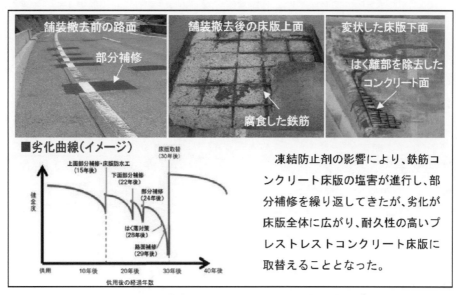

図 3.6.9 鉄筋コンクリート床版の変状事例[1]

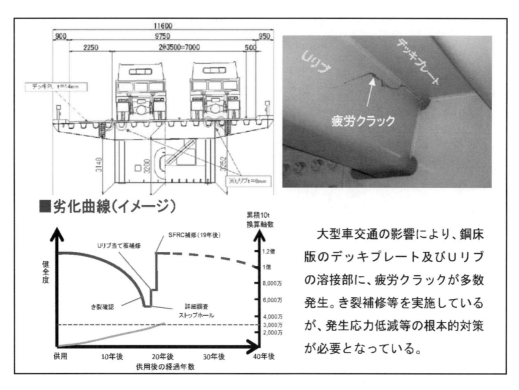

図 3.6.10 鋼床版の変状事例[1]

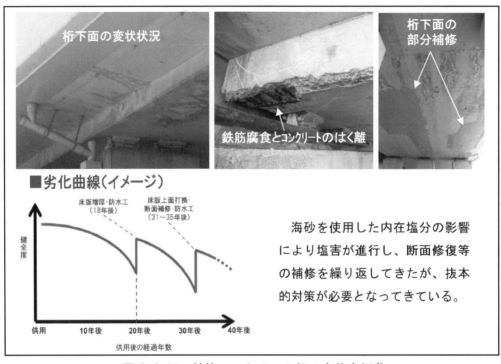

図 3.6.11 鉄筋コンクリート桁の変状事例 [1)]

c) 高速道路橋の変状発生要因の整理

高速道路橋の変状分析を行うにあたって，変状発生要因の整理を行った．着目した劣化要因は，疲労，塩害，アルカリシリカ反応である．

○疲労

分析にあたって着目した劣化要因の一つは，大型車交通による疲労である．大型車交通の影響としては，「累積10t換算軸数」を指標として分析した．累積10t換算軸数とは，高速道路本線上の軸重計のデータを基に，計測された軸重の比の3乗で鋼構造物に影響すると考えて，式(1)により10tに換算して累積軸数を求めたものである（総重量20tの大型ダンプトラックの累積台数に相当）（図3.6.12）．

$$累積10t換算軸数 = 大型車の累積交通量 \times 10t換算軸数 \tag{1}$$

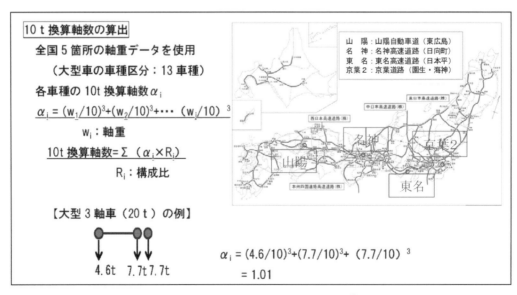

図 3.6.12 10t 換算軸数の算出 [1)]

代表的な疲労損傷橋梁において，累積 10t 換算軸数と構造物の疲労損傷の関係を分析した事例や他機関の事例などを参考にすると，累積 3,000 万軸数付近で，疲労損傷が顕在化する傾向がみられることから，この軸数に達しているか否かで，変状分析を行った（**図 3.6.13**）．

図 3.6.14 に，累積 10t 換算軸数 3,000 万軸数以上の対象路線を示す．東名，名神高速道路の他，首都圏近郊，中部圏近郊，関西圏近郊の路線において現時点で 3,000 万軸数を超えている．また，今後も次第にその範囲は広がっていく見込みである．

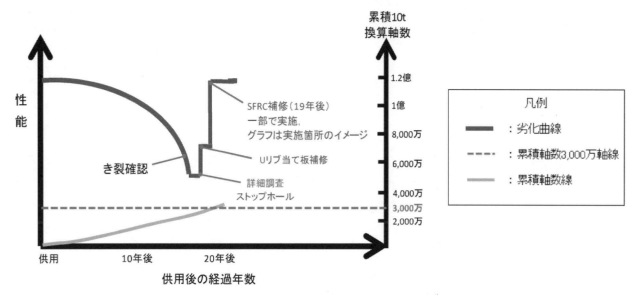

図 3.6.13　鋼床版の疲労劣化イメージ[1]

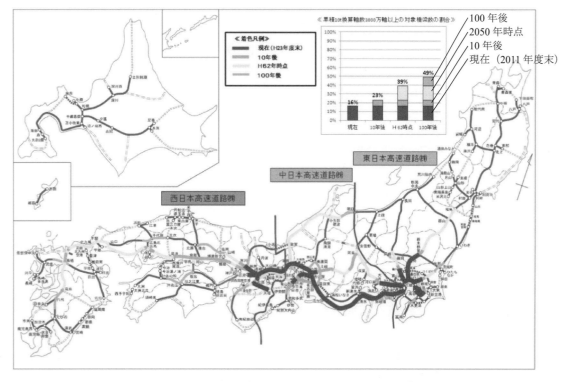

図 3.6.14　累積 10t 換算軸数 3,000 万軸以上の対象路線[1]

○塩害

塩害に関わるものとしては,「飛来塩分」「海砂使用による内在塩分」「凍結防止剤（塩化ナトリウム）」に着目した．

・飛来塩分

道路橋示方書に規定する「塩害の影響地域」にあるか否かで飛来塩分の分析を行った．

図 3.6.15 に飛来塩分の影響を受ける橋梁の位置を示す．北海道から九州まで沿岸部の路線に位置する．

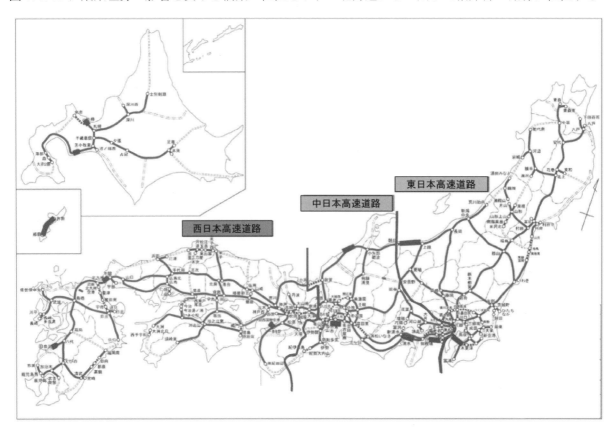

※太線が飛来塩分の影響を受ける対象路線を示す．

図 3.6.15　飛来塩分の影響を受ける対象路線 [1)]

・内在塩分

海砂を使用し，かつ 1986 年（昭和 61 年）の塩化物総量規制より前の橋梁であるか否かで内在塩分の分析を行った．図 3.6.16 に内在塩分の影響を受ける橋梁の位置を示す．西日本に集中しており，阪和道，中国道，九州道，沖縄道に位置するが，東北地方の一部にも確認されている．

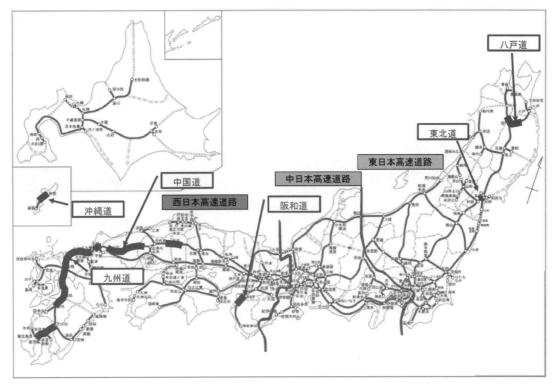

※太線が内在塩分の影響を受ける対象路線を示す．

図 3.6.16　内在塩分の影響を受ける対象路線[1]

・凍結防止剤

累積の凍結防止剤散布量を，各路線の 1989 年～2010 年の平均散布量に供用年数を掛けることで算出した．この値が 1,000t/km 以上の路線の健全度の低下が顕著なことから，1,000t/km を超えているか否かに分けて分析を行った（図 3.6.17）．

図 3.6.18 に，累積 1,000t/km を超える路線を示す．北海道から東北，北陸，中部の内陸，中国の内陸地方の路線がこれに該当している．今後も次第にその範囲は広がっていく見込みである．

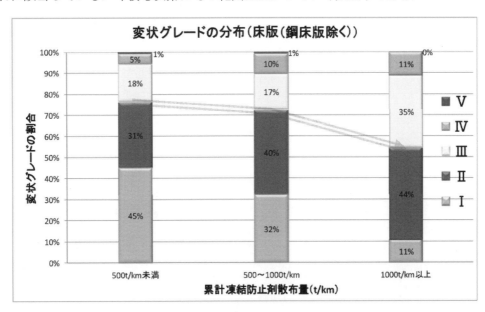

図 3.6.17　累計凍結防止剤散布量別変状グレードの分布[1]

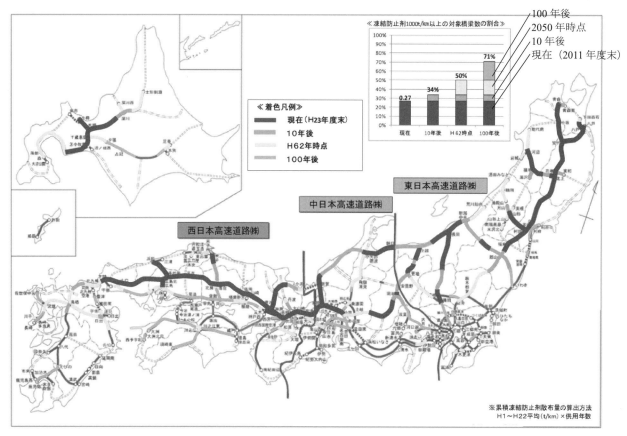

図 3.6.18　凍結防止剤の累計散布 1,000t/km 以上の対象路線[1]

〇アルカリシリカ反応

過去の調査により，アルカリシリカ反応の可能性があると判定された橋梁か否かに分けて分析を行った．図 3.6.19 にアルカリシリカ反応の影響が懸念される橋梁がある地域を示す．

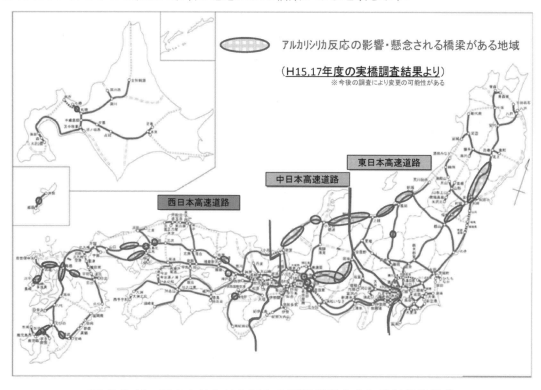

図 3.6.19　アルカリシリカ反応の影響が懸念される対象路線[1]

d) 高速道路橋の変状分析

分析は，橋梁の床版および桁を対象に部位別に実施した．過去の補修事例をみると，部材ごとに更新した事例が多いことから，橋梁ごとではなく，部材ごと，形式ごとに実施した．ここでは，c)で整理した劣化要因の有無による健全度への影響について分析を行った．

○床版

・鉄筋コンクリート床版

疲労，塩害，アルカリシリカ反応に関わる各要因およびその組合せ別に鉄筋コンクリート床版の健全度を分析した（図 3.6.20）．劣化要因が無い「劣無」と比較し，今回着目した何れかの劣化要因がある場合，健全度が低下している．特に「内在塩分かつ飛来塩分」の影響がある場合は，現時点で95%以上の床版で健全度がIII以下と著しく低下している．

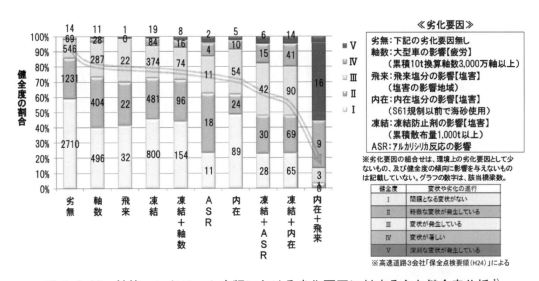

図 3.6.20　鉄筋コンクリート床版における劣化要因に対する主な健全度分析[1]

図 3.6.21に供用年数別の健全度の推移を示すが，「劣化要因"有"」の場合，健全度が急激に低下する傾向がうかがえる．また，「劣化要因"無"」の場合でも，永続的な健全性の維持は難しいことも分かる．

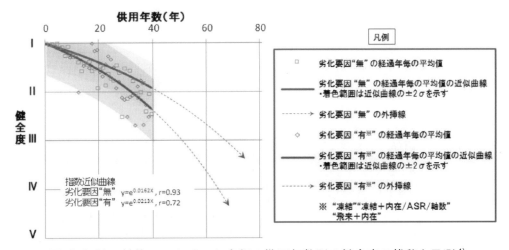

図 3.6.21　鉄筋コンクリート床版の供用年数別の健全度の推移と予測[1]

・プレストレストコンクリート床版

　劣化要因が無い「劣無」と比較し,何れかの劣化要因がある場合,健全度が低下する傾向にある(図3.6.22).しかし,その傾向は鉄筋コンクリート床版ほど顕著ではない.

　供用年数別の健全度の推移をみると（図 3.6.23）,鉄筋コンクリート床版に比べ,劣化の進行がやや緩やかである.

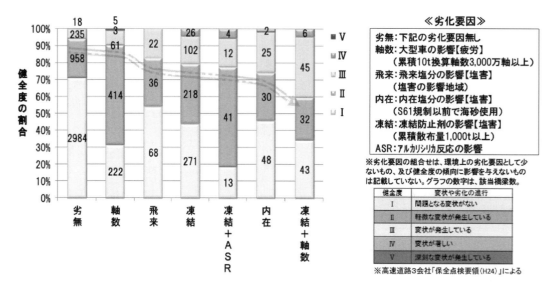

図 3.6.22　プレストレストコンクリート床版における劣化要因に対する主な健全度分析[1]

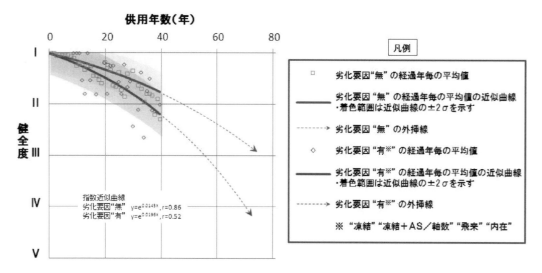

図 3.6.23　プレストレストコンクリート床版の供用年数別の健全度の推移と予測[1]

・鋼床版

疲労による変状が顕在化しており，累積10t換算軸数3,000万軸以上かそれ未満かに分けて健全度を分析した（**図3.6.24**）．3,000万軸未満に比べ，3,000万軸以上の場合，健全度が大きく低下している．

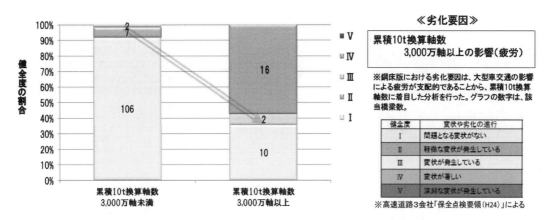

図 3.6.24　鋼床版における劣化要因に対する主な健全度分析[1]

○桁

・鉄筋コンクリート桁

塩害，アルカリシリカ反応の各要因及びその組合せ別に鉄筋コンクリート桁の健全度を分析した（**図3.6.25**）．劣化要因が無い「劣無」と比較し，何れかの劣化要因がある場合，健全度が低下している．特に「内在塩分」の影響がある場合は，50%以上の桁で健全度がⅢ以下に低下している．

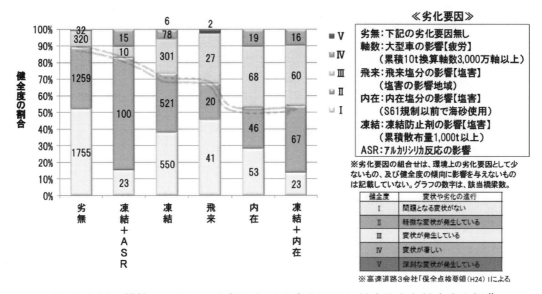

図 3.6.25　鉄筋コンクリート桁における劣化要因に対する主な健全度分析[1]

・プレストレストコンクリート桁

劣化要因が無い「劣無」と比較し，何れかの劣化要因がある場合，健全度が低下傾向にある（**図3.6.26**）．

一方，一部の橋梁でPC鋼材が腐食し破断する事例が顕在化している．このため，グラウト充填状況の調査を全国的に行ってきたが，これまでの調査したPC鋼材4,087本について分析してみると，調査箇所の約2割を超える箇所でグラウト充填が十分でないものが確認され，特にPC鋼棒を使用しているものの割合が高

いことが判明している（図3.6.27）．

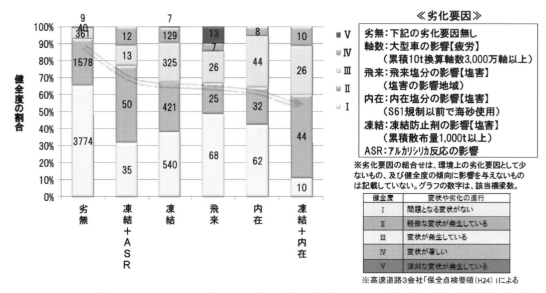

図 3.6.26　プレストレストコンクリート桁における劣化要因に対する主な健全度分析 [1)]

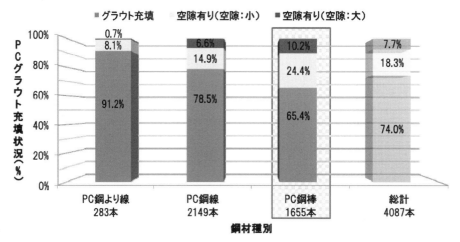

図 3.6.27　PC鋼材種別のグラウト充填状況 [1)]

・鋼桁

鋼桁について，累積10t換算軸数3,000万軸以上かそれ未満かに分けて健全度を分析した（図3.6.28）．3,000万軸未満に比べ，3,000万軸以上の場合，健全度が低下している．

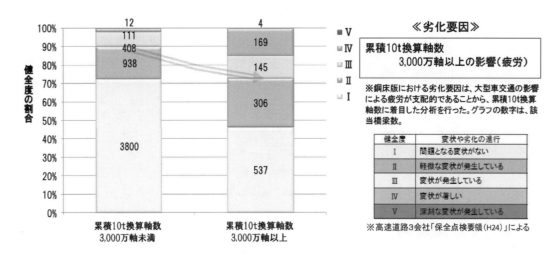

図 3.6.28 鋼桁における劣化要因に対する主な健全度分析[1]

○まとめ

高速道路橋の床版および桁の変状分析のまとめを表 3.6.3 に示す．

表 3.6.3 橋梁変状分析のまとめ[1]

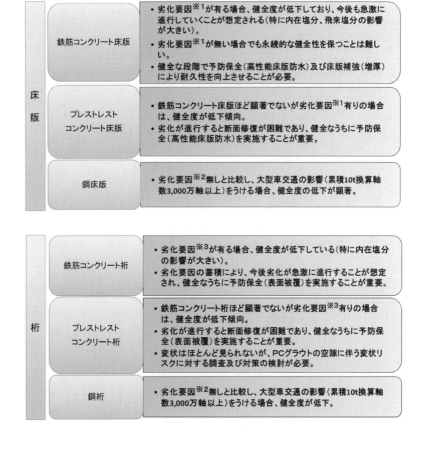

(2) 個別の構造物に対する更新・修繕の意思決定

以上の検討を踏まえ，検討委員会で決定した橋梁の床版および桁に対する意思決定フローは次のとおりである．

たとえば床版においては，変状の分析結果を踏まえ，床版の種類，交通量，塩分の状況，現在の健全度等から，図 3.6.29 に示すフローに従い，各構造物における更新・修繕の意思決定を行うことができる．同様に，桁に対しては，図 3.6.30 に示すフローに従い，更新・修繕の意思決定を行うことができる．

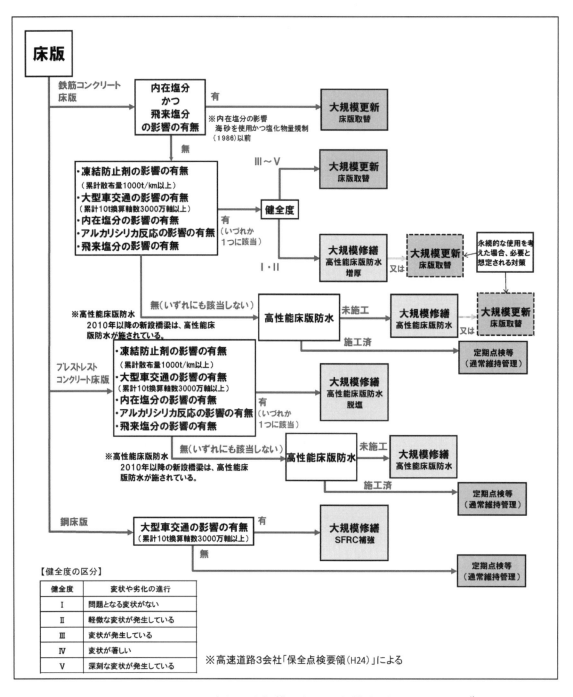

図 3.6.29 床版の大規模更新・大規模修繕の判定フロー[1]

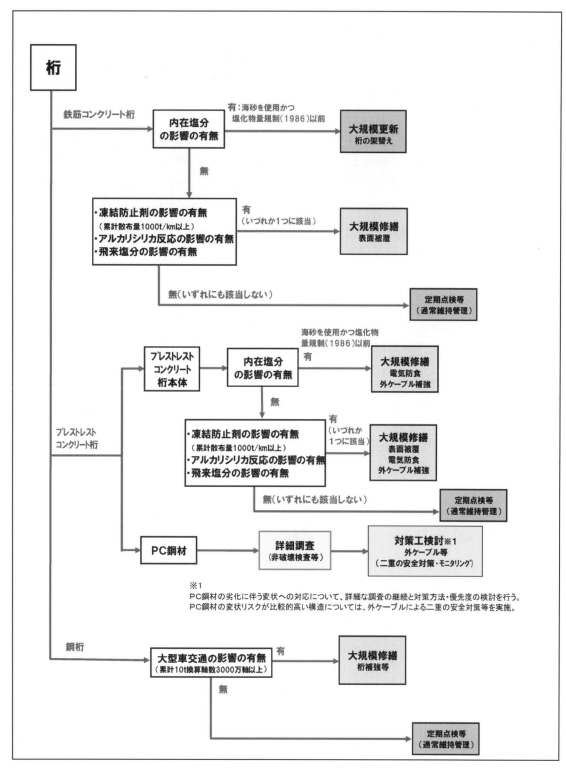

図 3.6.30　桁の大規模更新・大規模修繕の判定フロー[1]

参考文献

1) 東日本高速道路・中日本高速道路・西日本高速道路：高速道路資産の長期保全及び更新のあり方に関する技術検討委員会　報告書，2014.1
2) 日本道路協会：鋼橋の疲労，1997.5

3.6.2 首都高速道路

(1) 首都高の現状

首都高速道路は，1962年12月に京橋～芝浦間の4.5kmが開通し，1964年の東京五輪までに合計33kmが開通した．その後，放射路線の整備，都市間高速との接続，中央環状線等のネットワーク整備により，約319km（2017年4月現在）が供用している．

総延長のうち高架橋やトンネル等の構造物比率が約95％に達しており，維持管理に労力を要するものとなっている．また，開通から50年以上経過した構造物は全体の約10％，10年後には約35％まで増大し，構造物の高齢化が進んでいる．

1日の平均利用交通量は約97万台であり，大型車の断面交通量は国道や都道の約5倍となっている．また，軸重10トンを超える軸重違反車数は，1993年度で約130万台に上っており，その後減り続けているが，2013年度でも1日当たり約500台となっている．このように，首都高速道路の交通は大型車が多くかつ過酷な使用状況が続いている．

首都高速道路の構造物は，高齢化とともに過酷な使用状況にあること等により重大な損傷も含めた損傷が多数発見されている状況にある．なお，構造物を安全な状態に保つため，日夜，様々な方法によりきめ細かな点検を実施し，点検の結果に応じた補修・補強に取り組んでいるところである．

(2) 大規模更新・大規模修繕箇所の選定

2012年3月に，首都高速道路の大規模更新・大規模修繕を検討するため，「首都高速道路構造物の大規模更新のあり方に関する調査研究委員会」（委員長：涌井史郎・東京都市大学環境情報学部教授）を設置し，2013年1月に委員会より提言を受けた．

大規模更新・大規模修繕を実施する箇所は，提言を踏まえつつ，首都高速道路全線のうち，特に重大な損傷が発見されており，大規模更新もしくは大規模修繕を実施しなければ，通行止め等の可能性が高い箇所とした．2014年6月に「首都高速道路の更新計画」を公表し，大規模更新区間は約8km，大規模修繕区間は約55kmを選定している．

その後，2014年11月に日本高速道路保有・債務返済機構と変更協定を締結するとともに，同月国土交通大臣から更新事業の実施について許可を取得し，大規模更新・大規模修繕を事業化した．

(3) 大規模更新箇所の状況

a) 東品川桟橋・鮫洲埋立部

東品川桟橋は海上部に建設されており，橋桁と海水面との空間が極めて狭く，点検・補修が非常に困難である．さらに海水による激しい腐食環境によりコンクリート剥離や鉄筋腐食等の重大な損傷が多数発生している．また，鮫洲埋立部は，鋼矢板を用いた仮設と同等の埋立構造となっており，鋼矢板等の損傷により，過去に路面の陥没等の重大な損傷が発生している．

これまで部分的な補修，補強を行っているものの，損傷の状況および長期的な使用に適さない構造であること等から，この区間については大規模更新が必要となっている．また，東品川桟橋の更新にあたっては，**図 3.6.31** に示す通り，海水面から一定程度離れた高架構造とするため，桟橋全体を架け替えることとしている．なお，交通影響を軽減するため，迂回路を設置し，交通流を確保しながら施工する．

東品川桟橋部の状況

鮫洲埋立部の状況
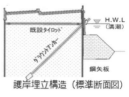

更新計画図
【平面図】
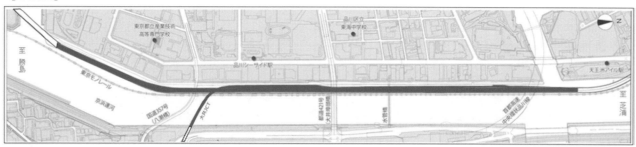

【縦断図】
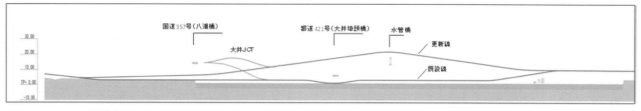

更新イメージ

図 3.6.31 東品川桟橋・鮫洲埋立部における大規模更新の概要[1]

b) 高速大師橋

多摩川を渡る高速大師橋は，1968年に供用し，延長約300mの3径間連続鋼床版箱桁橋である．本橋は多摩川への河積阻害を極力回避するために橋脚間隔を長支間にする必要があり，当時の最先端技術であった閉断面リブ（Y型）を用いた鋼床版を採用し，上部構造の軽量化を図っている．軽量化した剛性の低い上部構造であり，橋梁全体がたわみやすい構造であることに加え，多くの自動車交通による使用状況等から，図3.6.32に示す通り，橋梁全体に多数の疲労き裂が発生している．

日々，点検・補修を行っており，発生した疲労き裂の補修を実施しているものの，新たな疲労き裂が後を絶たない状況にあることから上部構造を架け替えることとした．また，現在の技術基準に基づいて上部構造を設計すると，上部構造の死荷重が既設を大きく上回り，下部構造の耐力が不足することから，上部構造と合わせて下部構造も更新する．

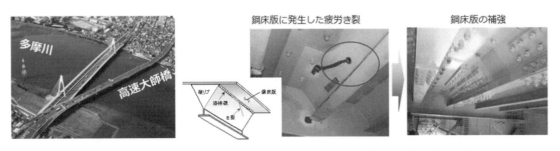

図 3.6.32　高速大師橋における大規模更新の概要 [1]

c) 池尻・三軒茶屋出入口付近

図 3.6.33 に示す通り，3号渋谷線の池尻・三軒茶屋出入口付近は鉄道トンネルと一体構造となっており，自動車交通による過酷な使用状況により，コンクリート床版に亀甲状のひび割れが多数発生している．

池尻・三軒茶屋出入口付近の更新にあたっては，損傷状況を踏まえ，床版を取り替えることとしている．なお，地下構造への影響を考慮し，床版の重量を増やさずに長期の耐久性が確保できるよう，コンクリート床版から鋼床版等に取り替えることとしている．

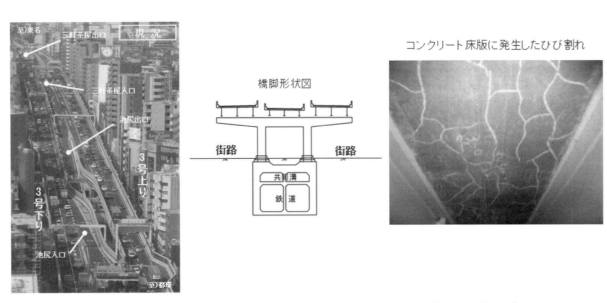

図 3.6.33　池尻・三軒茶屋出入口付近における大規模更新の概要 [1]

d) 竹橋・江戸橋 JCT 付近

図 3.6.34 に示す通り，都心環状線の竹橋・江戸橋 JCT 付近では，自動車交通による過酷な使用状況により，鋼桁の接続部（切欠き部）を中心とし，構造物全体に疲労き裂が発生しており，コンクリート床版には亀甲状のひび割れが発生している．また，高速道路の桁下が日本橋川であり，維持管理が困難な構造となっている．このため，更新が必要となっている．

図 3.6.34 竹橋・江戸橋 JCT 付近における大規模更新の概要[1]

e) 銀座・京橋出入口付近

都心環状線の銀座・京橋出入口付近では，建設から 50 年以上が経過しているため，**図 3.6.35** に示す通り，擁壁のコンクリートの剥離や露出した鉄筋の腐食が顕著である．加えて，当時の設計基準に基づいて建設されているため，強度の不足が懸念され，今後，予想を超えた巨大地震が発生した際にはその擁壁が損傷し，第三者被害が発生する恐れがある．このため，更新が必要となっている．

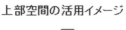

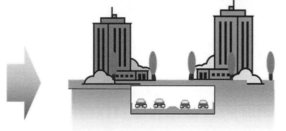

図 3.6.35 銀座・京橋出入口付近における大規模更新の概要[1]

参考文献

1) 首都高速道路：CSR レポート 2016
2) 首都高速道路 HP：首都高速道路の更新計画について，http://www.shutoko.co.jp/company/enterprise/road/plan/260625/

3.6.3 阪神高速道路

(1) 概要

阪神高速道路では，営業を開始した 1964 年から 50 年が経過し，ネットワークの拡充により広範囲へのアクセスによる利便性の向上を図ることができた反面，2014 年 4 月現在で阪神圏の総延長 249km のうち約 3 割にあたる 83.3km が開通から 40 年を越えている．また，現在の交通量は 1 日 74 万台におよび，大型車は一般道路に比べて約 6 倍と過酷な使用環境に置かれていることから，構造物の老朽化対策が急務となっている．このような背景の中，2012 年に「阪神高速道路の長期維持管理及び更新に関する技術検討委員会」が設置され，2013 年 4 月 17 日に同委員会の提言を受けた．提言では，経年による材料劣化や浸水による腐食，大型車の繰り返し走行による疲労等による複合的な損傷の発生により補強が極めて困難な構造物や，想定外のクリープ変形が継続進行する構造物等，構造上，維持管理上の問題を有する構造物については，構造物を全体的に作り替える大規模更新が必要であると位置付けられた．2015 年 3 月には，提言の内容を踏まえて，最新の損傷状況等を改めて精査し，大規模更新もしくは大規模修繕を実施しなければ通行止め等の可能性が高い箇所を，更新計画として再度とりまとめ，事業実施の許可を受けた．併せて，本事業に必要な財源を確保するために，阪神圏における料金の徴収期間を約 12 年延長する許可も受けた．大規模更新の事業内容は，橋梁全体の架替え，橋梁の基礎取替え，橋梁の桁・床版取替えである．大規模修繕の事業内容は，損傷した橋桁，床版および橋脚に対し，部分的な取替えも含めて主要構造の全体的な補修を行うものである．

(2) 大規模更新・修繕事例

a) 14 号松原線　喜連瓜破付近

本橋は 1979 年に竣工，1980 年に供用した，支間中央にヒンジを有する PC 3 径間ディビダーグ橋である．同時代に施工された同形式の橋梁と同様，クリープ現象により支間中央部が想定以上に変形し，路面も大きく沈下した．初期の頃は舗装のオーバーレイで対応したが，沈下量の増大に伴い，その厚みが大きくなり，その荷重が増えるという悪循環となり，舗装による縦断線形の段差修正による対応（最大 24cm の高低差）が限界になった．そこで，2003 年に図 3.6.36 に示すように，橋梁下面にキングポスト形式による外ケーブル補強を行い，沈下の抑制を図った．これにより沈下の進行は抑制できたものの，沈下量の回復までには至らず，一方で桁，橋脚柱頭部付近のコンクリートで ASR による材料劣化が判明し，コンクリート強度の低下が懸念されたため，外ケーブルへの更なる緊張は断念することとなった．このような状況から，長期的な耐久性を維持することが難しいと判断し，更新の対象とした．

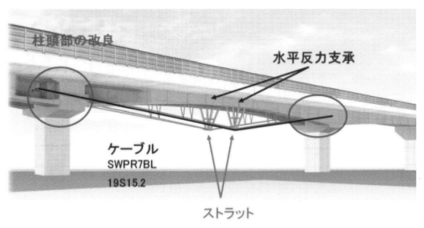

図 3.6.36　当該橋梁のケーブル補強状況 [1]

b) 11号池田線　大豊橋付近

本橋は1967年に阪神高速道路として供用する前は大阪府道として計画，一旦供用された鋼5径間連続ゲルバー桁とPC桁の橋梁区間で，特に神崎川左岸から大阪市側は，現在の阪神高速道路との縦断線形に高低差があり，これを補うため，図 3.6.37 に示すような嵩上げが施されている．これらの要因により下記のような状況となっていることから，更新の対象とした．

- 嵩上げに起因した舗装部や桁部分に不具合が繰り返し発生し，日常の維持管理に苦慮していること
- 路肩が65cm，中央帯が145cmと標準幅員が確保できていないこと
- 薄い特殊な鋼製高欄（15cm）が採用されており，腐食が進行しやすい状況であること
- 過去，細かな多様な損傷が繰り返し発生している区間であること

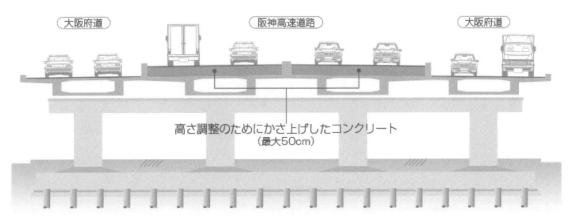

図 3.6.37　当該橋梁の使用状況 [1]

c) 13号東大阪線　法円坂付近

1978年に供用した当該区間の地下部には難波宮遺跡が存在し，建設当時は地下部にある難波宮遺跡の遺構は相応の規模で存在することが想定されたが，その移設等の為の詳細を把握しておらず，調査に長期の時間を要することから，当時の状態のまま保全することとした．そのため本区間には杭が設置できず，図 3.6.38 に示すように，直接基礎～平面土工の構造で建設された．直接基礎構造の区間は，上部構造の死荷重を軽減するため幅員15.5mに対しおよそ10m支間の鋼床版10径間および9径間で構成されている．しかし，支間長より幅員が広いことや，主桁高と横桁高が同じなど特殊な構造となっており，疲労耐久性は極めて低く，1993年，2010年に主桁等の主部材に疲労き裂が繰り返し発生し，2012年には橋梁全体の連続化による補強等の対応を実施したが，今後も疲労き裂の再発が懸念されることから，更新の対象とした．

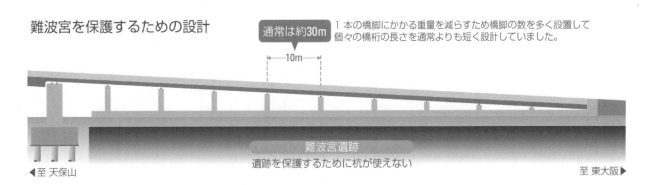

図 3.6.38　難波宮遺跡と当該橋梁 [1]

d) 15号堺線　湊町付近

当該区間は，図 3.6.39 に示すように，平面街路上には阪神高速道路，一方その地下には地下街，大阪市営地下鉄千日前線，近鉄奈良線・阪神なんば線が並走している．当該区間以東は大阪地下街単独の函体で，高速道路基礎（フーチング）はコンクリート構造，地下鉄は別トンネルとなっている．しかし，当該付近は地下鉄，近鉄・阪神の二つのなんば駅があるため，地下街と一体となった構造で，かつ通常区間より柱間隔が広いなど大規模な函体構造となっている．そこで，その直上の高速道路基礎は，荷重軽減のため鋼製フーチング，あるいは PC フーチングを採用し，かつ函体柱部への荷重分散のため，その柱頭部の支承を介してフーチングを設置している．当該区間には鋼製フーチングが合計 9 基，その前後に PC フーチング構造が合計 3 基ある．このうち鋼製フーチングは内部が空洞になっているため，添接部等の隙間から地下水侵入を繰り返し，図 3.6.40 に示すように，腐食が進行している．過去にアルミニウム溶射や電気防食等の腐食対策を実施したが，抜本対策とはなっていないため，今回，長期的な耐久性を確保するため，基礎の取替えを含めた検討を実施することとした．

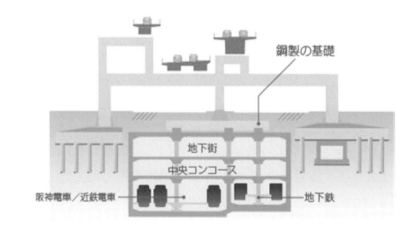

図 3.6.39　鋼製フーチングの設置状況 [1)]

図 3.6.40　鋼製フーチング内部の腐食状況 [1)]

e) 3号神戸線　湊川付近

当該区間は，国道 2 号明治橋と並行する区間で，国道 2 号の擁壁と側道とに挟まれる空間に橋脚を建設する必要から，基礎構造をコンパクトにし，上部構造もその死荷重軽減を図るため桁高を低く，箱構造が扁平となる鋼床版箱桁とし，角部には形状保持を目的としてコーナプレートが設けられている．このことも影響し，非常に数多くの疲労き裂が発生している．加えて，1995 年の兵庫県南部地震では支承が損傷し，桁が横方向に 1m 以上ずれるなど大きな被災を受けたが，早期復旧のため補修を行い再利用した．この時の補修工事に伴う資材搬入マンホールの加工なども災いし，疲労き裂の発生を助長し，図 3.6.41 に示すように，多数の疲労き裂が発生することとなった．そこで今回，将来の疲労耐久性を確保できるよう更新を計画した．

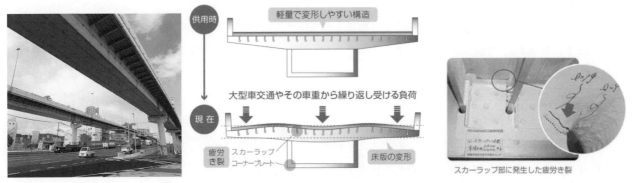

図 3.6.41 当該橋梁の全景と箱桁内部き裂発生状況 [1]

(3) アセット管理の試み

阪神高速道路では，阪神高速道路橋梁マネジメントシステム（H-BMS）を開発し，これを活用した維持管理に取り組んでいる [2]．H-BMS は，主に①構造物を適切な水準に長期的に維持するために必要な費用（年間必要額）を算出する，②補修の優先順位を算出し，具体的な維持管理計画を立案・実施するための参考資料を提供する，③長期的な機能水準（健全度）や費用の推移，補修の優先順位を示すことによって根拠を明確にし，説明責任（アカウンタビリティ）を果たすこと等を目的としており，対象は舗装・塗装・伸縮継手・床版・鋼構造物・コンクリート構造物の6工種としており，今後，大規模更新・修繕箇所の抽出技術を H-BMS に付与する検討を行っていく予定となっている．

図 3.6.42 に，上記①費用算出に用いる構造物の劣化予測モデルを示す．予測モデルは，保全情報管理システムに蓄積されている資産・補修・点検データから統計処理によって構築されている．

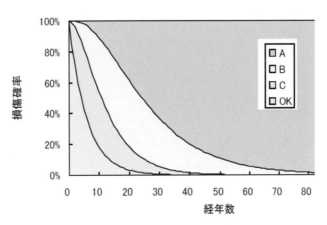

図 3.6.42 H-BMS による構造物の損傷確率の経年変化シミュレーション事例 [3]

参考文献

1) 阪神高速道路HP：平成26年度　第2回　長期維持管理技術委員会資料，
 https://www.hanshin-exp.co.jp/company/kigyou/council/141030_2_.pdf
2) 坂井康人・荒川貴之・井上裕司・小林潔司：阪神高速道路橋梁マネジメントシステムの開発，土木情報利用技術論文集, Vol.17, pp.63-70, 2008
3) 阪神高速道路HP：阪神高速におけるアセットマネジメントの取組み，
 http://www.hanshin-exp.co.jp/company/torikumi/torikumi_asset.pdf

3.6.4 大阪府

大阪府では，早い時期から都市基盤施設の整備が行われてきた．中でも，高度経済成長期に大量かつ集中的に整備された道路，河川，港湾，海岸，公園，下水道等，多くの都市基盤施設は，今後，一斉に老朽化を迎えることとなり，このまま放置すれば，人命に関わる事故や都市機能が損なわれる危険性が増大する恐れがある．加えて，これら大量の都市基盤施設が，更新時期を迎える近い将来には，更新に要する莫大な費用が財政運営を圧迫するといったことが懸念される．大阪府では，都市基盤施設のより一層戦略的な維持管理を進めていくために2013年11月に大阪府の附属機関として，「大阪府都市基盤施設維持管理技術審議会（学識経験者14名）」を設置し，大阪府知事から本審議会へ「都市基盤施設の効率的・効果的な維持管理・更新に関する長寿命化計画について」諮問し，本審議会で28回の審議を重ね2015年2月18日に答申された．

その答申を踏まえ，より一層戦略的な維持管理を推進するため，施設の点検や診断手法の充実，予防保全対策の拡充，特に，施設毎の更新時期の見極めの考え方を明確化し，将来の更新時期の平準化等，維持管理・更新の最適化等，「効率的・効果的な維持管理の推進」とともに，それらの手法を将来にわたり的確に実践するため，人材の育成と確保，技術力の向上と継承に加え，多様な主体と連携しながら地域が都市基盤施設を守り活かしていく仕組みづくり等，「持続可能な維持管理の仕組みづくり」について，今後10年間を見通した戦略的な維持管理を推進するための基本的な考え方を定めた「基本方針」と基本方針に基づく分野・施設毎の具体的な対応方針を定めた「行動計画」からなる「大阪府都市基盤施設長寿命化計画」を策定した．

現在，同審議会の道路・橋梁等部会において，現時点で更新すべき橋梁の抽出や，将来的な更新における更新優先度の設定を目的とし，**図 3.6.43** のような更新判定フローを検討している[3]．

また，上記フローにおける性能マトリクスの評価は，**表 3.6.4** に示すような各評価項目の合計点で対象橋梁の総合評価を行い，更新最終判定の実施や更新優先度を総合評価点によって判断することとしている．

更新最終判定では，**図 3.6.44** に示すフローによって，更新，部分更新，補修・補強のいずれの対策とするかを判定することとしている．

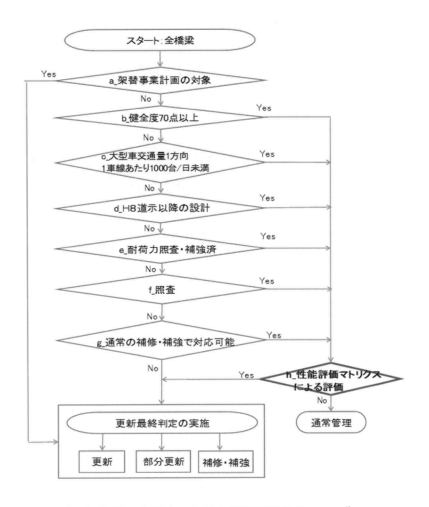

図 3.6.43 大阪府における橋梁更新判定フロー[1]

表 3.6.4 性能評価マトリクスによる評価[1]

小項目	評価項目	評価点	各性能における評価点				
			安全性	使用性	復旧性	第三者	耐久性
1	PC鋼材の損傷・・・	10	10		10		10
2	曲げモーメント・・・	10	10	10	10		
4	基礎の洗掘に・・・・	2	2		2		
...	...	...	...	...	...	...	...
26	ヒンジ部の損傷・・	25	25		25		25
...	...	...	...	...	...	...	...
43	交通ボトルネック・・	0		0			
総合評価		47	47	10	47	0	35

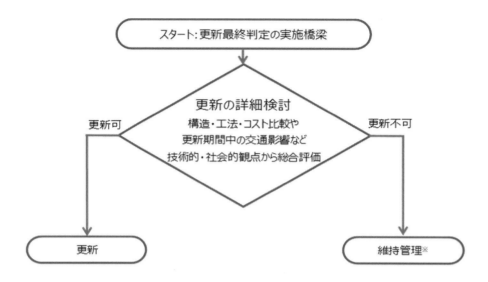

図 3.6.44 更新最終判定フロー[1]

参考文献

1) 大阪府 HP, 大阪府都市基盤施設維持管理技術審議会　道路・橋梁等部会　資料, http://www.pref.osaka.lg.jp/jigyokanri/maintenance/road-bridge.html

3.6.5 青森県

(1) 概要

青森県では，全国に先駆けて橋梁アセットマネジメントによる道路資産の維持管理手法を導入し，運用している．2004 年から 2005 年にかけて「青森県ブリッジマネジメントシステム（以下，青森県 BMS）」を開発し，2006 年より 5 か年の第 1 次アクションプランとして実運用を始めた．

青森県 BMS は，米国で開発され各州で用いられている「PONTIS」を参考にして，健全度評価システムや劣化予測システム，LCC 算定システム，予算シミュレーション，その他のシステムにより構成されており，これらを一体運用することにより，橋梁アセットマネジメントによる維持管理のすべての業務を支援可能としている．アセットマネジメントの手法を包括的に実務に取り入れている事例として特徴的なため，ここにその概要を示す．図 3.6.45 に，青森県 BMS の全体構成を示す．

(2) 定期点検

5 年に 1 度の定期点検結果をタブレット PC により現場で直接入力することができ，劣化予測や LCC の算定に必要となる「劣化機構の特定」や「健全度評価結果」を得ることができるだけでなく，点検結果の報告業務も軽減することができる．

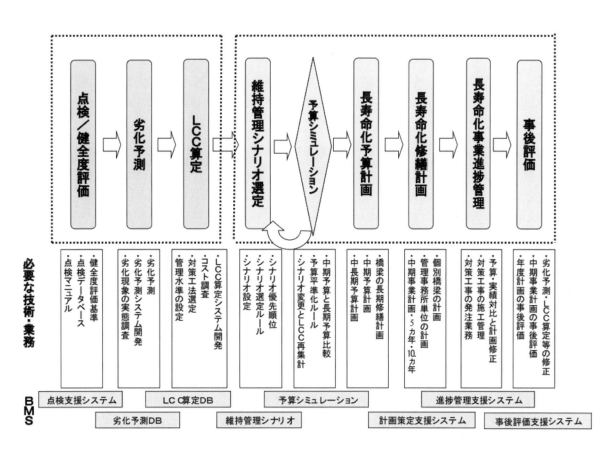

図 3.6.45 青森県 BMS の概要 [2]

(3) 劣化予測

入力された点検結果を用いて，対象構造物の劣化予測を行う．点検時に入力された劣化機構および健全度に加えて，部材，材質，塗装仕様や環境条件等の情報から予測モデル式を用いて劣化予測曲線が算出されるが，その都度の点検結果に応じて劣化曲線が自動修正される．

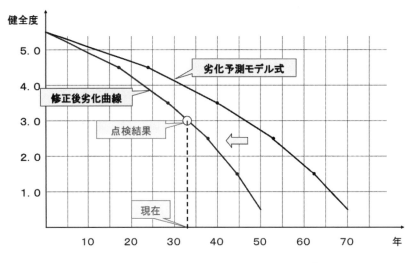

図 3.6.46 点検結果を用いた劣化予測[2]

(4) 管理目標の設定と維持管理シナリオの選定

予測された劣化曲線を用いて，複数の維持管理シナリオを作成し，対象構造物のライフサイクルコスト（LCC）を算定する．これを比較することで適切な維持管理シナリオを選定する．すべての橋梁に対して，ひとつまたは複数の維持管理シナリオを選定する．

維持管理シナリオの作成には，部材や劣化機構ごとにどの健全度の場合にどの対策をするか，といった「管理目標」を設定する必要がある．管理目標の組合せによる維持管理シナリオの例を図 3.6.47 に示す．管理目標は，すべての橋梁で同一ではなく，道路ネットワークにおける橋梁の位置等，構造物の重要性などに応じて異なるものとなっている．

次に維持管理シナリオの選定を行うが，その初めのステップとして，対象構造物の更新を前提とするか，長寿命化を前提として維持管理を行うかの2つに大別する．そのうえで，橋梁のLCCが最小となる維持管理シナリオを選定する．ここで，重要度がきわめて高い橋梁に対しては高いレベルの維持管理シナリオ（A1）を，そうでない橋梁に対しては，その他の維持管理シナリオ（A2〜B2 等）を選定することとしている．

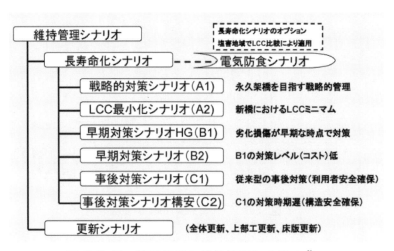

図 3.6.47 管理目標と維持管理シナリオ[3]

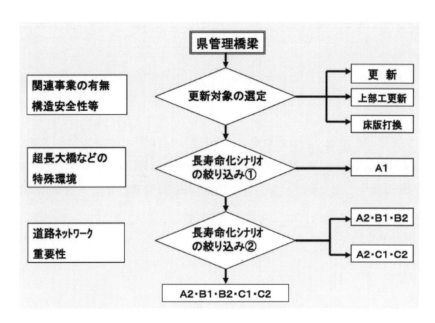

図 3.6.48 維持管理シナリオの選定[3]

(5) 予算シミュレーション

橋梁ごとに選定した維持管理シナリオを用いて橋梁全体の維持管理に必要となる年単位の予算のシミュレーションを行う．橋梁ごとに複数選定した維持管理シナリオを組合せて，複数のケースの予算を算定する．このとき，特定の年度に必要な予算が集中する場合には，適用する維持管理シナリオを適宜変えて，その前後の時期に補修等のタイミングを振り分け，可能な限り年度予算が平準化されるように計画する．図 3.6.49 に，予算シミュレーション結果の例を示す．複数算定された予算シミュレーションから，5 か年の中期予算と 50 年間の長期予算を考慮して，全体の LCC が低く，財政状況に対しても最適な維持管理計画を選定することができる．

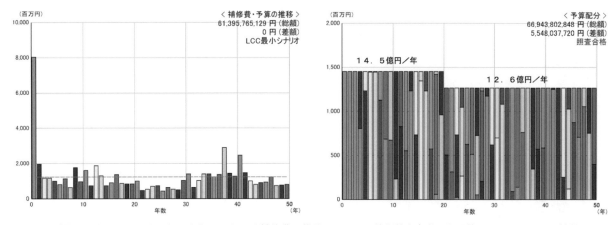

50 年間 LCC が最小となるシナリオの組み合わせにおける補修費の推移　　予算制約を考慮した予算シミュレーション結果

図 3.6.49 予算シミュレーションの例[2]

(6) 現在の状況

現在，5 年間の第 1 次アクションプランを終え，第 2 次アクションプランを策定し，2 巡目の維持管理にとりかかっている．第 2 次アクションプランでは，第 1 次で想定した維持管理費用から大きな修正がないことから，青森県 BMS によって高い精度で将来予測し，適切な維持管理計画を策定できていると考えられている．

今後，これまでの経験を踏まえたPDCAサイクルにより，より高精度なシステムとなっていくと予想される．

参考文献

1) 城前俊浩，青木琢磨，金氏眞：青森県における橋梁維持管理の取組み（二巡目の計画策定），橋梁と基礎，Vol.47, No.11, pp.51-57, 2013.11.
2) 青森県県土整備部　道路課：青森県橋梁長寿命化修繕計画　１０箇年計画，2012.5, http://www.pref.aomori.lg.jp/soshiki/kendo/doro/files/2012-0525-1206.pdf
3) 川村宏行：青森県橋梁アセットマネジメントの取り組み，建設マネジメント技術，2008年5月号, pp.56-60.

3.6.6 JR 東海（東海道新幹線）

(1) これまでの経緯

東海道新幹線は 1964 年に営業を開始して以降，平均して 1 日あたり約 41 万人，年間約 1 億 5 千万人に利用されてきている．東海道新幹線の土木構造物は，20 か所の保線所による通常の検査・補修業務に加え，1993 年には，東海道新幹線の土木構造物の経年劣化を専門に担当する業務組織として，4 か所の新幹線構造物検査センターを設立し，経年による疲労・劣化に関する特別検査に特化した専門部隊として維持管理にあたってきた．

このような日々の入念な検査・補修・補強により，構造物は健全に保たれてきたものの，開業から 50 年経ち，将来的には経年による老朽化の進行により，抜本的な対策，すなわち設備の取替えか，それと同等の効果を有する大規模な改修が必要であることが懸念された．このため，JR 東海は，2018 年から大規模改修に着手することを計画し，並行して，自社の研究施設において土木構造物の延命化に有効な新たな工法を開発してきた．適用工法が確立されたことから，大規模改修を 5 年前倒して着手することとし，2014 年から大規模改修の実施を開始した．

(2) 財務上の配慮

将来的に大規模な更新もしくは改修が必要であったが，東京〜大阪間全線での実施には総工費約 1 兆 1000 億円と，莫大な予算が必要であった．このため，JR 東海は，2002 年より引当金として毎年 333 億円，総額 5000 億円を積み立て，工事期間の 2018 年〜2027 年に取り崩す形で，期間中の財務上の負担を軽減する計画を立てた．これは，JR 本州 3 社の完全民営化に伴い 2002 年に改正された全国新幹線鉄道整備法により創設された「新幹線鉄道大規模改修引当金制度」によるものであった．のちに，適用工法の確立に伴い，2013 年に引当金積立計画を変更して工事費約 7300 億円・引当金総額 3500 億円・工事期間 2022 年までとし，2014 年から工事の実施を始めた．

(3) 意思決定のポイント

東海道新幹線においてこれほどの大規模な更新・改築事業を，さらに前倒して実現することができたという意思決定のポイントとしては，以下の点が考えられる．

- 国鉄時代からの長年の維持管理の経験から得られた「いずれは更新が必要となる」という考え方
- 全線の建設が短期間に集中していたため，更新が必要となる時期も集中するであろうとの予測
- 交通量が建設当初の予想をはるかに超えており，想定を超える速度での損傷，劣化が考えられる状況
- 将来を見据えた計画により引当金の積立てや独自の技術開発等の入念な準備が可能であった点

(4) 大規模改修の概要

a) 鋼橋

全長約 22.1km の鋼橋では，東海道新幹線で初めて本格的な溶接構造が全面採用されたものの，開業時に比べて著しく増加した列車荷重により，溶接部の疲労が重要な課題となっている．このため，①変状発生抑止対策として疲労き裂の発生しやすい縦桁と横桁の接合部（床組接合部）の補強，支点部取替え・補強，ならびに既存のまくらぎの間に新たにまくらぎ挿入する工法を実施することとした．これらの対策を実施したのち，②全般的改修として部材取替え等を必要性に応じて判断して実施することとした．

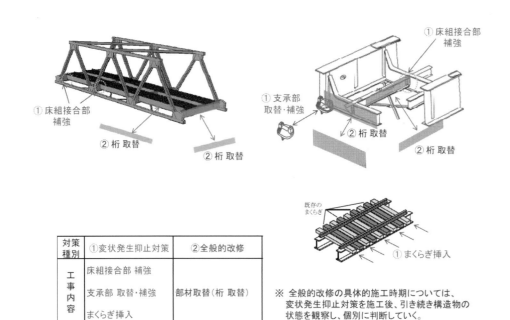

図 3.6.50 鋼橋の大規模改修の概要[2]

b) コンクリート橋

全長 148km におよぶコンクリート橋においては，コンクリートの中性化，これに伴う鉄筋腐食が課題である．一方で，東海道新幹線の構造物においては，アルカリ骨材反応はないことが分かっている．このため，①変状発生抑止対策として，劣化の発生しやすいはね出し部，柱部においては鋼板による被覆工法を，その他の箇所には表面保護工を適用することとした．また，その後の②全般的改修として，必要に応じて鋼板による被覆を行うこととした．

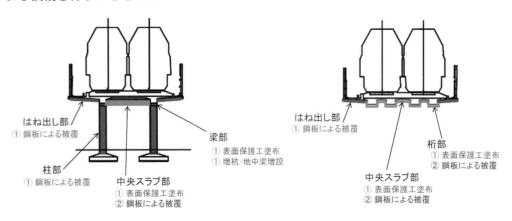

図 3.6.51 コンクリートの大規模改修の概要[2]

参考文献

1) 関雅樹：東海道新幹線鉄道橋梁の大規模改修による予防保全，橋梁と基礎，Vol.48, No.4, pp.13-18, 2014.4
2) 東海旅客鉄道プレスリリース「新幹線鉄道大規模改修引当金積立計画の変更申請の承認に関するお知らせ」，2013.2.27，https://jr-central.co.jp/news/release/_pdf/000017717.pdf

3.6.7 JR東日本
(1) 東北・上越新幹線

2016年，JR東日本は，前述の新幹線鉄道大規模改修引当金積立計画を国土交通大臣に対して申請した．計画では，引当金の積立は平成28年度～43年度に総額3600億円，大規模改修の実施は平成43年度～53年度に総工費1兆406億円で実施することとしている．

具体的な工法としては，たとえば鋼橋においては，支点部の補強，支点部材の取替え，橋脚・橋台コンクリートの部分的な打替え等を，コンクリート橋においては，支点部の改修に加え，表面改修工，スラブ板改修工を計画している．

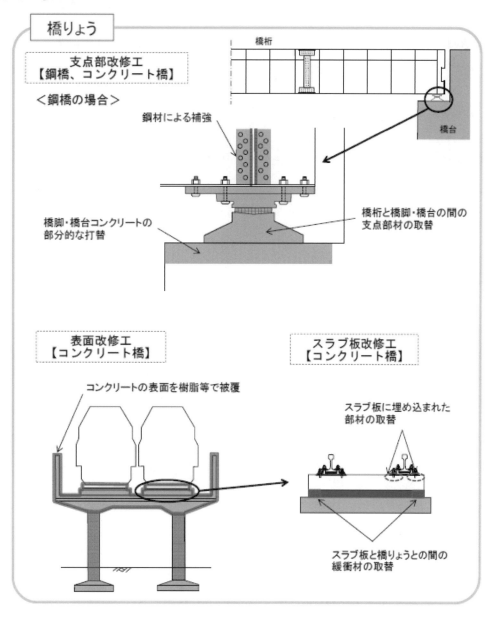

図 3.6.52 東北・上越新幹線における大規模改修（橋梁）[1]

(2) 新橋駅改良における更新・改築

a) 更新・改築の概要

新橋駅は，JRだけでも東海道線をはじめとする4路線が接続する大規模ターミナル駅であり，1日あたり約25万人の乗降客に利用されている．駅の構造は，明治時代の開業以降，増改築を重ねたものとなっており，以下の課題を抱えていた．

- ➢ 明治時代に建設されたレンガアーチで構成されており，コンコースが狭く，かつ分断されていた
- ➢ ホームが乗降客数に対して狭く，常に混雑していた
- ➢ 今後も，東北縦貫線の整備等により乗降客数は増加することが見込まれていた
- ➢ バリアフリー設備が未整備であり，ホームに向かうバリアフリールートが確保されていなかった
- ➢ 高架下は複数の店舗があり，レンガアーチの高架橋およびRC高架橋の耐震対策が未完了であった

このような状況から，新橋駅の構造物を根本的に更新するプロジェクトとして，以下の対策を行うこととした．

- ➢ レンガアーチ高架橋の一部の複合構造高架橋への更新による高架下空間の拡大と耐震性能確保
  （詳細は，4.2.1の「事例1-6」参照）
- ➢ レンガアーチ高架橋の一部を歴史的構造物として保存するための内巻きコンクリートによる耐震補強
- ➢ RC高架橋の耐震補強
- ➢ ホームの拡幅とバリアフリー設備の増設
- ➢ 高架下におけるコンコースの一体化による混雑緩和

b) 意思決定のポイント

駅の混雑，バリアフリー設備の未整備，構造物の耐震補強の未完了と，それぞれ課題を抱えていた新橋駅であったが，大規模な駅で，かつ高架下の店舗利用も進んでいたことから，それぞれ個別の課題だけでは，すぐに対策にとりかかるのは難しい状況であった．

工事は大規模となるものの，一度の施工で，混雑緩和およびバリアフリー化による利便性向上および耐震対策といった複数の目的を達することで，巨額となる施工費用に見合った効果が得られることが意思決定のポイントとなったと考えられる．したがって，ひとつの目的のみでは費用対効果の面で更新・改築の実現が難しい場合には，現状の課題等から，他の更新・改築に対するニーズを確認し，一度の施工で多種類の効果を得られる計画を行うことが構造物の更新・改築の意思決定を促すという点で重要である．

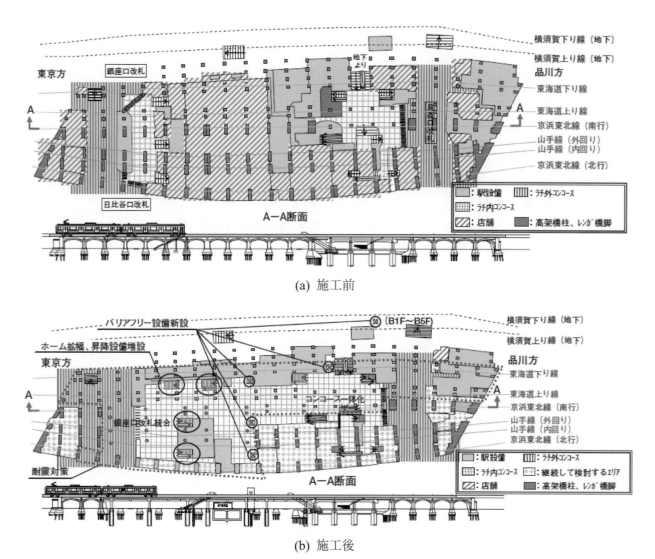

(a) 施工前

(b) 施工後

図 3.6.53 施工前後の新橋駅平面図[2]

参考文献

1) プレスリリース「新幹線鉄道大規模改修引当金積立計画の提出に関するお知らせ」，東日本旅客鉄道，2016.2.17
2) 大川敦，坂本渉，山後宏樹：新橋駅改良計画，日本鉄道協会誌，pp.233-235, 2011.3
3) プレスリリース「東海道新幹線新橋駅改良の着手について」，東日本旅客鉄道，2010.9.22

3.6.8 JR 西日本
(1) 山陽新幹線

2016年,JR西日本は,前述の新幹線鉄道大規模改修引当金積立計画を国土交通大臣に対して申請した.計画では,引当金の積立は平成28年度～40年度に総額500億円,大規模改修の実施は平成40年度～50年度に総工費1557億円で実施することとしている.

具体的な工法としては,たとえば鋼橋においては,支点部の補強,支点部材の取替えを,コンクリート橋(高架橋)においては,断面修復工,高欄取替えを計画している.

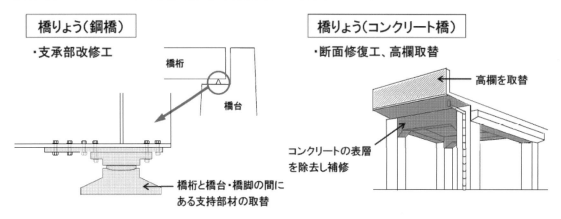

図 3.6.54　山陽新幹線の大規模改修（橋梁）[1]

(2) 貨物線の更新・改築による旅客転用

JR西日本においては,現在,2種類の貨物線の更新・改築により利便性を向上するプロジェクトが進められている.

おおさか東線は,JR京都線の新大阪駅を起点に,大和路線の久宝寺駅に至るまで,大阪東部を南北に走る新路線である.これまで貨物専用線であった城東貨物線の構造物を更新・改築,また一部を新設して旅客転用を図ったものである.大阪環状線の外側に位置する環状線の一部を形成する形となっており,都心の混雑緩和が期待される.すでに南区間は開業しており,北区間を施工中である.路線概要を図 3.6.55 に示す.

大阪駅北地区付近地下化事業は,東海道本線から大阪環状線に至る貨物用の単線の短絡線である梅田貨物線を複線化,一部の地下化,駅新設により,路線を大幅に更新し,本格的な旅客利用を図るものである.路線概要を図 3.6.56 に示す.

以上のように,これまで貨物線として営業していた路線を大幅に更新・改築することで,旅客線を新設するのと同じ効果が得られ,鉄道ネットワーク全体の利便性を高めることができる.構造物の更新・改築により,当初考えられていたものとは異なる用途に使用でき,施設の利用価値を高めることができる例として挙げられる.

第 3 章　構造物の更新・改築における意思決定

図 3.6.55　おおさか東線の概要[2]

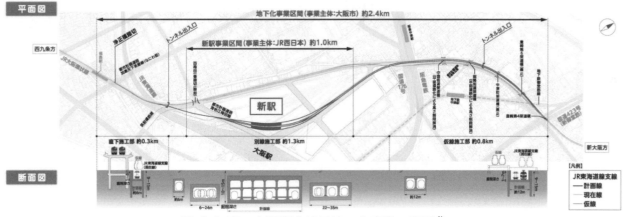

図 3.6.56　大阪駅北地区地下化事業の概要[3]

参考文献

1) プレスリリース「新幹線鉄道大規模改修引当金積立計画の提出に関するお知らせ」，西日本旅客鉄道，2016.2.24
2) 谷川博：新大阪駅改造，「おおさか東線」18 年度全線開業へ，日経コンストラクション，2015.1.21
3) 大阪市，西日本旅客鉄道：JR 東海道線支線地下化・新駅設置事業，事業パンフレット，
http://www.city.osaka.lg.jp/kensetsu/cmsfiles/contents/0000298/298160/pamph4heimendanmen.pdf

第4章 更新・改築を実現するための技術と考え方

4.1 概要

　更新・改築に関するハード面・ソフト面の技術は，停滞しがちな更新・改築事業を促進する効果が高く，維持管理や意思決定と並び重要な項目である．維持管理上の診断結果や構造検討結果により更新することがベストな選択とわかっていながらも，様々な制約から更新出来ずに補修・補強を繰り返している構造物は，大きな事故が発生するリスクを内包したまま供用を続けることとなる．本来は，安全性の確保を最優先に考えるというシンプルな判断により，最適な時期に更新・改築すれば良いだけであるが，意思決定の過程は複雑であり，更新・改築の必要性や実現可能性，それに伴う損失などを各方面へ説明して合意を得る必要がある．この時に，更新・改築技術によって各種制約が解消できれば，合意形成しやすい更新・改築計画の立案が可能となる．

　図 4.1.1 に更新・改築事業を進める時のステップおよびそれぞれの項目が受け持つべき分担範囲について図示する．左側が現行の分担であるが，このように守備範囲を明確に分けるのではなく，右側のような意思決定を視野に置いた維持管理や，更新・改築技術と連動した意思決定が実現すると，さらにスムーズに更新・改築を進めることができると考えられる．

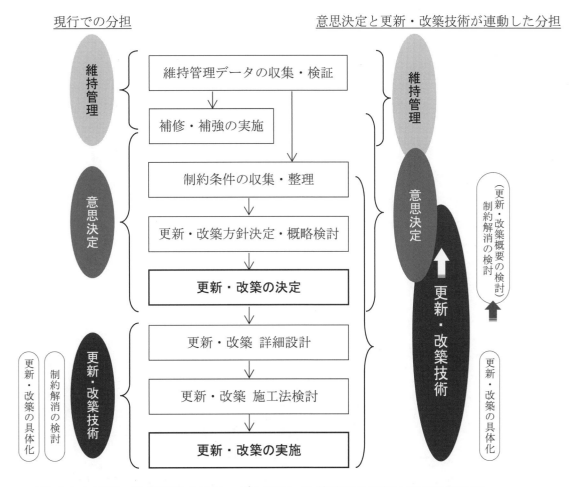

図 4.1.1 更新・改築事業のステップと更新・改築技術の役割に関する概念図

図 4.1.1 の概念図における各検討項目を取り出し，計画・設計・施工という切り口で流れを整理すると一般的には図 4.1.2 のようになる（交通施設の場合）．このように，更新・改築事業では設計と施工の検討範囲がどうしても重なるため，計画全体の実現性を高めるためには精度の高い施工時検討と連動した設計が必要となる．設計と施工を無理に分離させて検討した事業計画では，施工直前に何度も設計と施工時検討をやり直すこととなったり，コスト・工期の誤差が極端に大きくなったりと，最悪の場合には事業延期にまで発展する可能性もあるため，精度の高い施工時検討を反映した計画により意思決定を行うべきと考えられる．

更新・改築技術を計画の初期段階から検討するという考え方は，新築事業における DB（Design–build）方式や ECI（Early Contractor Involvement）方式の入札，震災復興の事業促進 PPP（Public Private Partnership）方式の採用なども同じ発想であり，計画・設計・施工の連動による検討から実行までの時間的な短縮効果と実現性の高い検討成果を期待するものである．

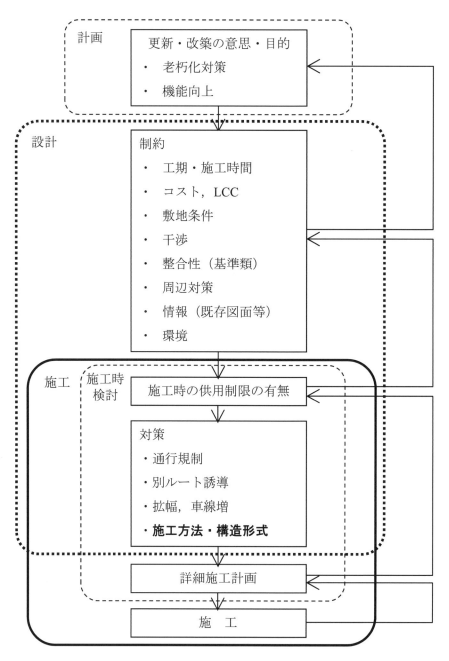

図 4.1.2　一般的な更新・改築計画の検討の流れ（交通施設の場合）

更新・改築技術に着目した本更新技術WGでは，他WGと意見交換をしながらも，更新・改築技術による制約の解消が意思決定に影響を与えるという観点に基づき，計画の初期段階から更新・改築技術をどのように反映させていくかについて検討・討議を行ってきた．

　検討を実施してきた流れに沿ってまとめたものが以下の**表 4.1.1**の項目であり，次節以降の**4.2～4.4**でそれぞれの検討成果について詳細に説明する．

表 4.1.1 更新技術WGの検討項目

検 討 項 目			報告書の節
更新・改築技術の検討	更新・改築技術の検討方針		4.1
	更新・改築技術の調査	更新・改築事例調査	4.2.1
		更新・改築事例に対する考察	4.2.2
	更新・改築技術の検討	更新・改築の目的と制約に対する検討	4.3.1
		更新・改築における技術的要件と制約を解消する技術に対する検討	4.3.2
	更新・改築の現状課題と将来展望		4.4

4.2 更新・改築事例にみる制約と更新・改築技術について

4.2.1 更新・改築事例
(1) 概要

更新・改築事例は，今後，更新・改築が必要となる構造物として，道路橋，鉄道橋を対象に文献調査を実施し，**表 4.2.1～表 4.2.5** に示す 32 事例を，**表 4.2.6** に道路橋，鉄道橋以外の事例として PC 貯槽，水門，堰の 5 事例について取りまとめた．各事例の，対象構造物，更新・改築事業の概要，更新の目的，理由，制約条件，制約条件に対する採用工法等について整理した．また，**表 4.2.1～表 4.2.6** に示す一覧表においては，橋梁の架替え，床版の取替え，主桁の取替え，拡幅，基礎の改築等の更新・改築の種別毎に分類し，主な更新・改築技術を示した．

なお，更新・改築事例調査表に示す更新・改築にあたっての制約条件は，下記の通り分類している．

① 施工時間：通行止め，交互通行期間
② 敷地条件：狭小・狭隘，路下・直上，上空制限，低土被り
③ 干　　渉：既設躯体，残置仮設，地下埋設物，配線・配管
④ 整 合 性：設計指針，河積阻害，河川改修計画，交差道路計画
⑤ 周辺対策：騒音，振動，交通渋滞・事故，汚水・汚泥
⑥ 情報不足：設計図書，施工記録，既設性能，地盤データ
⑦ 環境条件：塩害，暴風，積雪
⑧ そ の 他：景観など

本事例は，管理者，設計者，施工者が，今後，更新・改築事業を行う際の意思決定や制約条件に対する工法選定等の参考として活用されたい．

表 4.2.1 橋梁の架替え事例

NO.	施設名称	種別	更新・改築内容	更新・改築技術
1-1	新馬込橋	道路橋	・RCT 桁⇒床版箱桁橋	・仮設構台 ・構造形式変更
1-2	波立海岸 弁天橋	歩道橋	・PC 床版橋 ⇒FRP 筋を用いた中空床版橋	・FRP 筋
1-3	首都高速八重洲線 汐留高架橋	道路橋	・鋼箱桁橋⇒鋼床版箱桁橋 ・下部・基礎の更新	・大ブロック架設 ・分離構造
1-4	山陰線 余部橋りょう	鉄道橋	・プレードガーダー橋 ⇒エクストラドーズド橋	・桁の横移動・回転架設工法
1-5	紀勢線 那智川橋りょう	鉄道橋	・下路プレートガーダー橋 ⇒下路 SRC 連続桁橋	・移動足場 ・合成構造
1-6	新橋駅 烏森橋架道橋	鉄道橋	・レンガアーチ高架橋 ⇒SRC 高架橋	・新設鋼管柱で仮受け ・工事桁の本設化
1-7	常磐快速線 利根川橋りょう	鉄道橋	・鋼トラス橋の改築	・隣接地に構築
1-8	秋葉原駅	鉄道橋	・π型ラーメン橋脚 ⇒RC ラーメン構造に受替え	・軌道変位監視
1-9	浦和駅	鉄道橋	・RC ラーメン高架橋の改築	・仮線，段階施工 ・仮受，軌道変位監視
1-10	総武線市川・本八幡間 外環こ道橋	鉄道橋	・RC ラーメン高架橋⇒SRC 門型ラーメン橋脚・下路式受桁	・軌道変位監視

表 4.2.2 床版の取替え事例

NO.	施設名称	種別	更新・改築内容	更新・改築技術
2-1	東北自動車道 七北田川	道路橋	・RC 床版⇒プレキャスト床版	・プレキャスト RC 床版・地覆 ・超速硬コン
2-2	東北自動車道 網木川橋	道路橋	・RC 床版⇒プレキャスト床版	・プレキャスト RC 床版
2-3	九州自動車道 向佐野橋	道路橋	・RC 床版⇒プレキャスト床版	・プレキャスト PC 床版 ・エンドバンド継手
2-4	沖縄自動車道 伊芸高架橋	道路橋	・I 形鋼格子床版 ⇒プレキャスト PC 床版	・プレキャスト PC 床版 ・エンドバンド継手
2-5	沖縄自動車道 明治山第二橋，第三橋	道路橋	・I 形鋼格子床版 ⇒プレキャスト PC 床版	・プレキャスト PC 床版 ・合理化継手
2-6	九年橋	道路橋	・RC 床版⇒PC 床版	・プレキャスト PC 床版 ・桁連続化
2-7	中国自動車道 矢野川橋	道路橋	・RC 床版⇒プレキャスト床版 ・非合成桁⇒合成桁	・プレキャスト PC 床版 ・軸方向 PC 補強
2-8	西名阪自動車道 御幸橋（上り線）	道路橋	・RC 床版⇒合成床版 ・非合成桁⇒合成桁	・プレキャスト PC 床版 ・スリットループ継手
2-9	西名阪自動車道 御幸橋（下り線）	道路橋	・RC 床版⇒合成床版 ・非合成桁⇒合成桁	・プレキャスト合成床版 ・合理化継手
2-10	阪和自動車道 松島高架橋	道路橋	・PC 中空床版橋の上面打替え	・部分修復 ・シラン系防食
2-11	国道 2 号 関門トンネル	道路トンネル	・RC 床版⇒FRP 合成床版	・FRP 合成床版
2-12	東北自動車道 福島荒川橋，福島須川橋	道路橋	・RC 床版⇒プレキャスト床版	・プレキャスト PC 床版 ・プレキャスト地覆
2-13	割石橋	道路橋	・RC 床版⇒プレキャスト床版	・高強度軽量プレキャスト PC 床版
2-14	白鬚橋	道路橋	・I 形鋼格子床版⇒鋼床版	・グレーチング床版

表 4.2.3 主桁の取替え事例

NO.	施設名称	種別	更新・改築内容	更新・改築技術
3-1	阪神高速道路 池田線	道路橋	・増桁，RC 床版の拡幅 ・PC 桁⇒PC 桁	・床版・高欄一体式 PC 桁
3-2	山陽線長野川開渠	鉄道橋	・トラフガーダー ⇒上路プレートガーダー	・桁交換機 ・合成構造

表 4.2.4 拡幅事例

NO.	施設名称	種別	更新・改築内容	更新・改築技術
4-1	阪神高速道路 4 号湾岸線 三宝ジャンクション	道路橋	・増桁，RC 床版の拡幅 ・増杭，フーチング拡幅	・鋼コンクリート複合杭
4-2	都道首都高速 5 号線 第 553 工区高架橋	道路橋	・増桁，RC 床版の拡幅 ・増杭，フーチング拡幅	・ダブルラケット構造 ・合成構造フーチング
4-3	首都高速中央環状品川線 大井ジャンクション	道路橋	・増桁，RC 床版の拡幅 ・上部構造の拡幅	・半断面取り替え
4-4	関越自動車道 荒川橋	道路橋	・上部構造の拡幅 ・橋脚の拡幅	・RC 巻立て ・既設一体化箱桁
4-5	阪神高速道路 西船場 JCT	道路橋	・増桁，RC 床版の拡幅 ・橋脚梁の拡幅	・PC 外ケーブル補強 ・鋼管集成橋脚

表 4.2.5 基礎の改築事例

NO.	施設名称	種別	更新・改築内容	更新・改築技術
5-1	京王線多摩川橋梁	鉄道橋	・RC巻立補強 ・シートパイル基礎補強	・シートパイル基礎 ・RC巻立て

表 4.2.6 その他更新事例

NO.	施設名称	種別	更新・改築内容	更新・改築技術
6-1	丹南浄水場第2排水池	PC貯槽	・RCドーム屋根 ⇒アルミドーム屋根	・超軽量アルミドーム
6-2	町屋川土地改良区 朝日町縄生本第二水門	水門	・鋼製スライドゲート ⇒FRP製ゲート	・FRPスライドゲート
6-3	称名川第二発電所	水門	・鋼製スライドゲート ⇒FRP製ゲート	・FRPスライドゲート
6-4	小曲ダム	水門	・鋼製スライドゲート ⇒FRP製ゲート	・FRPスライドゲート ・GFRP
6-5	菊池川横田堰・仮屋堰	堰	・固定堰の可動堰への改築	・合成起伏ゲート(SR堰)

(2) 更新事例調査表

次頁より，**表 4.2.1～4.2.6** に示した 37 例について順に掲載する．

なお，制約条件の欄に記載している①～⑧の番号については，(1) で説明した 8 種類の制約と対応している．

また，調査において明らかにできなかった項目については「———」で示している．

■更新事例調査

データ No.	事例 1-1
更新種別	橋梁の架替え
更新概要図[1]	

対象構造物	施設名称	新馬込橋（東京都道　環状七号線上を横架する橋梁）
	施設種別	道路橋
	構造物の構成	上部構造：3径間連続RCT桁（橋長 L=33.5m，有効幅員 8.0m） 下部構造：小橋台2基，RC橋脚2基 基礎構造：直接基礎（小橋台），木杭基礎（橋脚）
	供用開始年	1939年（昭和14年）
	適用規準	―――
	補修・補強の有無	有，RC橋脚と基礎とのピン連結を剛結化
	その他	道路活荷重はTL-20
更新・改築事業概要	事業名称	新馬込橋架替工事
	場所	東京都大田区北馬込2丁目27番地先～中馬込2丁目26番地先
	実施年	2011年12月～2015年3月
	事業者	大田区
	更新概要	既存の3径間連続橋脚柱付RCT桁橋（橋長33.5m，幅員8.0m）を1径間単純鋼床版箱桁橋（橋長40.7m，幅員12.0m）に架け替える． 上部構造：3径間連続RCT桁撤去　→　単純鋼床版箱桁新設 下部構造：旧RC橋台RC橋脚撤去　→　新RC橋台増設 基礎：旧杭基礎撤去　→　新杭基礎増設（鋼管回転杭 φ400，L=18m，n=20本）
	適用規準	道路橋示方書（平成14年）
	その他	道路活荷重はA活荷重

第4章　更新・改築を実現するための技術と考え方

更新・改築に関する情報	更新の目的・効果	更新の目的：橋のより高い耐震性能を確保し，大地震発生時の避難路としての活用，環状七号線における緊急車両等の確実な走行路の確保を目的とする． 期待される効果：『災害に強いまちづくり』の達成と，拡幅によって路線バスをはじめ，自動車および歩行者の交通安全性と利便性の向上．
	更新決定の理由	旧橋は既に75年経過し，劣化が目立ち，高い耐震性能の確保が困難
	制約条件	①通行機能を確保しながらの片側分割施工 (警視庁協議：通行止め15分間/回) ⑦環状七号線直上作業，住宅密集地により狭隘な施工環境
	制約に対する採用工法・材料[対抗案]	1）床版や主桁側径間の撤去に伴うコンクリート構造形態が変化　→　ひずみ計を用いて，応力状態を監視 2）住宅密集地により狭隘な施工環境　→　旧橋の隣（環状七号線直上）に仮設鋼台を構築，上部工作業空間を確保 3）交通規制による環状七号線へ影響　→　事前に主桁と橋脚を切断，通行止めは玉掛けと撤去のみ；供用中の一期施工桁との連結時に活荷重によるたわみ差　→　一時通行止めを行い，桁位置調整と連結を実施
その他・説明図など	■仮設鋼台設置，片側交互通行しながら，旧橋の撤去と新橋の構築[1] 	
データ出典・参考文献	【出典】 　大田区ホームページ：新馬込橋架替工事情報 【参考文献】 1) 後藤幹尚ほか：重交通条件下での老朽化した跨道橋の架替工事について，土木学会第69回年次学術講演会，VI-252，2014.9	

■更新事例調査

	データ No.	事例 1-2
	更新種別	橋梁の架替え
	更新概要図	■旧橋：PC ポストテンション方式床版×3 連  ■新橋：中空床版×5 連（FRP 筋使用） 
対象構造物	施設名称	波立海岸弁天橋
	施設種別	歩道橋
	構造物の構成	上部構造：PC ポストテンション方式床版×3 連 下部構造：PC 橋脚×2 基，コンクリート重力式橋台×2 基 基礎構造：直接基礎
	供用開始年度	1973 年（昭和 48 年）
	適用規準	―――
	補修・補強の有無	無
	その他	群集荷重 500kgf/m^2
更新・改築事業概要	事業名称	波立海岸弁天橋橋架替工事
	場所	福島県いわき市北東部　波立海岸
	実施年	2001 年（平成 13 年）9 月～2001 年（平成 13 年）12 月
	事業者	いわき市
	更新概要	Non-Metal 橋への架替え 上部構造：中空床版×5 連（FRP 筋使用） 下部構造：単柱式橋脚×4 基，橋台×2 基（FRP 筋使用） 基礎構造：コンクリートフーチング
	適用規準	道路橋示方書（平成 8 年）
	その他	群集荷重 3.5kN/m^2

更新・改築に関する情報	更新の目的・効果	安全性の問題の解消，拡幅
	更新決定の理由	腐食劣化による安全性の問題． 使用性の向上 FRP 使用による耐久性の向上と LCC のコストメリット
	制約条件	①漁業権への影響を考慮して施工期間 3 カ月 ⑦塩害
	制約に対する採用工法・材料［対抗案］	・現場での作業期間短縮のため，上下部構造ともにプレキャスト化．上部構造は工場製作，橋台と橋脚は仮設現場直近に製作ヤードを設け製作（①）． ・CFRP 補強筋の使用（⑦）

その他・説明図など

■CFRP 使用状況（床版）

■CFRP 使用状況（橋脚）

■架設状況

■完成後

データ出典・参考文献

【参考文献】
1) 中井裕司，小田武治：連続繊維補強材を用いた高耐久性橋梁の提案，橋梁と基礎，2005年8月号

■更新事例調査

データ No.	事例 1-3
更新種別	橋梁の架替え
更新概要図	■工事概要（単位：mm）[1] (a) 着工前：3径間連続箱桁（北行き：19 100＋30 700＋22 900、南行き：21 200＋31 000＋31 900）＋単純鈑桁 20 000 ←新橋出入口　汐留出入口→ 汐留地下駐車場　環状第2号線トンネル予定箇所 撤去：8010橋脚、8008橋脚、8007橋脚 (b) 架替後：単純鋼床版箱桁＋単純上下部一体鋼床版箱桁＋単純鋼床版鈑桁 ←新橋出入口　汐留出入口→ 汐留地下駐車場　環状第2号線トンネル予定箇所 新設：8010′橋脚、8007′橋脚

対象構造物	施設名称	首都高速八重洲線　汐留高架橋
	施設種別	道路橋（第2種第2級）
	構造物の構成	上部構造：鋼単純鈑桁＋鋼3径間連続箱桁橋 下部構造：鋼製橋脚，基礎構造：杭基礎および直接基礎
	供用開始年	1964年（昭和39年）8月
	適用規準	―――
	補修・補強の有無	―――
更新・改築事業概要	工事名称	①（負）高速八重洲線架替上部・橋脚工事　②（負）高速八重洲線架替基礎工事
	場所	東京都中央区銀座8丁目
	実施年	①2011年（平成23年）3月～2014年（平成26年）3月 ②2011年（平成23年）2月～2014年（平成26年）2月
	事業者	東京都（受託：首都高速道路（株））
	更新概要	上部構造：撤去（単＋3径間連続）と桁形式を変更しての架設 橋脚・基礎：撤去（6基）と位置を変えての再構築（4基：上下部一体鋼製ラーメン橋脚，RCフーチング，場所打ち杭）
	適用規準	道路橋示方書（平成14年）

更新・改築に関する情報	更新の目的・効果	交差する道路新設のための架替え
	更新決定の理由	橋脚基礎が新設計画中の道路トンネル（環状第2号線）と干渉するため
	制約条件	①施工時間：架替える高速道路の全面通行止め期間を可能な限り短くする．また，架替時の高速下交差点の通行止め時間を短縮する． ④干渉：周辺の既設構造物・新設される地下道路に影響を与えない．
	制約に対する採用工法・材料［対抗案］	・立体ラーメン鋼床版箱桁部は地組立てを大ブロック化し，多軸台車で移動，門形吊り上げ式ベントにより一括架設し，交差点の通行止め時間を短縮 ・新設の橋脚構築時の土留め計画と，引き続き施工される道路トンネルの土留め計画を調整することで施工ステップを減らして工事期間を短縮
その他・説明図など	■一括架設と専用の門型吊上げ式ベント [1),2)] 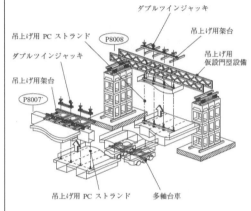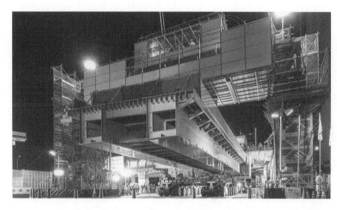 ■進捗状況 [5)]  通行止め前（H24.5）　桁撤去完了（H24.12）　桁架設（H25.9）　桁架設完了後（H25.9）	
データ出典・参考文献	【参考文献】 1) 宮田明：道路インフラ老朽化の現状と今後の取組み，IHI技報，Vol.55 No.2，2015 2) 岡﨑健一，柿沼康浩：NEWS　門型吊上げ式ベントを用いた大ブロック一括架設による架替え工事が完了，橋梁と基礎，2014.2 3) 岡﨑健一，新津武史，柿沼康浩：大都市街路交差点上の橋梁架替工事における工期短縮のための工夫，土木学会第69回年次学術講演会，2014.9 4) 岡﨑健一，新津武史，齋藤彰，安藤陽，岩元佑太朗：橋脚下部工事における工期短縮（首都高八重洲架替工事），土木学会第69回年次学術講演会，2014.9 【出典】 5) 首都高速道路株式会社　首都高八重洲線架替工事進捗状況 （http://www.shutoko.co.jp/~/media/pdf/corporate/company/press/h25/11/22_betten.pdf）	

■更新事例調査

データ No.	事例 1-4	
更新種別	橋梁の架替え	
更新概要図	■架換えの概要 [1)2)] 旧橋りょう　新橋りょう 側面図　側面図 旧橋りょう断面図　新橋りょう断面図　平面図	
対象構造物	施設名称	山陰線余部橋りょう
	施設種別	鉄道橋梁
	構造物の構成	上部構造：プレートガーダー×23 連 下部構造：鋼トレッスル橋脚×11 基，橋台×2 基 基礎構造：直接基礎×11 基，杭基礎×2 基（松杭）
	供用開始	1912 年（明治 45 年）
	補修・補強の有無	ペイント補修および部材交換あり
更新・改築事業概要	事業名称	山陰本線鎧・餘部間余部橋りょう新設工事
	場所	兵庫県美方郡香住町香住区余部長谷川
	実施年	2007 年（平成 19 年）4 月～2011 年（平成 23 年）3 月
	事業者	西日本旅客鉄道株式会社
	更新概要	構造形式：PC5 径間連続エクストラドーズド箱桁橋 下部構造：橋脚×4 基，橋台×2 基 基礎構造：場所打ち杭×18 本，深礎杭×3 本
	適用規準	鉄道構造物等設計標準・同解説　コンクリート構造物（平成 16 年） 鉄道構造物等設計標準・同解説　耐震設計（平成 11 年）
	その他	列車荷重：EA-17
更新・改築に関する情報	更新の目的・効果	列車運行の定時性確保のため，列車運行規制風速（20m/s）を緩和し，瞬間風速 30m/s での列車走行を可能にする．
	更新決定の理由	余部鉄橋対策協議会，余部鉄橋定時性確保対策のための新橋検討会による [3)4)]．
	制約条件	①施工時間：列車運休期間の短縮→通勤通学の確保 ⑦環境条件：強風下，塩害環境下に対応した設計→耐久性の確保，定時性の確保 ⑧景観：デザイン性を考慮した新橋りょうの構造→観光資源としての活用

更新・改築に関する情報	制約に対する採用工法・材料 [対抗案]	・別線施工 　［軌道中心から 7m 南側へ架け替え］ ・京都方トンネルが改築不可であるため桁横移動・回転架設工法の採用 　［桁製作，既設鉄橋撤去，横移動，回転，中央閉合，完成］ ・塩害対策の検討 　［飛来塩分量に応じたかぶり厚：200mm（P1・P2），130mm（P3・P4）80mm（PC箱桁）］ ・風洞実験に基づく防風壁高さの検討 　［転覆限界風速到達前に列車が通過できる防風壁の高さ：RL から 1.7m］ ・デザインコンセプトは「現橋のイメージを継承する橋」 　［直線で構成されたシンプルな美しさ，風景に溶け込む透明感］ 　→等桁高の 5 径間連続箱桁橋（桁高 3.5m） 　→主塔高さを抑えた大偏心外ケーブル構造（主塔高さ 3.5m） 　→存在感を感じさせない防風壁（アクリル板等の防風壁を採用）
その他・説明図など	■桁横移動・回転架設工法 [1)2)] ①桁施工完了　既設鉄橋の横で桁を製作  ②平行移動　桁完成後，約 4m 横移動  ③旋回　横移動完了後，正規の位置へ約 5°旋回  ④中央併合　併合部ブロックの施工後，軌道を敷設し橋梁が完成  土木学会推奨土木遺産に選ばれた余部鉄橋の一部（餘部駅側の 3 橋脚 3 スパン）は，兵庫県へ移管後，改築され余部鉄橋「空の駅」展望施設として活用されている [5]．	
データ出典・参考文献	【参考文献】 1) 金子雅ら：余部橋りょうの歴史と新橋りょうの設計，橋梁と基礎，建設図書，2009.12 2) 前田利光ら：移動・回転架設による余部橋りょう架替え工事，第 20 回プレストレストコンクリートの発展に関するシンポジウム論文集，2011.10 3) 兵庫県県土整備部：余部鉄橋定時性確保対策のための新橋梁検討会報告書，2004.3 4) 兵庫県土木部：余部鉄橋定時性確保対策調査　余部鉄橋調査検討会報告書，2000.3 5) 大波修二ら：土木遺産のリノベーションと長寿命化－余部鉄橋「空の駅」展望施設－，橋梁と基礎，建設図書，2013.12	

■更新事例調査

データ No.		事例 1-5
更新種別		橋梁の架替え
更新概要図 [1]		2011.9 被災状況 → 2011.12 復旧状況（災害予備桁） ⇩ 2014.12 供用開始時（災害予備桁撤去前） → 2016.5 完成状況
対象構造物	施設名称	紀勢線那智川橋りょう
	施設種別	鉄道橋梁
	構造物の構成	橋りょう流出前 上部構造：下路プレートガーダー×3 連 下部構造：橋台×2 基（松杭），橋脚×2 基（松杭） 橋りょう復旧 [1] 上部構造：下路プレートガーダー×1 連，災害予備桁×2 連 下部構造：橋台×2 基(松杭),橋脚×1 基(松杭),パイルベント橋脚×1 基(鋼管杭)
更新・改築事業概要	事業名称	紀勢線那智川橋りょう架替工事 [2]
	場所	和歌山県東牟婁郡那智勝浦町
	実施年	2011 年（平成 23 年）9 月　台風 12 号により橋りょう流出 橋りょう復旧：2011 年 9 月～2012 年 12 月（2011 年 12 月供用開始） 橋りょう架け替え：2013 年 4 月～2016 年 3 月（2014 年 12 月供用開始）
	事業者	西日本旅客鉄道株式会社
	更新概要	上部構造：下路 SRC 連続桁×1 連 下部構造：橋台×2 基（場所打ち杭），橋脚×1 基（場所打ち杭）
	適用規準	鉄道構造物等設計標準・同解説　鋼・合成構造物　（平成 21 年） 鉄道構造物等設計標準・同解説　コンクリート構造物　（平成 16 年） 鉄道構造物等設計標準・同解説　鋼とコンクリートの複合構造物　（平成 14 年）
	その他	列車荷重：EA-17

更新・改築に関する情報	更新の目的・効果	河川改修 那智川流域全体の治水安全度向上を進める河川改修事業の推進に貢献
	更新決定の理由	二級河川那智川災害復旧助成事業の採択
	制約条件	①施工時間：2年半での短期施工（橋りょう新設，旧橋りょう撤去，護岸工事） ②敷地条件：急曲線区間（R=430m）での桁架設 ④整合性：河川条件，津波への備え ⑦環境条件：塩害環境
	制約に対する 採用工法・材料 ［対抗案］	・パイルベント式橋脚の採用 　［フーチングの省略・仮締切範囲の縮小］ ・下路SRC構造の採用 　［軌条面高さと送出し工法から下路SRC構造を採用し，コンクリートにより鋼材を被覆．また，ひび割れ抑止対策として鋼繊維補強コンクリートを採用］ 　［桁高が低く波圧の影響が少ない］ ・急曲線区間での単円曲線送出し工法を採用 　［河川条件に影響されず，営業線と隣接する跨線道路橋に挟まれた限られたスペースからの送出しが可能］ ・張出し式移動足場の採用 　［河川上での型枠施工が可能な張出し式移動足場を考案し，出水期でのコンクリート打設を実施］
その他・説明図など	■河川改修計画[2] 埋設型枠[1]　　　張出し式移動足場[1]	
データ出典・参考文献	1) 木村元哉ら：平成23年台風12号豪雨で流出したJR紀勢線那智川橋梁の復旧工事－パイルベント橋脚と災害予備桁の活用－，橋梁と基礎，建設図書，2012.8 2) 好井健太ら：紀勢線那智川橋りょう架替工事における急曲線SRC桁の施工について，第70回年次学術講演概要集，土木学会，2015.9	

■更新事例調査

データ No.	事例 1-6
更新種別	橋梁の架替え，耐震補強
更新概要図	■レンガアーチ高架橋の改築手順 [1] STEP1 仮受／工事桁　→　STEP2 レンガ撤去　→　STEP3 本設／工事桁の本体利用 本設橋脚で受替え　　　　　　　　　　　　　　　　　仮橋脚撤去 ■レンガアーチ高架橋の改築前後 [2] 改築前　　　　　　改築後

対象構造物	施設名称	【レンガアーチ高架橋】烏森橋架道橋
	施設種別	鉄道橋
	構造物の構成	レンガアーチ橋
	供用開始年度	1909 年（明治 42 年）
	適用規準	―――
	補修・補強の有無	―――
	その他	
更新・改築事業概要	事業名称	レンガアーチ高架橋改築
	場所	新橋駅
	実施年	基本設計：2009 年（平成 21 年）3 月～2009 年（平成 21 年）11 月 詳細設計：2010 年（平成 22 年）1 月～ 施　　工：2010 年（平成 22 年）7 月～
	事業者	東日本旅客鉄道株式会社　東京工事事務所
	更新概要	レンガアーチ高架橋を SRC 高架橋に改築
	適用規準	―――
	その他	

更新・改築に関する情報	更新の目的・効果	橋脚数減少による高架橋下空間拡大による旅客流動性向上による混雑緩和，耐震対策・老朽化対策による列車運行確保，歴史的構造物保存
	更新決定の理由	東北縦貫線の開業による混雑予想，耐震対策など
	制約条件	①②既設路線の列車運行確保，④アーチの構造系確保
	制約に対する採用工法・材料[対抗案]	新設鋼管柱で仮受け施工，工事用仮設鋼桁の本体利用

その他・説明図など

■改築後のSRC高架橋[3]

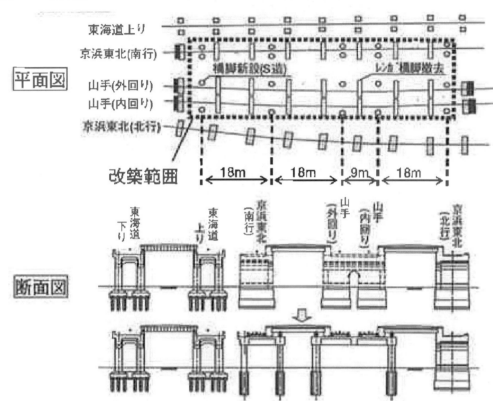

■レンガアーチ高架橋の内巻き補強[3]

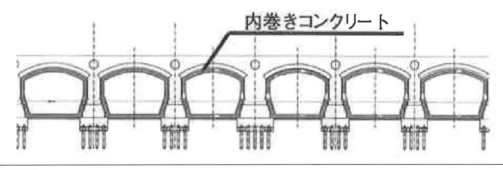

データ出典・参考文献

【参考文献】
1) 元尾秀行，石井通友，有光武：新橋駅改良工事におけるレンガアーチ高架橋改築の計画と施工実績，土木学会第70回年次学術講演会，Ⅵ-545，pp.1089-1090，2015.9
2) 有光武，山下拓伸，光畑太，嶺大輔，篠野正樹，飯塚誠：新橋駅改良工事におけるレンガアーチ高架橋改築と大屋根設置，橋梁と基礎，pp.5-11，2014.9
3) 坂本渉，大川敦，山後宏樹：新橋駅改良計画，日本鉄道施設協会誌，pp.45-47，2011.3

■更新事例調査

データ No.	事例 1-7
更新種別	橋梁の架替え
更新概要図	■橋りょう架け替え計画図 [1]

対象構造物	施設名称	利根川橋梁
	施設種別	鉄道橋
	構造物の構成	鋼トラス橋
	供用開始年度	1962 年
	適用規準	―――
	補修・補強の有無	―――
	その他	

更新・改築事業概要	事業名称	―――
	場所	千葉県我孫子市, 茨城県取手市
	実施年	設計：2009 年（平成 21 年）4 月～2010 年（平成 22 年）2 月 製作：2009 年（平成 21 年）9 月～2012 年（平成 24 年）10 月 施工：2009 年（平成 21 年）10 月～2013 年（平成 25 年）2 月
	事業者	東日本旅客鉄道株式会社
	更新概要	上部構造：2・3 径間連続下路トラス橋（4 連） 下部構造：橋台 2 基, 橋脚 8 基 基礎：場所打ち杭基礎, 鋼管矢板井筒基礎
	適用規準	鉄道総合技術研究所編：鉄道構造物等設計標準・同解説　鋼・合成構造物，丸善（2009.4） 東日本旅客鉄道（株）編：土木工事標準仕様書，（社）日本鉄道施設協会（2006.4）
	その他	

更新・改築に関する情報	更新の目的・効果	老朽化対策・沈下対策による維持管理費の軽減，耐震対策による列車運行確保
	更新決定の理由	対策費用＋維持管理費用＞更新費用
	制約条件	①②既設路線の列車運行の確保
	制約に対する採用工法・材料［対抗案］	［採用工法］縦桁式鋼床版トラス橋 ・死荷重反力が PC 斜版橋の 50〜70% ・主塔が不要で下部工躯体幅を小さくでき，現緩行線に対する近接影響が最小限 ・施工期間が短く，2 渇水期間で架設が可能 ［対抗案］PC 斜版橋
その他・説明図など	■桁形式選定[1] 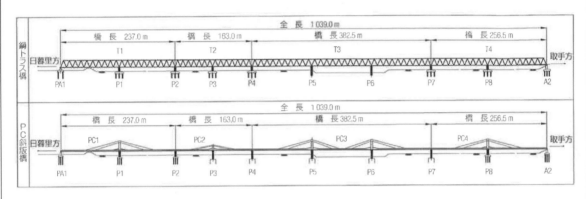 ■全体架設計画図[1] 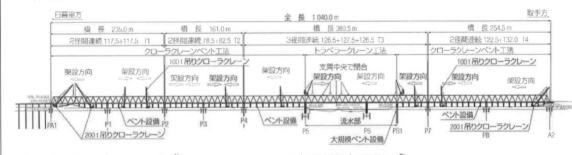 ■仮組立て状況（T2 トラス）[1]　　■新設橋梁架設状況[2] 	
データ出典・参考文献	【参考文献】 1) 佐々木昭悟，吉田聖浩，吉川正治，工藤伸司，楠田広和，梅本喜久：長大鋼鉄道トラス橋の設計・製造，橋梁と基礎，pp.15-20, 2012.3 2) 野澤伸一郎：鉄道橋の劣化，補修・更新の動向と課題，橋梁と基礎，pp.26-29, 2013.11	

■更新事例調査

データ No.	事例 1-8
更新種別	橋梁の架替え
更新概要図	■π型ラーメン受替一般図 [1]

対象構造物	施設名称	───
	施設種別	鉄道橋
	構造物の構成	π型ラーメン橋脚
	供用開始年度	1932年（昭和7年）
	適用規準	───
	補修・補強の有無	───
	その他	

更新・改築事業概要	事業名称	───
	場所	秋葉原駅
	実施年	
	事業者	東日本旅客鉄道株式会社　東京工事事務所
	更新概要	π型ラーメン橋脚中間部で新設高架橋（1層RCラーメン構造）に受替え
	適用規準	───
	その他	

更新・改築に関する情報	更新の目的・効果	高架下空間拡大による旅客流動性確保による混雑緩和
	更新決定の理由	つくばエクスプレス（常磐新線）開業により新たな旅客流動が支障
	制約条件	①②既設路線の列車運行確保
	制約に対する採用工法・材料［対抗案］	軌道変位測定監視による列運行確保

その他・説明図など	■π型ラーメン橋脚の受替前 [1]　　　　■π型ラーメン橋脚の仮受状況 [1] 
データ出典・参考文献	【参考文献】 1) 笠雅之，西條信行：秋葉原駅における鋼高架橋受替工の施工，SED No.19，PP16-21，2002.11

■更新事例調査

データ No.	事例 1-9
更新種別	橋梁の改築
更新概要図	■切換ステップ[1]

対象構造物	施設名称	浦和第一〜三高架橋
	施設種別	鉄道橋
	構造物の構成	浦和第一高架橋（線路直角方向 1 層 1 径間 RC ラーメン高架橋：11 ブロック） 浦和第二高架橋（線路直角方向 1 層 1 径間 RC ラーメン高架橋：11 ブロック） 浦和第三高架橋（線路直角方向 1 層 1 径間 RC ラーメン高架橋：8 ブロック） 　フーチングおよび線路方向に地中梁を有した群杭構造 　柱スパンは線路方向，線路直角方向ともに約 5m
	供用開始年度	1968 年
	適用規準	――――
	補修・補強の有無	――――
	その他	
更新・改築事業概要	事業名称	東北本線浦和駅周辺高架化工事
	場所	浦和駅
	実施年	2002 年（平成 14 年）12 月〜2012 年（平成 24 年）7 月
	事業者	東日本旅客鉄道株式会社　東京工事事務所
	更新概要	東北貨物登り高架橋新設に伴う既設高架橋の改築，補強 　線路移動量が大きい区間では既設高架橋の張出しスラブを別途支持 　線路移動量が小さい区間では張出しスラブを補強
	適用規準	――――
	その他	

更新・改築に関する情報	更新の目的・効果	駅東西の一体化などによる駅および駅周辺の利便性向上，都市計画道路の拡幅
	更新決定の理由	通過していた湘南新宿ライン等を浦和駅に停車
	制約条件	①②既設路線の列車運行確保
	制約に対する採用工法・材料［対抗案］	新設高架橋の張出し部の縦梁と既設高架橋柱を鋼製ケーブルでつなぐ「開き止め工」の設置により接合部上の列車の安全運行を確保
その他・説明図など	■検討対象構造物（線路移動距離が小さい区間）[1] 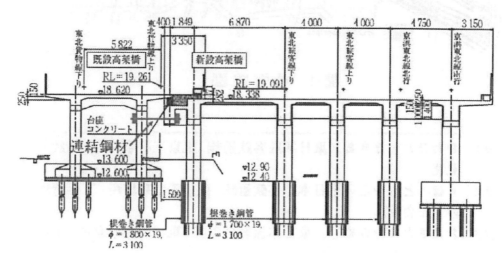 ■線路移動距離が小さい区間の接合構造[1]　　■線路移動距離が大きい区間の別途支持施工ステップ[1] 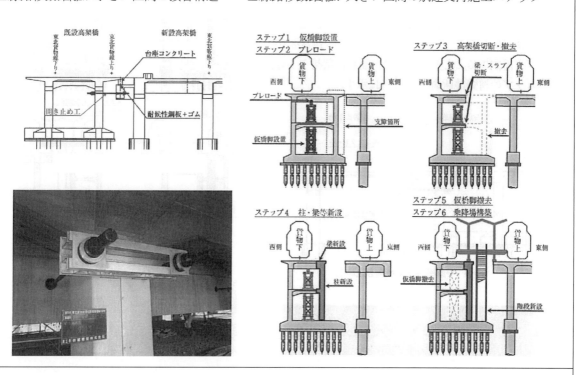	
データ出典・参考文献	【参考文献】 1) 川人麻紀夫，久保智彦，大郷貴之，図司英明：東北貨物線浦和駅乗降場使用開始に伴う既設高架橋の改良，コンクリート工学 Vol.51, No.11, pp.905-910, 2013.11	

■更新事例調査

データ No.	事例 1-10
更新種別	橋梁の架替え
更新概要図	■構造概要図[1]

対象構造物	施設名称	———
	施設種別	鉄道橋
	構造物の構成	RC ラーメン高架橋 4 基（線路方向 2 径間，線路直角方向 1 径間）
	供用開始年度	———
	適用規準	———
	補修・補強の有無	———
	その他	

更新・改築事業概要	事業名称	総武線市川・本八幡間外環こ道橋新設
	場所	千葉県市川市平田 2 丁目，新田 2 丁目
	実施年	2009 年 10 月 9 日～2015 年 7 月 31 日
	事業者	東日本旅客鉄道株式会社　東京工事事務所
	更新概要	上部構造：3 径間下路式受桁 下部構造：RC 壁式橋脚，SRC 門形ラーメン橋脚 基礎：RC ボックスカルバート道路函体（ニューマチックケーソン工法）
	適用規準	———
	その他	

更新・改築に関する情報	更新の目的・効果	東京外かく環状道路の横断構造物の構築による交通渋滞緩和と排気ガスによる CO^2 削減
	更新決定の理由	首都圏 3 環状の一翼と位置付けられる外かく環状道路の整備
	制約条件	①②既設路線の列車運行確保
	制約に対する採用工法・材料［対抗案］	・SRC 門型ラーメン橋脚・下路式受桁の採用 ・軌道変位測定監視による列運行確保

その他・説明図など	■施工ステップ図 [1] 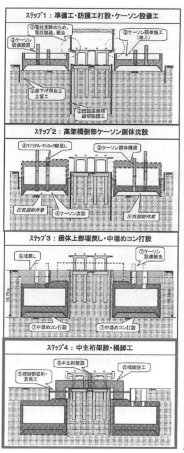 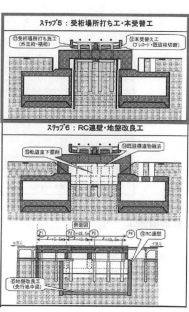 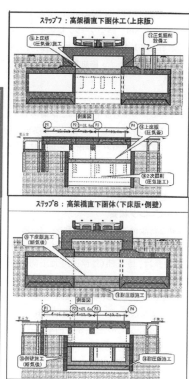 ■既設構造物と新設構造物の位置関係 [1] 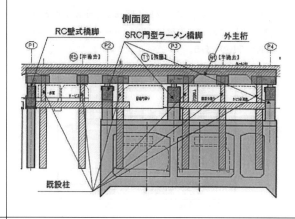 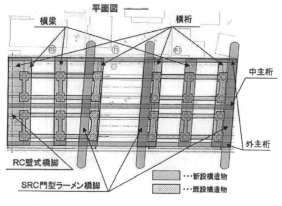
データ出典・参考文献	【参考文献】 1) 中村亮太，木村慎吾，三丸英壽，鈴木健一，今野博史：総武線市川・本八幡間外環こ道橋新設，東工技報Vol.26（2016年度），PP180-185，2013.9

■更新事例調査

データ No.	事例 2-1
更新種別	RC床版の取替え
更新概要図	■平面図[2] 図-3 七北田川全体平面図 ■断面図[2] 図-1 プレキャスト床版 断面図

対象構造物	施設名称	東北自動車道　七北田川橋
	施設種別	鋼道路橋
	構造物の構成	上部構造：鋼3径間連続鈑桁 床版形式：RC床版 橋長：104.2m，支間長：3@34.4m 幅員：10.650m（上り線，下り線）
	供用開始年度	1975年（昭和50年）11月
	適用規準	────
	補修・補強の有無	上面補修,防水工：1990年（平成2年） 上面増厚,下面塗装,防水工：1997年（平成9年） 縦桁増設 1999年, 2000年（平成11,12年）
	その他	活荷重：TL-20（平成9年：B活荷重対応済み）
更新・改築事業概要	事業名称	東北自動車道 七北田川橋 床版改良工事
	場所	宮城県仙台市
	実施年	2002年（平成14年）
	事業者	日本道路公団東北支社
	更新概要	床版取り替え
	適用規準	道路橋示方書（平成8年）
	その他	活荷重：B活荷重

更新・改築に関する情報	更新の目的・効果	橋梁の延命化，長寿化，耐久性向上，振動・騒音低減，LCCの低減
	更新決定の理由	床版の劣化が激しく，床版増厚，縦桁増設等の補修を重ねたが，損傷の抑制が見られず，抜本的な改良が必要と判断され取り替えを決定した．
	制約条件	①施工時間：床版撤去から舗装までを2週間以内 反対車線を対面交通規制し，全面通行止めにて施工
	制約に対する採用工法・材料 [対抗案]	[採用工法] 工期短縮を図るため，以下を実施 ・プレキャストRC床版，プレキャスト地覆，鋼製高欄の採用 ・間詰め部は超速硬コンクリートを使用
その他・説明図など	■概略施工工程[1] 表−2 概略工程 ■施工フローチャート[2] 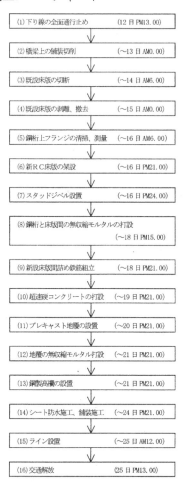 (1) 下り線の全面通行止め (12日PM13.00) (2) 橋梁上の舗装切削 (〜13日AM0.00) (3) 既設床版の切断 (〜14日AM6.00) (4) 既設床版の剥離、撤去 (〜15日AM0.00) (5) 鋼桁上フランジの清掃、測量 (〜16日AM6.00) (6) 新RC床版の架設 (〜16日PM21.00) (7) スタッドジベル設置 (〜16日PM24.00) (8) 鋼桁と床版間の無収縮モルタルの打設 (〜18日PM15.00) (9) 新設床版間詰め鉄筋組立 (〜18日PM21.00) (10) 超速硬コンクリートの打設 (〜19日PM21.00) (11) プレキャスト地覆の設置 (〜20日PM21.00) (12) 地覆の無収縮モルタル打設 (〜21日PM21.00) (13) 鋼製高欄の設置 (〜21日PM21.00) (14) シート防水施工、舗装施工 (〜24日PM21.00) (15) ライン設置 (〜25日AM12.00) (16) 交通解放 (25日PM13.00) ■床版撤去完了[2]  ■RC床版架設状況[2] 
データ出典・参考文献	【参考文献】 1) 東北自動車道七北田川橋における床版取り替えについて，第25回日本道路会議論文 2) 上野芳裕ら：東北自動車道 七北田川の施工−短期間でのRC床版取替工事−，第12回プレストレストコンクリートの発展に関するシンポジウム論文集，2003.10	

■更新事例調査

データ No.	事例 2-2
更新種別	RC 床版の取替え
更新概要図	■平面図 [1),2)] ■断面図 [1),2)]

対象構造物	施設名称	東北自動車道　網木川橋
	施設種別	鋼道路橋
	構造物の構成	上部構造：鋼2径間連続非合成鈑桁橋 床版形式：RC床版，橋長：79.069m，支間長：31.591m＋46.187m， 有効幅員：上り線10.530〜22.688m，下り線13.500〜27.475m 斜角：36°〜40°
	供用開始年度	1975年（昭和50年）
	適用規準	――
	補修・補強の有無	上面増厚（1998年（平成10年））
	その他	活荷重：TL-20
更新・改築事業概要	事業名称	東北自動車道　網木川橋　床版補強工事
	場所	宮城県仙台市
	実施年	2012年（平成24年）8月〜2014年（平成26年）4月
	事業者	東日本高速道路(株)東北支社
	更新概要	PC床版への取替工事
	適用規準	道路橋示方書（平成14年）
	その他	活荷重：B活荷重

更新・改築に関する情報	更新の目的・効果	橋梁の延命化，長寿命化，耐久性向上，振動・騒音低減，LCC の低減
	更新決定の理由	コンクリート床版の劣化・損傷や鉄筋錆の発生が多く見られたことから床版増厚や舗装の改修などにより維持が行われたが，近年においては補修頻度が多くなってきたことから抜本的な老朽化対策として床版取り替えを決定した．
	制約条件	①施工時間：反対車線を対面交通規制し，全面通行止めにて施工 　　　　　　交差する国道上の施工より夜間（21:00〜翌 6:00）が条件
	制約に対する採用工法・材料［対抗案］	［採用工法］　工期短縮工法を図るため，下記工法を採用 ・プレキャスト RC 床版 ・壁高欄は工場施工と現場施工を併用 ・間詰め部は超速硬コンクリートを使用
その他・説明図など	■交通規制ステップ [1],[2] | ステップ	規制時間	規制箇所	主な作業
---	---	---	---
1	6:00〜翌 16:00（34 時間）	上り線走行車線	仮設 B ランプの施工
2	1 日目 6:00〜3 日目 6:00（48 時間）	下り線走行車線	路肩部段差修正工，仮設防護柵設置工，仮路面標示工ほか
3	3 日目 6:00〜6 日目 6:00（72 時間）	上下線追越車線	車線シフト，仮設 B ランプの施工，仮設防護柵の設置ほか
4	6 日目 6:00〜32 日目 6:00（624 時間）	上下線走行車線追越車線	床版撤去工，床版取桁工，壁高欄設置工，伸縮装置撤去・設置工ほか
5	32 日目 6:00〜34 日目 6:00（48 時間）	上下線追越車線	車線シフト，仮設 B ランプ復旧，仮設防護柵撤去ほか
6	34 日目 6:00〜36 日目 6:00（48 時間）	下り線走行車線	路肩部段差修正工（復旧），非常駐車帯の復旧，仮設防護柵の撤去ほか
7	6:00〜翌 16:00（34 時間）	上り線走行車線	仮設 B ランプの復旧（完了）	 ■RC 床版取り替え時の交通規制 [2]  施工箇所／仮設 B ランプ ■剥離装置による既設 RC 床版の撤去 [1],[2]  剥離装置および吊り装置 ■プレキャスト床版の架設状況 [2] 
データ出典・参考文献	【出典】プレストレスト・コンクリート建設業協会HP 【参考文献】 1) 宮越信ら：プレキャストPC床版（PRC）を用いた床版取替工事-東北自動車道　網木川橋床版補強工事-，プレストレストコンクリート，VOL.56　No.1，Jan.2014 2) 池上浩太郎ら：プレキャストPC床版を用いた床版取替工事-複雑な線形・形状を有する「網木川橋」への適用，（株）IHI 技報，VOL.56　No.1（2016）	

■更新事例調査

データ No.	事例 2-3
更新種別	RC 床版の取替え
更新概要図	■プレキャスト床版への取替え順序[1]

対象構造物	施設名称	九州自動車道　向佐野橋
	施設種別	道路　交差物件（JR 鹿児島本線，大佐野川，市道）
	構造物の構成	上部構造：単径間 RC 中空床版橋+4 径間連続鋼鈑桁橋+2 径間連続 RC 中空床版橋 橋長：210.05m（19.05m+（37.50m+38.00m+38.00m+38.50m）+（18.47m+18.65m）） 幅員：32.000m
	供用開始年度	1975 年（昭和 50 年）
	適用規準	道路橋示方書（昭和 46 年）
	補修・補強の有無	下面エポキシ樹脂補修（1990 年），上面の部分打替え（1990，1994 年），上面増厚（1995 年），剥落防護ネット設置（1994 年），剥落防護用床鋼板配置（2000 年）
	その他	道路活荷重は TL-20，100,000 台／日
更新・改築事業概要	事業名称	九州自動車道　向佐野橋床版補修工事
	場所	太宰府 IC〜筑紫野 IC 間
	実施年	2010 年（平成 22 年）5 月〜2010 年（平成 22 年）12 月
	事業者	西日本高速道路株式会社
	更新概要	床版全幅一括取替：RC 床版→プレキャスト PC 床版（t=240mm） コンクリート強度（50MPa）
	適用規準	道路橋示方書（平成 14 年）
	その他	道路活荷重は B 活荷重，高炉スラグ微粉末を使用（塩化物イオン浸透抑制） 剥落防止対策：ポリプロピレン繊維混入（プレキャスト部），FRP 埋設型枠（場所打ち部） 床版端部場所打ち部は PC 構造（耐衝撃性）プレグラウト PC 鋼材
更新・改築に関する情報	更新の目的・効果	抜本的な補修対策，耐久性の向上，（機能上の）安全性の向上
	更新決定の理由	鋼鈑桁部の RC 床版の劣化が著しい
	制約条件	①供用する車線数を減じる期間を極力短縮（片側 2 車線確保） ②床版の横からの継手内横方向鉄筋の挿入不可

更新・改築に関する情報	制約に対する採用工法・材料 ［対抗案］	・中央分離帯部分に仮設の鋼床版を設けて幅員を拡幅（①） ・エンドバンド継手の採用（②）
その他・説明図など	■向佐野橋の一般図[1] 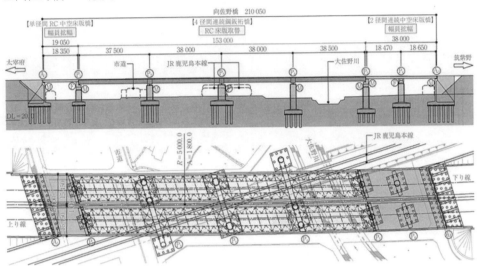 ■プレキャストPC床版への取替え概要[1] 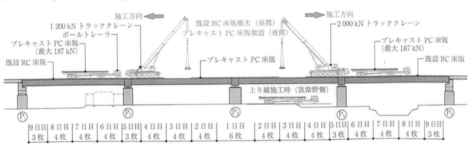 ■標準的なループ継手[1]　　　　■エンドバンド継手[1] 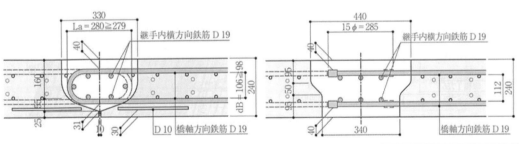		
データ出典・参考文献	【参考文献】 1) 山本敏彦，今村壮宏，三浦泰博，藤木慶博：日交通量10万台区間におけるRC床版取替工事　－九州自動車道・向佐野橋－，コンクリート工学，Vol.49，No.3，pp.30-35，2011.3 2) 亀谷淳，山本敏彦，今村壮宏，川崎啓司：重交通区間における鋼橋RC床版取替え工事　－九州自動車道・向佐野橋－，第20回プレストレストコンクリートの発展に関するシンポジウム論文集，pp.489-492，2011.10		

■更新事例調査

データ No.	事例 2-4
更新種別	I 形鋼格子床版の取替え
更新概要図	■側面図[2] 図-2 伊芸高架橋側面図 ■断面図[2]

対象構造物	施設名称	沖縄自動車道 伊芸高架橋
	施設種別	鋼道路橋
	構造物の構成	上部構造： 鋼3径間連続非合成鈑桁橋×3連 床版形式：I 形鋼格子床版 橋長：38.725m，支間長：3@42.750m×3連 幅員：上り線 10.650，下り線 10.650m
	供用開始年度	1975年（昭和50年）
	適用規準	――――
	補修・補強の有無	――――
	その他	活荷重：TL-20
更新・改築事業概要	事業名称	床版取り替え工事
	場所	沖縄県国頭郡金武町字伊芸
	実施年	上り線：2014年（平成26年），下り線：2012年（平成24年）
	事業者	西日本高速道路株式会社九州支社
	更新概要	床版取り替え前：I 形鋼格子床版（ソリッドタイプ） 床版取り替え後：プレキャスト PC 床版
	適用規準	道路橋示方書（平成14年）
	その他	活荷重：B 活荷重

第4章　更新・改築を実現するための技術と考え方

更新・改築に関する情報	更新の目的・効果	橋梁の延命化，長寿命化，耐久性向上，振動・騒音低減，LCCの低減
	更新決定の理由	・底鋼板上面の帯水による鋼板の腐食 ・内在塩分（塩化物イオン濃度は最大 $3.7kg/m^3$）による床版の劣化（土砂化，ひび割れ等）．
	制約条件	①施工時間：反対車線を対面通行規制し，全面通行止めにて施工 ④整合性：下部構造や鋼桁の耐力，未改修部分との路面の段差などから，取り替え床版厚は既設と同等とする必要有り
	制約に対する採用工法・材料［対抗案］	［採用工法］ 既設橋と同程度の床版厚とする必要があるため，エポキシ樹脂塗装を施したエンドバンド継手を採用
その他・説明図など	■ループ継手とエンドバンド継手の構造比較[2]　　■継手構造の違いによる架設の特徴[2] 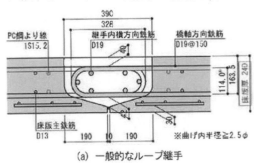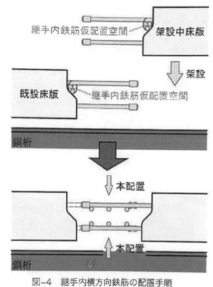 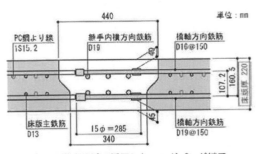 図-3　接合方法の比較　　　　　　　　　　　図-4　継手内横方向鉄筋の配置手順 ■床版取替工程表[2] 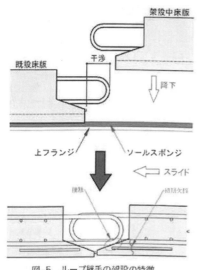 図-7　床版取替工程表　　　　　　　　　　　図-5　ループ継手の架設の特徴
データ出典・参考文献	【参考文献】 1) 脇坂英男ら：伊芸高架橋の床版取り替え工事－エンドバンド継手の採用－，プレストレストコンクリート，VOL.57　No.3，May.2015 2) 岩渕貴久：高速道路における環境に配慮した国内最長の床版取替工事-沖縄自動車道 伊芸高架橋（上り線）床版改良工事-，土木施工，VOL.55　No.11，2014.11	

■更新事例調査

データ No.	事例 2-5
更新種別	I 形鋼格子床版の取替え
更新概要図	■塩害によって劣化した床版の取替え [1),2)] （床版取替前）／（床版取替後） 明治山第二橋 174900　4#43500=174000 明治山第三橋 101350　3#33500=100500 ■I 形鋼格子床版 [2)]

対象構造物		
	施設名称	沖縄自動車道　明治山第二橋（下り線）／第三橋（下り線）
	施設種別	鋼道路橋
	構造物の構成	上部構造：鋼 4 径間連続非合成鈑桁橋／鋼 3 径間連続非合成鈑桁橋 下部構造：RC 製橋脚／橋台 基礎：　直接基礎
	供用開始年	1974 年（昭和 49 年）10 月
	適用規準	―――
	補修・補強の有無	下部構造の RC 巻立て／炭素繊維補強および制震装置の取付け（平成 24 年）
	その他	道路活荷重は TL-20

更新・改築事業概要		
	事業名称	明治山第二橋（下り線）他 1 橋床版改良工事
	場所	宜野湾 IC－許田 IC 間
	実施年	2014 年（平成 26 年）4 月～2016 年（平成 28 年）1 年
	事業者	西日本高速道路株式会社
	更新概要	既設の IB グレーディング床版（I 形鋼格子床版）を，プレキャスト PC 床版に取替え
	適用規準	―――
	その他	

更新・改築に関する情報	更新の目的・効果	老朽化対策・長寿命化
	更新決定の理由	劣化状況とライフサイクルコストを加味して
	制約条件	①施工時間：床版取替のための車両規制は比較的交通量が少なく台風などの影響が少ない1～3月に限定 ④整合性：床版厚を厚くすると鋼桁の耐荷力に影響が生じるため極力薄くする
	制約に対する採用工法・材料［対抗案］	・プレキャストPC床版を採用することで工期を短縮 ・橋軸方向の床版の接合構造に，ねじ切り鉄筋にナットを取り付けた合理化継手を採用することで床版厚を220mmに低減［基本案はループ継手で260mm］ ・間詰め幅を変えずに耐久性を向上するよう，付着強度低下のない高付着型エポキシ樹脂塗装鉄筋を合理化継手に採用

その他・説明図など

■ 合理化継手を採用したプレキャストPC床版 [1),2)]

■ 床版厚の比較 [1),2)]

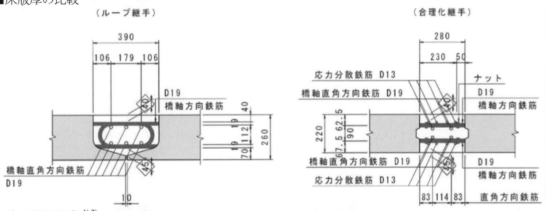

■ 施工状況写真 [1),2)]

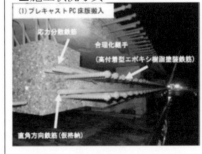  

データ出典・参考文献

【参考文献】
1) 福田健作，西谷朋晃，村田耕二，吉松秀和：沖縄自動車道 明治山第二橋，第三橋の床版取替え工事，24回プレストレストコンクリートの発展に関するシンポジウム論文集，2015.10
2) 福田健作，野上朋和，鮫島力，西谷朋晃：沖縄自動車道 明治山第二橋，第三橋の床版取替え工事，プレストレストコンクリート，pp.66～72，Vol.58 No.2，2016.3

■更新事例調査

データNo.	事例2-6
更新種別	RC床版の取替え，主桁の取替え(桁端部)，主桁補強
更新概要図	■ 拡幅の概要[1] 現況／改良後 (a) A1～P9　2主鈑桁 既設歩道部は本工事で撤去し歩道橋として新設する アスファルト舗装 t=70／コンクリート舗装 t=50／RC床版 t=200 舗装打替え（アスファルト舗装）／床版防水（ウレタン樹脂型）／床版取替え（高強度軽量プレキャストPC床版）／（場所打ちPC床版 t=250）／歩道新設 (b) P9～A2　4主鈑桁 アスファルト舗装 t=70／コンクリート舗装 t=50／RC床版 t=230 舗装打替え（アスファルト舗装）／床版防水（ウレタン樹脂型）／床版取替え（プレキャストPC床版 t=160）／（場所打ちPC床版 t=270）／歩道新設

対象構造物

施設名称	九年橋
施設種別	鋼道路橋
構造物の構成	上部構造：鋼8径間連続鈑桁橋＋鋼9径間連続2主箱桁橋，床版形式：RC床版 下部構造：RC橋脚
供用開始年	左岸側1922年（大正11年），右岸側1933年（昭和8年）
適用規準	道路構造令（大正8年），道路構造に関する細則（大正15年）
補修・補強の有無	床版の鋼板接着，主桁補強，歩道部拡幅
その他	活荷重：T-8t→TL-20

更新・改築事業概要

事業名称	九年橋橋梁補修工事
場所	岩手県北上市
実施年	2012年（平成24年）6月～2015年（平成27年）6月
事業者	北上市
更新概要	床版取替え，主桁の部分取替えによる桁連続化，当て板補強
適用規準	道路橋示方書（平成14年）
その他	活荷重：TL-20

	更新の目的	延命化，車道幅拡幅による安全性・利便性向上
更新・改築に関する情報	更新決定の理由	これまで維持修繕工事が行われてきたが損傷が著しいため
	制約条件	①施工時間：地域の理解を得て2年間の通行止めが可能 ②敷地条件：河川上で平面空間に制約がない． 　　　　　　河川上での維持修繕工事であり，施工方法に制約がある． ④整合性　：河積阻害率の制約により下部構造の補強を行わないことから，下部構造への作用荷重を既設以下とする．
	制約に対する採用工法・材料［対抗案］	［採用工法］安全性・利便性向上を目的に高強度プレキャストPC床版へ取替え，車道を拡幅．歩道橋は別途新設．併せて桁端部の主桁取替えを実施． ［対抗案］ 廃橋：　現況交通量を他の路線でカバーできない． 新橋案：　都市計画道路であり，橋梁の大規模化や河川改修を伴うことによる事業費の増大や長期の通行止めによる社会的影響が大きくなることが避けられない． 主桁取替え＋増し桁＋下部構造拡幅案： 　　現在の河積阻害率が5%を超えており，補強により規定値の6%を超えるため，実施困難． 床版取替え（原形復旧）案： 　　経済的に優れるが，幅員構成が道路構造令を満足していない．
その他・説明図など		■ウェブの補強[1]　　　　　　　　　　■PC床版への取替え[1] 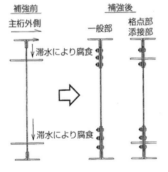 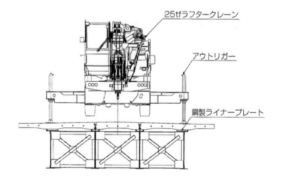 　　　　　　　　　　　　　　　　　施工完了後の床版へクレーンを設置し前方へ順次架設 ■桁端部の主桁取替え[1] 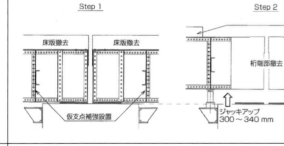 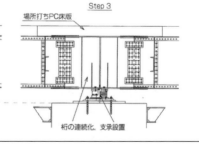
データ出典・参考文献		【参考文献】 1) 柿沼努，池田大介，貞島健介，亀田隆志，杉浦康友，遊田勝:九年橋長寿命化対策工事の設計と施工，橋梁と基礎，2015.12

■更新事例調査

データ No.	事例 2-7
更新種別	RC 床版の取替え
更新概要図	■床版取替え概要図[2] 側面図：延長床版, L=94,000（27,900＋31,000＋34,400），A1－P1－P2－A2，県道，矢野川 平面図：プレキャスト PC 床版（延長床版部）：8 枚，1500，1000，伸縮装置部（場所打ち），場所打ち床版，プレキャスト PC 床版（橋梁部）：40 枚，プレキャスト PC 床版（延長床版部）：7 枚，1000，1500，プレキャスト PC 床版（橋梁部）：40 枚，A1，プレキャスト PC 床版（延長床版部）：8 枚，P1，P2，場所打ち床版，A2 伸縮装置部（場所打ち）

対象構造物	施設名称	中国自動車道　矢野川橋（下り線）
	施設種別	道路　交差物件（県道 山崎南光線，二級河川 矢野川）
	構造物の構成	上部構造：鋼 3 径間連続非合成鈑桁橋（斜角 45°〜49°の斜橋） 橋長：94.50m（支間 27.90m＋31.00m＋34.40m），平面曲線：R=500m 有効幅員：9.065m　基礎構造：直接基礎
	供用開始年度	1975 年（昭和 50 年）
	適用規準	道路橋示方書（昭和 46 年）
	補修・補強の有無	上面増厚（21cm→25cm）（1994 年），床版剥落防止（県道上部）（2000 年）
	その他	道路活荷重は TL-20，16,000 台／日
更新・改築事業概要	事業名称	中国自動車道　矢野川橋床版取替工事
	場所	山崎 IC〜佐用 IC 間　矢野川橋（下り線）
	実施年	2008 年（平成 20 年）
	事業者	西日本高速道路株式会社
	更新概要	床版全面取替：RC 床版→プレキャスト PC 床版（t=230mm）， コンクリート強度（50MPa），非合成鈑桁橋→合成鈑桁橋
	適用規準	道路橋示方書（平成 14 年）
	その他	道路活荷重は B 活荷重，プレキャスト PC 床版と地覆部を一体製作
更新・改築に関する情報	更新の目的・効果	抜本的な老朽化（経年劣化，塩害）対策，伸縮装置部からの振動や騒音の低減，橋梁全体の長寿命化，桁端部の止水性の向上
	更新決定の理由	補強後も劣化（腐食，断面欠損，剥落）が進行し，抜け落ちの懸念

更新・改築に関する情報	制約条件	①交通規制（下り線通行止め，上り線対面通行規制）期間の短縮 ①場所打ち床版面積の削減 ④合成効果にともなう継手部の引張力の増加（ループ継手不可）
	制約に対する採用工法・材料 ［対抗案］	・延長床版部へのプレキャストPC床版の適用（①） ・軸方向プレストレスによるPC継手構造の採用（④） ・スタッドジベル接合による鋼桁と床版のずれ止めのグループ配置（8本／箇所） 箱抜き部の補強

その他・説明図など

■断面図[2]

■従来型延長床版システム[2]　　　■新しい延長床版システム[2]

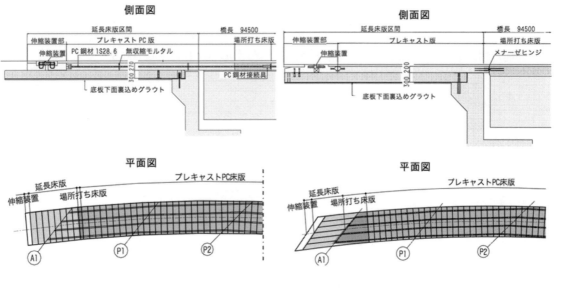

【参考文献】
1) 緒形辰男，桑原秀明：NEXCO西日本が管理する床版の現状と対策，土木施工，Vol.55，No.6，2014.6
2) 橋野哲郎，西山昌造，後藤昭彦，西濱智博：床版取替え工事による耐久性向上への取組み（中国道矢野橋川），第18回プレストレストコンクリートの発展に関するシンポジウム論文集，PP.91-94，2009.10

■更新事例調査

データNo.	事例 2-8
更新種別	RC床版の取替え
更新概要図	■断面図（床版取替え前）[1] ■断面図（床版取替え後）[1]

対象構造物	施設名称	西名阪自動車道　御幸大橋（上り線）
	施設種別	道路橋　交差物件（一級河川　大和川）
	構造物の構成	鋼単純合成鈑桁橋＋2@3径間連続合成鈑桁橋 橋長：332.91m（32.27＋(48.59＋2@49.09)＋(3@49.09)） 有効幅員：8.70m　基礎構造：杭基礎，ケーソン基礎
	供用開始年度	1972年（昭和47年）
	適用規準	道路橋示方書（昭和39年）
	補修・補強の有無	1～P7縦桁補強，中分遮蔽ゴム設置（1990年），A1～P2床版増厚，ジョイント取替，舗装補修，縦桁部樹脂注入（1992年），桁連結，ゴム支承設置，A1～P2下面遮音板設置，ジョイント改良（1994年），ジョイント補修，遮音壁設置（1995年），A1横桁コンクリート巻立て（1998年）
	その他	60,000台／日
更新・改築事業概要	事業名称	西名阪自動車道　御幸大橋（上り線）床版取替□期工事
	場所	法隆寺IC～郡山IC間　御幸大橋（上り線）　奈良県北葛城郡河合町
	実施年	2011年（平成23年）11月～2012年（平成24年）4月（床版取替えⅢ期工事） 2011年（平成23年）11月27日～2011年（平成23年）12月8日（集中工事）
	事業者	西日本高速道路株式会社
	更新概要	床版全面取替：RC床版→プレキャストPC床版（t=210mm）， 間詰め部：超速硬モルタル，合成桁→非合成桁
	適用規準	道路橋示方書（平成14年）
	その他	道路活荷重はB活荷重

更新・改築に関する情報	更新の目的・効果	環境（振動・騒音）対策を含む抜本的な劣化対策，耐久性の向上，振動・騒音の低減，LCC の低減
	更新決定の理由	舗装路面，床版上面増厚部だけでなく旧床版の損傷が再び進行し始めてきたため
	制約条件	①交通量が多く，代替路線がないため，夜間のみの一時的通行止め，昼間1車線交通解放（土日は全面開放） ①既設橋が合成鈑桁橋で，密に設置された馬蹄形ジベルのはつりと新設スタッドへの打替えに時間を要する ②1車線交通解放のため，新旧床版が混在する場合でも車両通行を可能とする必要がある ③施工中，完成時の断面力に対して主桁断面を補う補強が必要
	制約に対する採用工法・材料 [対抗案]	・プレキャスト PC 床版の採用と新たな継手構造（スリットループ継手）の開発（①） ・主桁ウェブを集中工事前に切断・仮添接して，集中工事当日に床版と上フランジ・ウェブ上端部材を同時撤去（①） ・新旧床版間に仮設の幅の狭い鋼床版設置（②） ・4主桁合成鈑桁を7主桁非合成鈑桁に構造変換して，主桁に作用する断面力を低減（③）

その他・説明図など

■御幸大橋の工事計画[2]

■仮設鋼床版の概要[2]

■スリットループ継手構造の概要[2]

データ出典・参考文献

【参考文献】
1) 光田剛史，木原通太郎，久米将紀，向台茂，山浦明洋，白水晃生：西名阪自動車道　御幸大橋（上り線）床版取替えⅢ期工事，橋梁と基礎，PP.57-64，2012.2
2) 光田剛史，木原通太郎，久米将紀，山浦明洋，白水晃生，松井繁之：西名阪自動車道御幸大橋（上り線）におけるプレキャストPC床版継手の開発および急速施工，第七回道路橋床版シンポジウム論文報告集，pp.31-36，2012.6

■更新事例調査

データ No.		事例 2-9
更新種別		RC 床版の取替え，主桁補強
更新概要図		■床版取替えの概要 [1] (a) ステップ1：主桁ウエブ切断，仮添接　(b) ステップ2：既設床版撤去 (c) ステップ3：主桁T字材設置　(d) ステップ4：新設床版設置
対象構造物	施設名称	西名阪自動車道　御幸大橋（下り線）
	施設種別	道路橋　交差物件（一級河川 大和川）
	構造物の構成	鋼単純合成鈑桁橋＋2@3 径間連続合成鈑桁橋 橋長：332,60m（25.20＋（48.59＋2@49.00）＋（3@49.00）） 有効幅員：9.10m　基礎構造：杭基礎，ケーソン基礎
	供用開始年度	1969 年（昭和 44 年）
	適用規準	道路橋示方書（昭和 39 年）
	補修・補強の有無	A1～P7 縦桁増設（1979 年），A1～P2 床版増厚，主桁下フランジ補強，床版補修（1992 年），P1 主桁連結，ゴム支承取替え，A1～P2 下面遮音板設置（1993 年），A1～P2 切削オーバーレイ（1995 年），P2～P7 床版増厚（1998 年），A1～P2 オーバーレイ，A1 端部巻立て（2004 年）
	その他	60,000 台／日
更新・改築事業概要	事業名称	西名阪自動車道　御幸大橋（下り線）床版取替□期工事
	場所	法隆寺 IC～郡山 IC 間　御幸大橋（下り線）　奈良県北葛城郡河合町
	実施年	2010 年（平成 22 年）8 月～2011 年（平成 23 年）9 月（床版取替えⅡ期工事） 2011 年（平成 23 年）2 月 28 日～2011 年（平成 23 年）3 月 12 日（集中工事）
	事業者	西日本高速道路株式会社
	更新概要	床版全面取替：RC 床版→プレキャスト合成床版（t=200mm），合成桁→非合成桁
	適用規準	道路橋示方書（平成 14 年）
	その他	道路活荷重は B 活荷重
更新・改築に関する情報	更新の目的・効果	環境（振動・騒音）対策を含む抜本的な劣化対策，耐久性の向上，振動・騒音の低減，LCC の低減

更新・改築に関する情報	更新決定の理由	舗装路面，床版上面増厚部だけでなく旧床版の損傷が再び進行し始めてきたため
	制約条件	①交通量が多いため，夜間のみの一時的通行止め，昼間1車線交通解放 ①既設橋が合成鈑桁橋で，密に設置された馬蹄形ジベルのはつりと新設スタッドへの打替えに時間を要する ②1車線交通解放のため，新旧床版が混在する場合でも車両通行を可能とする必要がある ③桁取替え時に主桁断面合成が著しく低下するため，鋼部材の補強が必要
	制約に対する採用工法・材料[対抗案]	・プレキャスト合成床版および合理化継手の採用（①） ・主桁ウェブを集中工事前に切断・仮添接して，集中工事当日に床版と上フランジ・ウェブ上端部材を同時撤去（①） ・新旧床版間に間詰め鋼床版設置（②） ・新設縦桁，横桁に取替えて，主桁に作用する断面力を低減（③）
その他・説明図など	■御幸大橋概要と工事計画[1] 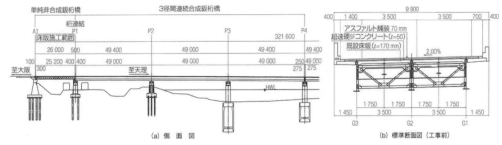 ■御幸大橋一般図[1] 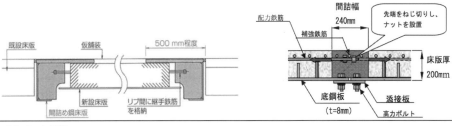	
データ出典・参考文献	【参考文献】 1) 光田剛史，木原通太郎，山田秀美，龍頭実，水野浩，原考志：西名阪自動車道　御幸大橋（下り線）床版取替えⅡ期工事，橋梁と基礎，PP.15-21，2011.9 2) 龍頭実，山田秀美，杉田俊介：短期集中工事における床版取替工事について，JCMマンスリーレポート，pp.18-21，2012.11	

■更新事例調査

データ No.	事例 2-10
更新種別	床版上面打換え
更新概要図	■断面修復工法の概要図[2]

対象構造物	施設名称	阪和自動車道　松島高架橋（上り線 P25～P29）
	施設種別	道路橋（合流部）ランプ車線あり
	構造物の構成	4径間連続RC中空床版橋，主版厚885mm 橋長：70.00m（支間 4@17.50m），有効幅員：16.80m
	供用開始年度	1974年（昭和49年）
	適用規準	道路橋示方書（昭和46年）
	補修・補強の有無	鋼繊維コンクリートによる上面増厚 65mm（1990年）
	その他	道路活荷重はTL-20, 35,000台／日
更新・改築事業概要	事業名称	阪和自動車道　松島高架橋RC主版補強工事
	場所	和歌山北IC～和歌山IC
	実施年	2005年（平成17年）9月1日～2006年（平成18年）2月21日
	事業者	西日本高速道路株式会社
	更新概要	部分修復工法：劣化コンクリートはつり取り（ウォータージェット工法），新たなRC断面の増設
	適用規準	道路橋示方書（平成14年）
	その他	道路活荷重はB活荷重
更新・改築に関する情報	更新の目的・効果	抜本的な補修・補強対策，橋梁の長寿命化
	更新決定の理由	コンクリートの静弾性係数の低下，上面増厚部および上面鉄筋近傍の劣化，含有塩分量の規定値超過，床版鉄筋の腐食進行，橋梁全体の剛性低下
	制約条件	①通行規制期間の短縮 ⑤撤去コンクリート（産業廃棄物）の縮減 ⑦マクロセル腐食の抑制
	制約に対する採用工法・材料［対抗案］	・部分修復工法の採用（①⑤） ・シラン系絶縁材による防食工法の採用（⑦） ［新設橋への架け替え］ ［亜硝酸リチウム含有ポリマーセメントモルタルペースト塗布方式］ ［亜鉛による犠牲陽極埋込み方式］

その他・説明図など

■松島高架橋一般図[2]

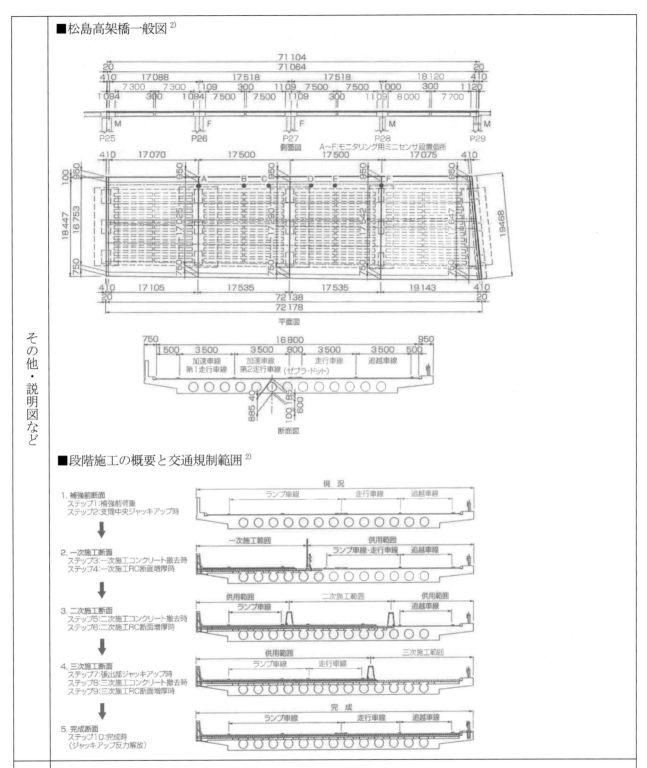

■段階施工の概要と交通規制範囲[2]

データ出典・参考文献

【参考文献】
1) 緒形辰男, 桑原秀明：NEXCO西日本が管理する床版の現状と対策, 土木施工, Vol.55, No.6, 2014.6
2) 松田哲夫, 神野真一朗, 宮里心一, 石崎茂, 岸上弘宣, 松本正信：塩害により損傷したコンクリート橋のリニューアル ～阪和自動車道松島高架橋～, 橋梁と基礎, PP.19-25, 2007.5

■更新事例調査

	データ No.	事例 2-11
	更新種別	RC 床版の取替え
	更新概要図	■関門トンネル縦断図 [1] 海底部 L=780m を FRP 合成床版に取替え
対象構造物	施設名称	国道 2 号線関門トンネル
	施設種別	道路トンネル
	構造物の構成	車道部：RC 床版
	供用開始年度	1958 年（昭和 33 年）
	適用規準	―――
	補修・補強の有無	10 年毎に床版補修工事
	その他	
更新・改築事業概要	事業名称	関門トンネル　リフレッシュ工事
	場所	山口県下関市と福岡県北九州市の間の関門海峡直下
	実施年	2009 年（平成 21 年）3.5 カ月間，2010 年（平成 22 年）3.5 カ月間
	事業者	西日本高速道路株式会社
	更新概要	床版取替：海底部 L=780m
	適用規準	道路橋示方書（平成 8 年）
	その他	
更新・改築に関する情報	更新の目的・効果	塩害に対する耐久性の向上，車両の大型化に対する疲労対策
	更新決定の理由	塩害，疲労劣化
	制約条件	①短工期（計 7 か月）での床版の撤去，取替え ②狭隘な施工箇所での急速施工 ⑦塩害対策，疲労対策
	制約に対する採用工法・材料［対抗案］	・FRP 合成床版（①②⑦） ・高炉スラグ微粉末にて 50%置換したコンクリート（⑦） ・エポキシ樹脂塗装鉄筋（⑦）

その他・説明図など	■関門トンネル横断 [1] 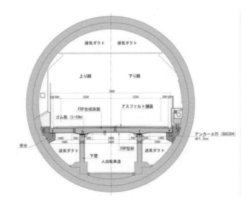 ■FRPパネル形状 [2] 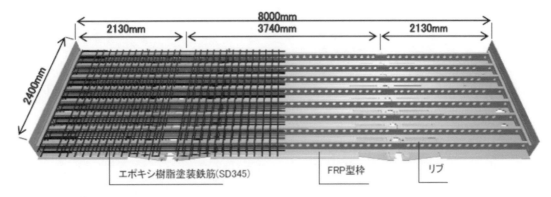 ■施工状況写真 [2] 
データ出典・参考文献	【参考文献】 1) NEXCO西日本 九州支社下関管理事務所：老朽化した海底トンネル床版のリフレッシュ〜一般国道2号関門トンネル，道路行政セミナー，2012.3 2) 久保圭吾，儀保陽子，木村光宏：関門トンネルにおけるFRP合成床版による床版打替え，宮地技報，No.26，pp.34-42，2012.11 3) 稲森宏育，小林康範，棟安貴治，東輝彦，澤田直行：関門トンネルにおける長期耐久性向上を目指したコンクリート床版のリフレッシュ工事，第7回床版シンポジウム論文報告集，pp.50-60，2012.6

■更新事例調査

データNo.	事例2-12
更新種別	RC床版の取替え
更新概要図	■橋梁一般図（上段：福島荒川橋，下段：福島須川橋）および床版取替後の断面図（福島荒川橋）[1] ■プレキャストPC床版（ループ継手）[1]

対象構造物	施設名称	東北自動車道　福島荒川橋／福島須川橋
	施設種別	鋼道路橋
	構造物の構成	上部構造：鋼4径間連続非合成多主鈑桁橋／鋼2径間連続非合成多主鈑桁橋
	供用開始年	1975年（昭和50年）
	適用規準	道路橋示方書（昭和48年）
	補修・補強の有無	SFRC床版上面増厚［t=5cm］＋床版防水（平成15年，但し福島須川橋の上面増厚のみ平成6年）
	その他	道路活荷重はTL-20（但し，床版増厚によりB活荷重）
更新・改築事業概要	事業名称	東北自動車道　福島管内橋梁床版補強工事
	場所	福島西IC-吾妻PA間
	実施年	2013年（平成25年）12月～2016年（平成28年）2月
	事業者	東日本高速道路株式会社
	更新概要	既設のRC床版をプレキャストPC床版に取替え
	適用規準	道路橋示方書（平成24年），NEXCO設計要領第2集（平成25年）
	その他	

	更新の目的・効果	老朽化対策
更新・改築に関する情報	更新決定の理由	・耐久性向上対策の補強を施したにも関わらず，床版の損傷が原因と考えられるポットホール補修が1橋で年間数十回となるまで損傷が進んだため． ・上面増厚部の剥離および劣化・土砂化が見られ，内在塩化物イオン量も高く，補修・補強だけでは再劣化の可能性が高いため．
	制約条件	①施工時間：高速道路の利便性が著しく低下する1か月以上の片線（上り線及び下り線）の通行止めを避ける
	制約に対する採用工法・材料[対抗案]	・プレキャストPC床版（ループ継手）を採用することで工期を短縮 ・地覆一体型のプレキャスト床版として，現地作業（現場打設作業時間）を短縮 ・走行車線規制の検討を行い，上下線ともに全面通行止めとせずに取替え

その他・説明図など

■床版取替時の上下線の車線規制状況[1]

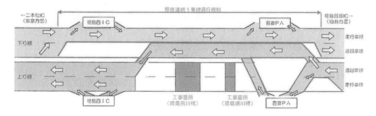

■地覆一体型プレキャスト床版[1),2)]

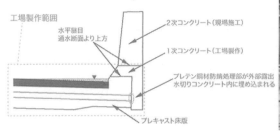

■写真：プレキャストPC床版の架設およびPC床版固定スタッドジベル[2)]

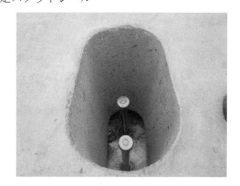

【参考文献】
1) 広瀬泰之，綱川悠，市川晃，村西信哉：NEXCO東日本東北支社における老朽化床版の取替事業，土木施工，pp.98～108, vol.57 No.4, 2016.4
【出典】
2) 道路構造物ジャーナルNET 現場を巡る詳細 「福島須川橋で床版取替」
（https://www.kozobutsu-hozen-journal.net/walks/）

■更新事例調査

データNo.	事例2-13
更新種別	RC床版の取替え
更新概要図	■床版断面図[1] 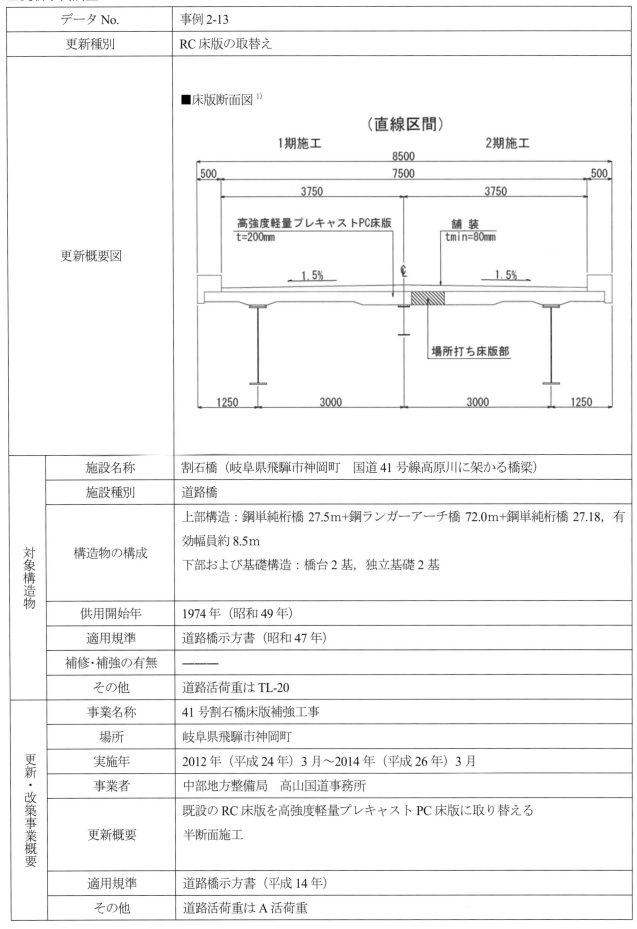

対象構造物	施設名称	割石橋（岐阜県飛騨市神岡町　国道41号線高原川に架かる橋梁）
	施設種別	道路橋
	構造物の構成	上部構造：鋼単純桁橋27.5m＋鋼ランガーアーチ橋72.0m＋鋼単純桁橋27.18，有効幅員約8.5m 下部および基礎構造：橋台2基，独立基礎2基
	供用開始年	1974年（昭和49年）
	適用規準	道路橋示方書（昭和47年）
	補修・補強の有無	―――
	その他	道路活荷重はTL-20
更新・改築事業概要	事業名称	41号割石橋床版補強工事
	場所	岐阜県飛騨市神岡町
	実施年	2012年（平成24年）3月～2014年（平成26年）3月
	事業者	中部地方整備局　高山国道事務所
	更新概要	既設のRC床版を高強度軽量プレキャストPC床版に取り替える 半断面施工
	適用規準	道路橋示方書（平成14年）
	その他	道路活荷重はA活荷重

更新・改築に関する情報	更新の目的・効果	更新の目的：疲労や経年劣化による損傷に対する補修を行い，長寿命化を図る． 期待される効果：安全性と耐久性の向上．
	更新決定の理由	本橋は1974年（昭和49年）に建設され，供用開始から40年以上経過しており，既設のRC床版は，経年劣化に加え，凍結防止剤の影響による塩害劣化が著しいため，床版取替工事を実施することとなった．
	制約条件	⑦鋼主桁の負担の低減と，塩害対策としてのひび割れ発生の抑止 ①山間部で迂回路がなく全面通行止めができないため，終日片側交互交通 ⑤大型車両の交通量が多いため，振動対策が必要
	制約に対する採用工法・材料［対抗案］	1) 鋼主桁の負担の低減と，塩害対策としてのひび割れ発生の抑止→高強度軽量プレキャストPC床版を採用 2) 山間部で迂回路がなく全面通行止めができないため，終日片側交互交通→半断面施工 3) 大型車両の交通量が多いため，振動対策が必要→滑り止め金具やレバーブロックの使用
その他・説明図など	■橋梁一般図[1] 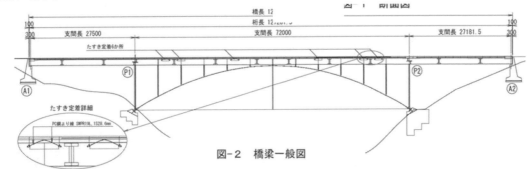 図-2　橋梁一般図 ■半断面施工の状況[2] 　　施工中の状況　　　規制解除後の状況	
データ出典・参考文献	【参考文献】 1) 田中慎也ほか：高強度軽量プレキャストPC床版を用いた床版取替工事，第24回プレストレストコンクリートの発展に関するシンポジウム論文集，pp399-402，2015.10 【出典】 2) 中部地方整備局　高山国道事務所「高山国道ニュースレター2012年12月号」 （http://www.cbr.mlit.go.jp/taka）	

■更新事例調査

データ No.	事例 2-14
更新種別	I 形鋼格子床版から鋼床版への取替え他
更新概要図	■ 一般図 [1]

対象構造物	施設名称	白髭橋（都道 306 号）
	施設種別	鋼道路橋（過去に市電も通行）
	構造物の構成	カンチレバー式ブレースドリブアーチ 床版形式：グレーチング床版
	供用開始年度	1931 年（昭和 6 年）
	適用規準	道路構造令（大正 8 年）
	補修・補強の有無	増杭補強，RC 床版→グレーチング床版への取替え，部材補強他
	その他	
更新・改築事業概要	事業名称	白髭橋長寿命化工事（その 3），白髭橋長寿命化工事（その 4）
	場所	東京都荒川区〜墨田区
	実施年	2013 年（平成 25 年）3 月〜2015 年（平成 27 年）年 5 月
	事業者	東京都
	更新概要	床版取替え工（グレーチング床版→鋼床版），橋台裏込めの EPS 化 他
	適用規準	道路橋示方書（平成 14 年），橋梁構造物設計要領（首都高速道路，平成 15 年）
	その他	

更新・改築に関する情報	更新の目的	耐震性の向上
	更新決定の理由	計画的な対策の一環
	制約条件	①施工期間：近隣に迂回路があり4車線→2車線までの車線規制 ②敷地条件：基礎自体の補強が困難 　　　　　　作業幅が7〜7.5mに限られる ④整合性：　設計基準類の改訂(耐震補強の必要性)
	制約に対する採用工法・材料[対抗案]	［施工工法］ グレーチング床版・土圧軽減と補強により，ケーソン基礎の耐荷性・耐震性と上部構造の耐震性を確保した．

その他・説明図など

■グレーチング床版→鋼床版取替えの概要[1]

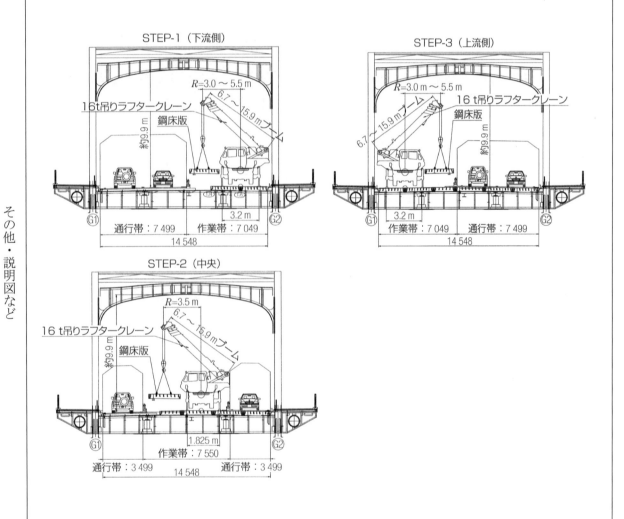

データ出典・参考文献

【参考文献】
1) 高瀬照久,冨内俊介,渡辺浩良,山口卓哉,日比谷篤志:白髭橋の長寿命化設計と鋼床版取替え工事,橋梁と基礎,2016.5

■更新事例調査

データ No.	事例 3-1
更新種別	橋梁の架替え
更新概要図[1]	図-1 位置図

対象構造物	施設名称	大阪府道高速大阪池田線 環 S-218〜S-272 高架橋
	施設種別	道路橋（第2種第1級）
	構造物の構成	上部構造：RC 単純 T 桁 下部構造： 基礎構造：
	供用開始年度	1966 年（昭和 41 年）
	適用規準	道路橋示方書
	補修・補強の有無	───
	その他	道路活荷重は TL-20
	事業名称	
更新・改築事業概要	場所	大阪府大阪市
	実施年	───
	事業者	阪神高速道路公団
	更新概要	床版拡幅：桁増設＋RC 床版 桁更新：RC 桁を PC 桁に交換 落橋防止工：隣接する 3 径間連続立体 RC ラーメンを考慮し設置
	適用規準	道路橋示方書（平成 8 年）
	その他	道路活荷重は B 活荷重
更新・改築に関する情報	更新の目的	既存床版の損傷
	更新決定の理由	更新計画による
	制約条件	① 工期：通行止め日数 ② 工費：今後の管理費を考慮 ⑦ 環境：騒音振動

更新・改築に関する情報	制約に対する採用工法・材料 [対抗案]	PC桁（床版，高欄一体）の採用

■工法検討[1]

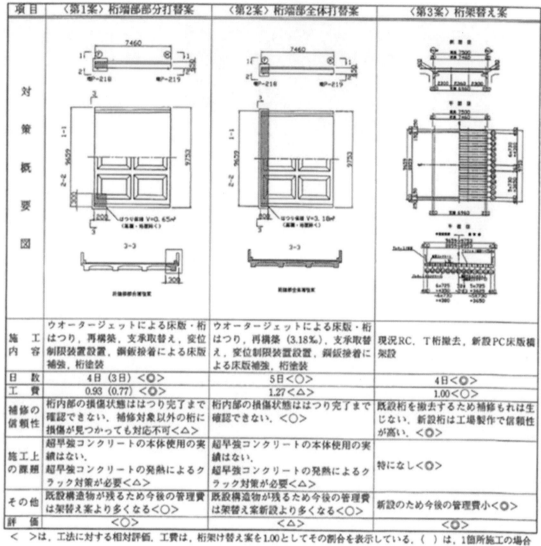

表-5 施工法検討結果

項目	〈第1案〉桁端部部分打替案	〈第2案〉桁端部全体打替案	〈第3案〉桁架替え案
対策概要図	（図）	（図）	（図）
施工内容	ウォータージェットによる床版・桁はつり，再構築，支承取替え，変位制限装置設置，鋼板接着による床版補強，桁塗装	ウォータージェットによる床版・桁はつり，再構築（3.18‰），支承取替え，変位制限装置設置，鋼板接着による床版補強，桁塗装	現況RC．T桁撤去，新設PC床版橋架設
日数	4日（3日）〈◎〉	5日〈○〉	4日〈◎〉
工費	0.93（0.77）〈◎〉	1.27〈△〉	1.00〈○〉
補修の信頼性	桁内部の損傷状態ははつり完了まで確認できない．補修対象以外の桁に損傷が見つかっても対応不可〈△〉	桁内部の損傷状態ははつり完了まで確認できない．〈○〉	既設桁を撤去するため補修もれは生じない．新設桁は工場製作で信頼性が高い．〈◎〉
施工上の課題	超早強コンクリートの本体使用の実績はない．超早強コンクリートの発熱によるクラック対策が必要〈△〉	超早強コンクリートの本体使用の実績はない．超早強コンクリートの発熱によるクラック対策が必要〈△〉	特になし〈◎〉
その他	既設構造物が残るため今後の管理費は架替え案より多くなる〈○〉	既設構造物が残るため今後の管理費は架替え案新設より多くなる〈○〉	新設のため今後の管理費小〈◎〉
評価	〈○〉	〈△〉	〈◎〉

〈 〉は，工法に対する相対評価．工費は，桁架け替え案を1.00としてその割合を表示している．（ ）は，1箇所施工の場合

【参考文献】

1) 高田佳彦，伊藤俊一，山本剛士：環状線RC単純桁の損傷と桁架け替え工事報告，阪神高速道路公団技報第21号，2003

■更新事例調査

データ No.	事例 3-2
更新種別	主桁の取替え
更新概要図[1]	架替え前 支点部首部の疲労き裂のイメージ ・材質　→　溶接性に難 ・形状　→　当て板工法に不向き ・小規模のため取替えコストが比較的安 ⇩ 取替えが合理的になることが多い 槽状桁（トラフガーダー）　⇒　コンクリート直結式上路プレートガーダー

対象構造物	施設名称	山陽線長野川開渠
	施設種別	鉄道橋梁
	構造物の構成	上部構造：槽状桁×1連（トラフガーダー） 下部構造：橋台×2基
	その他	列車荷重：KS-18
更新・改築事業概要	事業名称	山陽線長野川B橋桁取替
	場所	岡山県岡山市北区庭瀬
	実施年	2015年（平成27年）11月～2016年（平成28年）2月
	事業者	西日本旅客鉄道株式会社
	更新概要	上部構造更新：コンクリート直結式上路プレートガーダー×1連
	適用規準	鉄道構造物等設計標準・同解説 鋼・合成構造物（平成21年）
	その他	列車荷重：EA-17

更新・改築に関する情報	更新の目的・効果	桁の損傷・機能低下の解消 疲労き裂の防止と軌道保守困難の解消
	更新決定の理由	更新計画による
	制約条件	②敷地条件：側道無し，クレーン設置不能 ④整合性：現行疲労設計への対応，軌道保守困難箇所の解消
	制約に対する 採用工法・材料 ［対抗案］	・桁交換機の使用 ・コンクリート直結式上路プレートガーダーの採用

その他・説明図など

■架替えの概要[1]
・桁交換機の使用により，軌道上から新桁を搬送し，旧桁を吊上げて撤去した後，新桁を架設する．

桁交換機

データ出典・参考文献

【参考文献】
1) （公社）土木学会：社会インフラの改築・更新のあり方を考える，土木学会　平成26年度全国大会研究討論会　研-20資料, 2014.9

■更新事例調査

データ No.	事例 4-1
更新種別	橋梁の拡幅
更新概要図[1]	図－2 湾岸線拡幅部平面図 図－3 改築工事概要(湾 P132 断面)

対象構造物	施設名称	4 号湾岸線三宝ジャンクション（阪神高速大和川線）
	施設種別	道路（第 2 種第 1 級）
	構造物の構成	上部構造：単純合成版桁×5 連 下部構造：ピルツ橋脚，場所打ちコンクリート杭 基礎構造：鋼コンクリート複合杭×98 本
	供用開始年度	1982～1987 年（既設 4 号湾岸線）
	適用規準	道路橋示方書（昭和 55 年）
	補修・補強の有無	――
	その他	道路活荷重は TL-20
更新・改築事業概要	事業名称	大阪府道高速大和川線事業
	場所	大阪府堺市堺区築港八幡町
	実施年	2010 年（平成 22 年）4 月～2014 年（平成 26 年）7 月
	事業者	阪神高速道路株式会社
	更新概要	床版拡幅：桁増設＋RC 床版 橋脚更新：鋼製橋脚構築 16 基 基礎拡幅：フーチング拡幅工 6 基，増杭（鋼コンクリート複合 φ1200）×98 本
	適用規準	道路橋示方書（平成 14 年）
	その他	道路活荷重は B 活荷重

更新・改築に関する情報	更新の目的・効果	新設大和川線と4号湾岸線の接続
	更新決定の理由	特になし（更新計画による）
	制約条件	① 用地制約に基づく構造性能（曲げ剛性，耐力） ② 杭施工上の制約（空頭制限，地中障害物，重要構造物近接）
	制約に対する採用工法・材料 ［対抗案］	鋼コンクリート複合杭の採用（ジャイロプレス工法） 表-4 鋼コンクリート複合杭と場所打ち杭の性能比較 （鋼コンクリート複合杭/場所打ち杭） | 曲げ剛性 | 杭の軸方向ばね定数 | 極限支持力 | 曲げ耐力 | せん断耐力 | |---|---|---|---|---| | 1.9倍 | 1.4倍 | 0.6倍 | 2.4倍 | 8.5倍 |

その他・説明図など

■増杭の検討[1]

表－1 既設場所打ち杭の照査結果

ケース	照査項目	湾P134	湾P133	湾P132	湾P131	湾P130	湾P129
L1 地震時	変位量	○	○	○	○	○	○
	杭反力	○	○	○	○	OUT	OUT
	杭体応力度	OUT	OUT	OUT	OUT	OUT	OUT
L2 地震時	曲げ耐力	OUT	OUT	OUT	○	OUT	OUT
	せん断耐力	OUT	OUT	OUT	OUT	OUT	OUT

表－2 杭工法の比較

		鋼コンクリート複合杭	SC杭	場所打ち杭（オールケーシング工法）	鋼管杭
曲げ剛性		大	大	中	小
施工条件	空頭制限	○	△	△	○
	地中障害物	○	△	○	△
	重要構造物近接	○	○	×	○

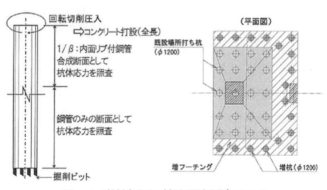

図－4 増杭概要と杭配置例（湾P132）

【参考文献】

1) 茂呂拓実，篠原聖二，杉山裕樹，北村将太郎：技術レポート　鋼コンクリート複合杭を用いた既設杭基礎の耐震補強工法の設計と施工，高速道路と自動車，2015.3
2) 木暮雄一，茂呂拓実，齋藤公生：三宝ジャンクション・コンクリート橋の景観設計，第21回プレストレストコンクリートの発展に関するシンポジウム論文集，pp.21-24，2012.10

■更新事例調査

データNo.	事例4-2
更新種別	橋梁の拡幅
更新概要図	■サンドイッチ工法および合成構造フーチングによる改良の概要[4]

対象構造物	施設名称	都道首都高速5号線 第553工区高架橋
	施設種別	道路橋（第2種第2級）
	構造物の構成	上部構造：単純合成鈑桁×12連＋3径間連続鋼床版箱桁×1連, RC床版＋鋼床版, RC高欄 下部構造：ラケット形式橋脚×16基（鋼製7基, SRC9基） 基礎構造：杭基礎×16基（RCフーチング＋場所打ち杭）
	供用開始年度	1977年（昭和52年）
	適用規準	道路橋示方書（昭和47年）, 鋼構造物設計規準（首都高, 昭和44年）
	補修・補強の有無	SRC橋脚：鋼板補強, 鋼製橋脚：縦リブ補強
	その他	道路活荷重はTL-20
更新・改築事業概要	工事名称	（改）板橋熊野町JCT間改良工事
	場所	東京都板橋区大山東町～熊野町
	実施年	2012年（平成24年）9月～2018年（平成30年）3月（予定）
	事業者	首都高速道路株式会社
	更新概要	床版拡幅：桁増設＋RC床版, ブラケット増設＋RC床版, ブラケット増設＋鋼床版 橋脚更新：橋脚ラケット部撤去14基, 鋼製橋脚構築14基（ダブルラケット構造14基） 基礎拡幅：合成構造フーチング拡幅工11基＋RCフーチング工3基＋RCフーチング拡幅工2基, 増杭（場所打ち杭）×120本
	適用規準	道路橋示方書（平成24年）, 橋梁構造物設計要領（首都高, 平成20年）
	その他	道路活荷重はB活荷重

更新・改築に関する情報	更新の目的・効果	渋滞の緩和
	更新決定の理由	──
	制約条件	①高速道路の供用を停止せずに更新（週末・夜間の短時間のみ通行止め可） ②高架下街路（一般道）の常時車線確保　→　施工ヤードは高架下のみ ②基礎フーチングを低土被り内で拡幅
	制約に対する採用工法・材料 [対抗案]	・サンドイッチ工法による上部構造の受替えとダブルラケット橋脚の更新(①) 　[街路通行止め＋仮ベント工法による受替え，仮設横梁取付けによる受替え] ・鋼製格子部材を有する合成構造フーチングの採用による基礎拡幅(②③) 　[鋼製格子部材＋スタッド＆アンカーボルト，複数の小型アンカーフレーム]

その他・説明図など

■ 拡幅の効果[5]

■ サンドイッチ工法のイメージ[5]

■ 合成構造フーチング[5]

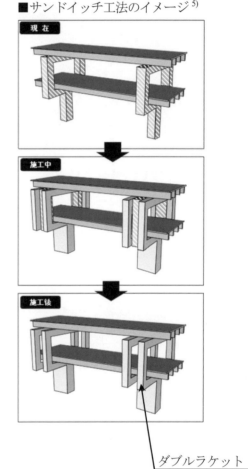

【参考文献】
1) 村上裕真，中野博文，伊原茂，仲田宇史：板橋・熊野町ジャンクション間改良における合成構造フーチングの構造概要，第68回土木学会年次講演会，PP517-518，2013.9
2) 伊原茂，中野博文，内海和仁，武田篤史，天野寿宣，斉藤成彦：鋼製格子部材を埋設した合成構造フーチングの耐荷性能に関する実験的研究，構造工学論文集，Vol.60A，PP848-860，2014.3
3) 松崎久倫，須藤肇，兼丸隆裕，瀬尾高広：サンドイッチ工法を用いた車線拡幅－首都高速道路の板橋・熊野町JCT間改良－，土木施工，VOL.57　No.1，PP88-91，2016.1
4) 山内貴弘，齋藤隆，兼丸隆裕，瀬尾高宏：首都高速板橋・熊野町ジャンクション間改良工事における合成構造フーチング，基礎工，VOL.44　No.10，PP77-80，2016.10
5) 須藤肇，兼丸隆裕，瀬尾高宏，齋藤隆：供用中の二層式高速道路高架橋における上下層拡幅工事，建設機械施工，VOL.68　No.9，PP32-36，2016.9

■更新事例調査

データ No.	事例 4-3
更新種別	上部構造の拡幅
更新概要図	現況／拡幅後 ■ 拡幅の概要[1]

対象構造物	施設名称	首都高速中央環状品川線大井ジャンクション
	施設種別	鋼道路橋
	構造物の構成	上部構造：鋼単純箱桁橋 床版形式：鋼床版
	供用開始年	1989 年（平成元年）
	適用規準	道路橋示方書（1980 年（昭和 55 年）），鋼構造設計基準（首都高速道路，1981 年（昭和 56 年））
	補修・補強の有無	───
	その他	活荷重：TT-43
更新・改築事業概要	工事名称	（高負）大井 JCT 連結路上部工事
	場所	東京都品川区八潮
	実施年	2012 年（平成 24 年）9 月～2014 年（平成 26 年）7 月
	事業者	東京都（受託：首都高速道路（株））
	更新概要	既設橋の外主桁撤去，拡幅桁を新設，既設部の補強，支承取替え等
	適用規準	道路橋示方書（平成 24 年（2012 年）），橋梁構造物設計施工要領（平成 20 年（2008 年），首都高速道路）
	その他	活荷重：B 活荷重

更新・改築に関する情報	更新の目的	接続計画に伴う既供用部の拡幅
	更新決定の理由	———
	制約条件	① 施工時間：全面通行止めが困難 ② 敷地条件：接続時の横断勾配調整による死荷重増の影響がある．
	制約に対する採用工法・材料 ［対抗案］	［採用工法］　桁の一部を残し供用したまま外主桁を架替え，拡幅桁を新設する． 　　　　　　既設拡幅案のような橋脚は不要となる． ［対抗案］ 既設拡幅案：既設部の横断勾配調整量増に伴い，橋脚1基が必要となり工費大となる．また，剛性の差異による疲労損傷の発生が懸念される． 既設部全撤去架替え案：全面通行止めとなり交通への影響大．
その他・説明図など	■ステップ解析[1]　　　　　　　　　　■施工ステップ[1] 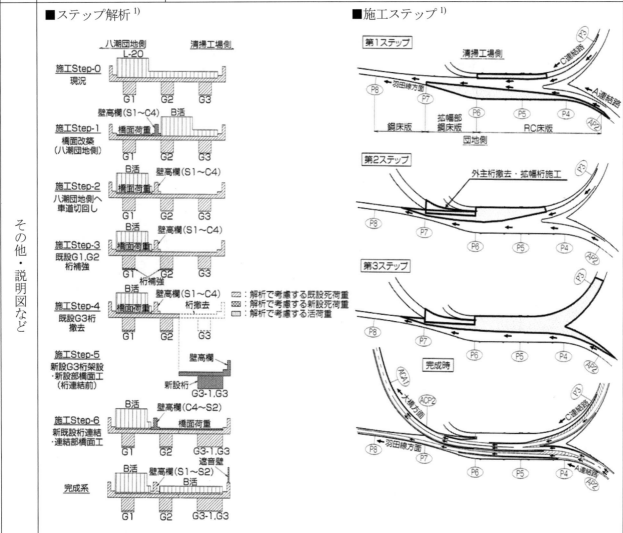	
データ出典・参考文献	【参考文献】 1) 大井ジャンクション既設橋梁拡幅部の設計・施工,橋梁と基礎,2015.4	

■更新事例調査

データ No.	事例 4-4
更新種別	橋梁の拡幅
更新概要図	■ 拡幅の概要 [1] 上部構造 図-5　上部工断面図(P4-P7支間) 下部構造・基礎 図-4　下部工正面図(P6橋脚)

対象構造物	施設名称	関越自動車道　荒川橋
	施設種別	道路橋
	構造物の構成	PC 連続箱桁橋＋RC 連続中空床版橋／RC 製橋脚／直接基礎
	供用開始年度	1980 年（昭和 55 年）
	適用規準	―――
	補修・補強の有無	有
	その他	
更新・改築事業概要	事業名称	関越荒川橋工事
	場所	埼玉県深谷市
	実施年	2013 年（平成 25 年）8 月～2016 年（平成 28 年）7 月（延長の予定）
	事業者	東日本高速道路株式会社
	更新概要	耐震ダンパーの設置,上・下部構造・基礎の拡幅
	適用規準	―――
	その他	

	更新の目的・効果	渋滞緩和対策計画に従った既供橋梁拡幅
更新・改築に関する情報	更新決定の理由	分合流ランプ延伸計画による
	制約条件	④拡幅幅および経済性から分離構造ではなく上下部とも一体構造による拡幅 ①河川内橋脚であるために非出水期施工に限定された工事期間
	制約に対する採用工法・材料 ［対抗案］	［一体構造化］ ・PC配置と一体化期間の調整による既設部拘束力で発生する新設部引張力の低減 ・既設橋床版高さの既設変動量の確認と一体化時期に応じた上越し管理 ［非出水期施工］ ・ブラケット足場および橋面規制してのアプローチによる出水期施工 ・防音設備の設置を条件とした斫り作業も含めた昼夜施工

その他・説明図など

■上り線側面図[1]

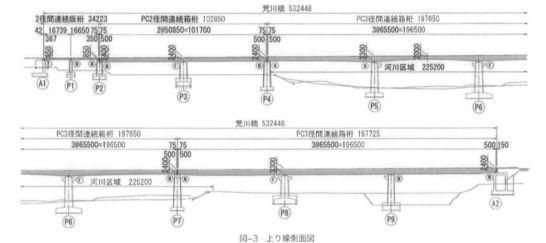

図-3 上り線側面図

■橋脚の拡幅イメージ[1]

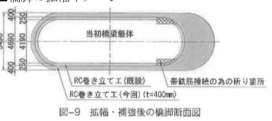

図-9 拡幅・補強後の橋脚断面図

■橋脚かぶり部斫り状況[1]

写真-7 橋脚はつり作業完了

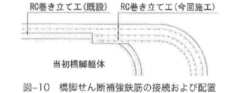

図-10 橋脚せん断補強鉄筋の接続および配置

【参考文献】
1) 浅井貴幸ほか：関越自動車道荒川橋－花園IC上下線に渋滞緩和を目的とした付加車線の設置－，土木施工，VOL.57 No.7，2016.7

■更新事例調査

データ No.	事例 4-5
更新種別	上部構造の拡幅
更新概要図	■拡幅概要図（外ケーブル配置状況）[1] （図：拡幅桁、緊張側定着装置、固定側定着装置、増し打ちコンクリート、19S15.2、寸法 16970、3450、11950、1000） ■固定側定着部の補強概要 [2] （図：ピアライン境界面、柱中央境界面、補強鋼板、ブラケット、[側面図]、[平面図]）

対象構造物	施設名称	阪神高速道路　大阪港線（上り線）
	施設種別	鋼道路橋
	構造物の構成	上部構造：鋼合成鈑桁 下部構造：RC橋脚，基礎構造：杭基礎
	供用開始年	1974年（昭和49年）
	適用規準	―――
	補修・補強の有無	―――
	その他	

更新・改築事業概要	事業名称	西船場ジャンクション改築（信濃橋渡り線）事業
	場所	大阪市西区西本町
	実施年	2011年（平成23年）11月～2019年度（平成31年度）
	事業者	阪神高速道路株式会社
	更新概要	上部構造：渡り線追加に伴う既設橋拡幅（橋梁形式は鋼合成鈑桁） 橋脚：ASRにより劣化した梁の拡幅側取替えおよび補強（4基），鋼管集成橋脚（犠牲橋脚）の増設による橋梁全体の耐震性向上
	適用規準	―――
	その他	

更新・改築に関する情報	更新の目的・効果	渋滞緩和，交通ネットワーク最適化
	更新決定の理由	交通量に応じた移動時間の短縮，CO_2削減量の環境負荷低減効果が見込めるため
	制約条件	②敷地条件：上部構造拡幅部に追加橋脚を設置できるスペースがない． ⑦環境条件：既設橋脚のASRによる劣化が進行している．
	制約に対する採用工法・材料[対抗案]	・橋脚の拡幅側の梁は，張出長を伸ばして撤去・再構築＋PC外ケーブルにより補強，反対側の梁はASRの状況に応じてPC力に対するせん断補強板を取付け． ・新設橋脚追加と既設基礎補強が出来ないため，鋼管集成橋脚（犠牲橋脚）を追加設置し，L1・L2地震時水平力を分担させて損傷を集中させることで制御．

その他・説明図など

■鋼管集成橋脚（犠牲橋脚）の概要 [3),4)]

ストッパー：相対変位が遊間に達すると，橋脚に水平力を伝達する。

せん断パネル：L2地震時に塑性化し，エネルギー吸収を図る。

■完成イメージ図 [4)]

完成イメージ図（大阪港線側）

データ出典・参考文献

【参考文献】
1) 小林寛，堀岡良則，杉山裕樹：西船場JCT改築事業における既設ASR橋脚の拡幅設計，土木学会第70回年次学術講演会，2015.9
2) 中村良平，堀岡良則，小林寛：西船場JCT改築事業にみる既設ASR橋脚のFEM補強解析検討，土木学会第70回年次学術講演会，2015.9
3) 小林寛，杉山裕樹，谷口惺：西船場JCT改築事業における犠牲橋脚を用いた耐震設計，土木学会第70回年次学術講演会，2015.9

【出典】
4) 阪神高速道路株式会社　西船場JCT改築事業パンフレット
（http://www.hanshin-exp.co.jp/company/torikumi/building/nishisemba/files/161006.pdf）

■更新事例調査

データ No.	事例 5-1
更新種別	基礎の改築
更新概要図	■河積阻害率を変えずに無筋コンクリート橋脚を補強[1] 図 1-(a) 現況　　図 1-(c) 完成時

対象構造物	施設名称	京王線多摩川橋りょう
	施設種別	鉄道渡河橋りょう
	構造物の構成	上部構造：鋼I桁 21径間 下部構造：RC製壁式橋脚 基礎構造： 井筒基礎 φ2000×3本（20基）
	供用開始年度	1925年（大正14年）
	適用規準	──
	補修・補強の有無	1971年（昭和46年）に洗掘防止工，根巻き工の補強あり
	その他	道路活荷重は TL-20
更新・改築事業概要	事業名称	京王線多摩川橋りょう耐震補強工事
	場所	聖蹟桜ヶ丘駅～中川原駅間
	実施年	2011～2012年（平成23～24年）
	事業者	京王電鉄株式会社
	更新概要	橋脚更新：RC巻立てによる補強（16基） 基礎更新：シートパイル基礎工法による補強（16基）
	適用規準	──
	その他	

更新・改築に関する情報	更新の目的・効果	現行基準に合致した安定性・構造性能・耐震性能の確保
	更新決定の理由	更新計画による
	制約条件	①日中の運行を停止せず，夜間のみの施工 ②現状の河積阻害率を維持
	制約に対する 採用工法・材料 ［対抗案］	・RC巻立てによる橋脚の曲げ耐力補強 ・シートパイル基礎による耐震性向上（洗掘防止工のシートパイルを再利用）

その他・説明図など

■解析モデル図[1]

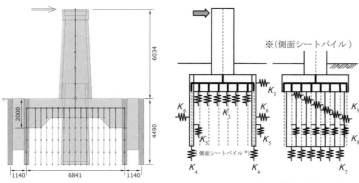

図2　シートパイル基礎の解析モデル図

K_1：フーチング底面鉛直地盤抵抗　（考慮しない）
K_2：フーチング底面せん断地盤抵抗（考慮しない）
K_3：フーチング前面水平地盤抵抗
K_4：前背面シートパイル先端鉛直地盤抵抗
K_5：前背面シートパイル鉛直せん断地盤抵抗
K_6：前背面シートパイル水平地盤抵抗
K_7：側面シートパイル先端鉛直地盤抵抗
K_8：側面シートパイル鉛直せん断地盤抵抗
K_9：側面シートパイル水平せん断地盤抵抗

■施工時の状況[1]

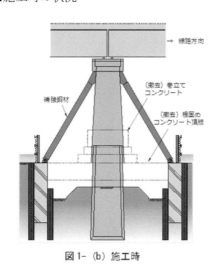

図1-（b）施工時

■補強後[2]

【参考文献】
1) 河辺恵介，西平宣嗣，喜多直之，光森章，武居智：シートパイル基礎を利用した既設橋梁の耐震補強，土木学会第68回年次学術講演会，2013.9

【出典】
2) (株)大林組　実績の紹介　京王線多摩川橋梁耐震補強（http://www.obayashi.co.jp/works/work_1937）

■更新事例調査

データ No.	事例 6-1
更新種別	RC 屋根の取替え
更新概要図	■屋根の架替え [1]

対象構造物	施設名称	丹南浄水場第2排水池
	施設種別	上水道用水タンク
	構造物の構成	有効貯水量：15000m^3 直径（内径）：35m 有効水深：15.7m 側壁・底版：PC 造（側壁 t=300，底版 t=850） 屋根：RC 造ドーム屋根
	供用開始年度	1981 年（昭和 56 年）
	適用規準	———
	補修・補強の有無	———
	その他	
更新・改築事業概要	事業名称	丹南浄水場第2排水池改修工事
	場所	大阪市松原市丹南浄水場内
	実施年	2012 年（平成 24 年）11 月～2014 年（平成 26 年）5 月
	事業者	大阪府松原市
	更新概要	PC タンクの RC ドーム屋根の撤去およびアルミドームの架設
	適用規準	———
	その他	

更新・改築に関する情報	更新の目的・効果	維持管理作業の低減，軽量化による耐震性向上
	更新決定の理由	更新計画による
	制約条件	①足場を設置するとした場合のコストアップと工期 ②撤去部材上（支持なし）での撤去作業
	制約に対する採用工法・材料［対抗案］	・超軽量のアルミドームとすることで端部の足場のみで架設（7か月短縮） ・最大4tの小割りブロック単位での撤去

その他・説明図など

■ 足場の省略一般[1]

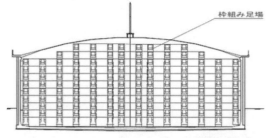 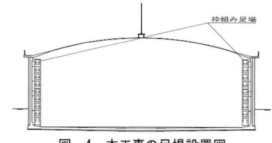

図-3　PCタンク内全体の足場設置図　　　図-4　本工事の足場設置図

■撤去時のブロック割とクレーン配置[1]　　■アルミドームの組み立て[1]

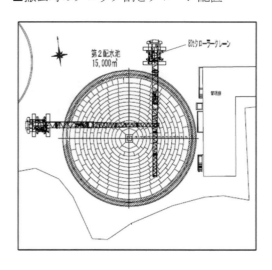 

【参考文献】

1) 繁田一成，池田正之，桶屋直樹，瀬川睦夫：既設PCタンクのRCドームからアルミドームへの架け替え報告，第24回プレストレストコンクリートの発展に関するシンポジウム論文集，2015.10

■更新事例調査

データ No.	事例 6-2
更新種別	扉体装置の取替え
更新概要図[1]	■ 更新前の鋼製扉体 　　当時の資料なし ■ 更新後のFRP製扉体

対象構造物	施設名称	町屋川沿岸土地改良区　朝日町縄生本第二水門
	施設種別	水路用排水ゲート
	構造物の構成	ゲート形式：鋼製スライドゲート×1連
	供用開始年度	1978年（昭和53年）
	適用規準	―――
	補修・補強の有無	―――
	その他	
更新・改築事業概要	事業名称	平成27年度　土地改良施設維持管理適正化事業2号幹線水路水門整備補修工事
	場所	三重県朝日町地内
	実施年	2015年（平成27年）12月～2016年（平成28年）2月
	事業者	町屋川沿岸土地改良区
	更新概要	ゲート形式：FRP製スライドゲート×1連（扉体装置のみ） 扉体構造：グリッドモールド構造
	適用規準	FRP水門設計・施工指針（案）
	その他	

更新・改築に関する情報	更新の目的・効果	設備の長寿命化，軽量化による開閉操作性の向上
	更新決定の理由	耐久性および軽量性に優れている
	制約条件	④既設躯体および鉄骨門柱，開閉機を流用し軽量な扉体にする ②既設扉体の撤去および新規扉体取付け作業は小型積載型トラッククレーンでの作業となる ⑦設備の維持管理軽減とそれに耐え得る材質（既設部の現場塗装含む）
	制約に対する採用工法・材料 ［対抗案］	扉体の軽量化 耐食性に優れた材料

その他・説明図など

■ 施工前状況[1]

■ 施工後状況[1]

【参考文献】
1) 施工実績資料，FRP水門技術協会

■更新事例調査

データ No.	事例 6-3
更新種別	扉体装置の取替え
更新概要図	■ 更新前の鋼製扉体 ■ 更新後の FRP 製扉体

対象構造物	施設名称	称名川第二発電所
	施設種別	水槽排砂ゲート
	構造物の構成	ゲート形式：鋼製スライドゲート×1 連
	供用開始年度	1960 年度（昭和 35 年度）
	適用規準	―――
	補修・補強の有無	無
	その他	
更新・改築事業概要	事業名称	称名川第二発電所　水槽排砂ゲート取替工事（関連除却含む）
	場所	富山県中新川郡立山町芦峅寺地内
	実施年	2014 年（平成 26 年）7 月～2014 年（平成 26 年）10 月
	事業者	北陸電力株式会社
	更新概要	ゲート形式：FRP 製スライドゲート×1 連（扉体装置のみ） 扉体構造：プレートガーダー構造
	適用規準	FRP 水門設計・施工指針（案）
	その他	

更新・改築に関する情報	更新の目的・効果	耐食性の向上による設備の長寿命化・延命化
	更新決定の理由	耐食性および軽量性に優れている
	制約条件	②搬入路がなく，ヘリコプターによる運搬 ⑦腐食環境に耐え得る材質
	制約に対する 採用工法・材料 ［対抗案］	耐食性に優れた材料

その他・説明図など

■人力施工状況

■ 施工前後

施工前　　　　　　　　　　　　　　　　　完成

データ出典・参考文献

【参考文献】
1) 工事資料，北陸電力株式会社
2) 製品実績資料，萩浦工業株式会社，株式会社ヒビ

■更新事例調査

データ No.	事例 6-4
更新種別	水門扉および関連設備の取替え
更新概要図	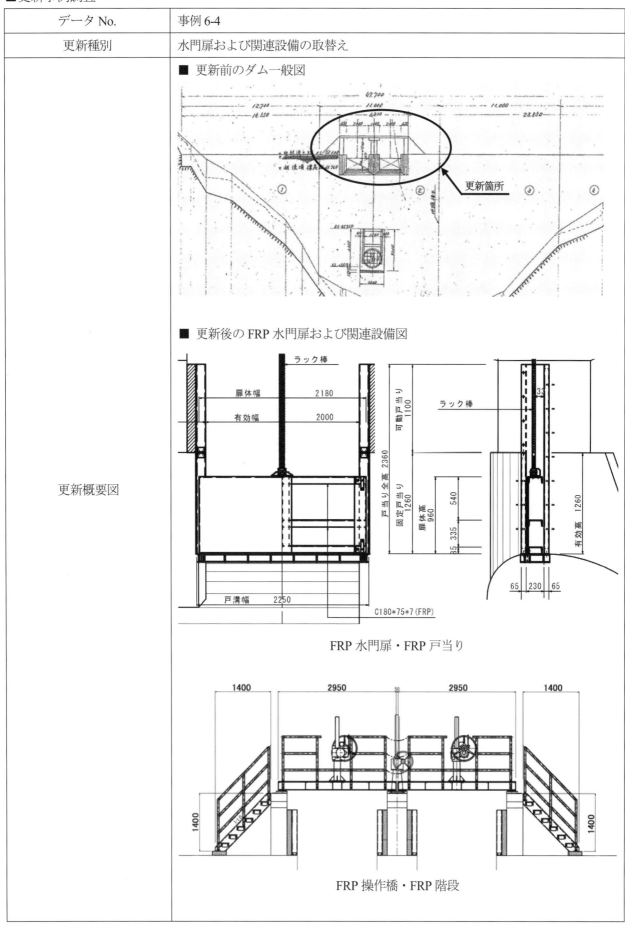 ■ 更新前のダム一般図 ■ 更新後の FRP 水門扉および関連設備図 FRP 水門扉・FRP 戸当り FRP 操作橋・FRP 階段

対象構造物	施設名称	小曲ダム
	施設種別	上水道用水
	構造物の構成	ゲート形式：鋼製スライドゲート×2連（スピンドル式） 関連設備：鋼製操作橋×2連，鋼製階段×2基
	供用開始年度	1970年代
	適用規準	————
	補修・補強の有無	扉体装置の取替え（2回）
	その他	
更新・改築事業概要	事業名称	小曲ダムゲートバルブ改良工事
	場所	東京都小笠原村父島字小曲
	実施年	2006年（平成18年）9月〜2007年（平成19年）3月
	事業者	東京都小笠原村役場
	更新概要	ゲート形式：FRP製スライドゲート×2連（ラック式） 扉体構造：プレートガーダー構造 関連設備：FRP製操作橋×2連，FRP製階段×2基
	適用規準	ダム・堰施設技術基準（案）
	その他	
更新・改築に関する情報	更新の目的・効果	設備の長寿命化，軽量化による人力簡易施工
	更新決定の理由	耐久性に優れている，施工性の向上
	制約条件	②仮設搬入路を設けない施工（人力作業による搬入および施工）
	制約に対する採用工法・材料［対抗案］	GFRP（ガラス強化繊維プラスチック）

簡易施工器具による人力施工状況　　　　　　　　　　完成

【参考文献】
1) 日比英輝，岩本弘幸，藤本良則，古蔵均：第3回 FRP複合構造・橋梁に関するシンポジウム論文報告集，土木学会複合構造委員会，pp. 169-174，2009.7
2) FRP水門設計・施工指針（案），土木学会複合構造委員会，FRP水門技術ガイドライン作成小委員会，pp.86-87，2014.2

■更新事例調査

	データ No.	事例 6-5
	更新種別	固定堰の可動堰への改築
	更新概要図	
対象構造物	施設名称	菊池川横田堰・仮屋堰
	施設種別	固定堰
	構造物の構成	―――
	供用開始年度	―――
	適用規準	―――
	補修・補強の有無	―――
更新・改築事業概要	事業名称	菊池川河川改修事業
	場所	迫間川（菊池市内（当時）を流れる延長 9.3km の菊池川の支川）
	実施年	2005 年（平成 17 年）度〜2006 年（平成 18 年）度
	事業者	国土交通省九州地方整備局
	更新概要	ゴム袋体と鋼製扉体を組み合わせた合成起伏ゲートへの改築 門数：2 門（扉体およびゴム袋体を堰軸方向に 2 分割し，左右の開度を同調させるシステムを採用（湾曲した河道に起因する偏流による扉体天端に偏りが発生する可能性への対応のため）） 純径間：19.500m，扉高：2.270m，水密方式：前面三方ゴム水密 設計水位：TP+51.060，起立角度：約 60 度，開閉方式：圧縮空気圧入・排出方式
	適用規準	鋼製起伏ゲート設計要領（1999 年），ゴム引布製起伏堰技術基準（2000 年）
	その他	
更新・改築に関する情報	更新の目的・効果	農業用水の取水 洪水時の流下能力の確保 合成起伏ゲートの採用による効果［①ゴム堰のように V ノッチ現象が生じず，中間開度でも安定した流量が得られる．②空気で作動するので環境に優しい．③扉体とゴム袋体を別々に据え付けることで，維持管理しやすい．］
	更新決定の理由	改築前の固定堰（仮屋堰・横田堰）の堰天端高が計画河床高以上で，洪水疎通の障害となるため
	制約条件	⑦従来，用水取水に利用される可動堰は，ゴム堰か鋼製起伏堰のどちらかであったが，当該区間は転石等の多い河川で，今回の配置位置よりも下流のゴム堰で袋体が破損した事例もあるので，ゴム堰の採用は不適切と判断された
	制約に対する採用工法・材料［対抗案］	・上流側に配置した鋼製扉体により水を堰き止め，下流側に配置したゴム引布製袋体で扉体を支持およびその膨張，収縮により，扉体を起伏させ流水制御を行う ・通常の鋼製扉体では，スキンプレートの下流側に桁部が配置されているが，合成起伏ゲートの場合には，扉体全面を裏側からゴム袋体で支持する構造のため，通常位置に桁部が配置できない．そこでスキンプレートを縦リブで補強する構造とし，扉体の剛性を確保している

その他・説明図など	
データ出典・参考文献	【参考文献】 1) 光安保：菊池川横田・仮屋堰の改修（起伏ゲート）について，九州技報，No.41, pp.27-32, 2007.7 2) 国土交通省九州地方整備局：菊池川河川改修事業，2008.10

4.2.2 更新・改築事例の考察

(1) 橋梁の架替え

橋梁の架替え事例として，道路橋2例，歩道橋1例，鉄道橋6例が収集されている．鉄道構造物は更新時の技術課題が多く，注目されやすいようである．更新の理由として最も多いのは施設の混雑や交通渋滞の緩和と耐震対策であり，そのほか構造物の老朽化や自然災害による損傷で機能の確保が困難となった事例がある．このうち有名なのは事例1-4の余部橋りょうの架替え工事であり，強風と塩害環境下で，旧橋の耐久性および列車運行の定時性の確保が困難と判断されたからである．旧余部橋梁は土木学会に土木遺産として選奨され，架替え時にその一部を残し，後世に伝えるレガシーとして保存されている．

架替え工事が受ける制約条件は多種多様であり，回避・解決策もさまざまなものがあった．比較的に制約が少ないのは郊外に位置するもので，迂回路確保または隣接地に新橋を造って旧橋を撤去するパターンである．都市部の幹線道路で通行止めが困難な場合は，通行機能を確保しながらの半断面施工が余儀なくされる．原位置での架設が困難な場合には，隣接地で桁を組上げて，数時間で桁の横移動または回転架設を行う方法や，橋軸方向に押し出しする方法も取られている．軽量化や支間を飛ばす必要がある場合に，SRC構造を採用するなど構造形式の選定も有効な手段の一つとして採用されている．飛沫帯で塩害の激しい場所ではLCCの向上を図るために補強鋼材の代わりにCFRP補強筋を使用した事例もあった．

上記のように，橋梁の架替えの主な特徴は二つのパターン＜①代替機能を利用した架替え，②供用場所のみでの架替え＞に分類できる．郊外での架替え工事は①の部類に入り，「現地解体・新設」または「隣接新設・解体」でできることが多い．一方，大都市圏での鉄道や道路更新工事はほとんど②に限られていて，既設路線の列車運行や道路交通確保のため，「受替え」工法が頻繁に登場するのである．「受替え」の場合は，構造上の工夫のみならず，施工法の工夫も重要であることから，施工者の技術力が試される．

都市部での架替え工事を行う場合，通常の建設技術のほか，様々な制約条件に対応するための特殊技術が求められている．例えば，低振動低騒音急速解体技術（施工・機械），施工ステップシミュレーション技術（構造），施設瞬時切換え・受替え技術（施工・機械），大型構造物移動制御技術（施工・機械），分割施工の接合技術（材料・構造）等が挙げられる．

(2) 床版の取替え

床版取替えの事例では，老朽化した床版を取り替える事例が多い．輪荷重の重量増加や重交通化に伴う補強とひび割れ等の劣化に対してひび割れ注入補修，上面増厚補強等を実施しているが，再劣化し，取替えに至る事例がある．また，飛来塩分や凍結防止剤散布による塩分の浸透，内在塩分に対する鉄筋の腐食劣化により取替えに至る事例もみられる．

床版取替えに関する文献は鋼橋が多い．取替え後の構造は，プレキャストRC床版，プレキャストPC床版，プレキャスト鋼コンクリート合成床版が適用されている．交通規制は，片側車線の交互通行もしくは対面通行など車線減少させる規制を実施することが多く，規制期間を短縮するため，プレキャスト床版が適用されている．規制期間短縮，塩害対策で埋設型枠としてFRP合成床版が適用された事例もある．床版取替えにおける技術的に重要な箇所は，プレキャスト床版間の現場打ちの間詰め部，主桁との接合部が挙げられる．鉄筋の定着，耐久性向上，塩害劣化防止，工期短縮の要素がある．エポキシ塗装エンドバンド継手，高炉スラグ微粉末の採用，超速硬コンクリートの適用，場所打ちコンクリートの量の低減等さまざまな技術的提案が行われている．合成桁においては，上フランジと一部ウェブを既設床版ごとに撤去し，添接板で新しい上フランジとウェブを接合し工期短縮した例もあった．既設床版と桁との結合における合成，非合成も施工方法選定の技術的要素といえる．

コンクリート橋における床版取替えの文献は少ない．RC中空床版の上面劣化部をウォータージェット工法で主

鉄筋断面まで除去し，上面に新たな鉄筋コンクリート部を増厚する例があった．

床版取替えにおける注意点としては，床版の長寿命化を図るために排水と止水も含めて計画が必要であること，取替え時は主桁に負荷がかかるため鋼桁のあて板補強が必要な場合があることが挙げられる．

(3) 主桁の取替え

主桁取替えとして，経年劣化により取り替えた事例を示した．また，表4.2.3では別の更新種別として分類しているが，新設の地下トンネル部に橋梁の基礎が支障となり取り替えた事例や，床版取替え時に主桁補強や改築を実施した事例も示した．

小規模な鉄道橋（槽状桁）では桁交換機を使用して交換する工法が合理的になることが多い．一方で道路橋では供用停止を容易に行うことができないことから主桁取替えが採用されることが少ないが，新規路線の建設計画において支障となる構造物の取替えを考慮した事例や，RC橋の損傷による抜本的な対策として主桁取替えが最も合理的と判断された事例があった．

鋼橋のRC床版の取替えでは，急速施工の際にずれ止めのはつりに時間を要するという課題があり，併せて合成桁の非合成化や主桁腐食部の部分取替え，掛け違い部の一体化を実施したいという需要もある．このような背景の中で，夜間のみの一時通行止めで合成桁の非合成化と床版取替えを実施した事例を示した．この場合は，①取替え時の主桁断面剛性を確保するため，縦桁を増設してから床版とウェブの上端を切断し上フランジと共に撤去，②非合成桁として必要な部材へ交換，③床版を施工，という流れで実現している．

また，周辺に迂回路があり当該道路の長期間通行止めに対して地元住民の了解が得られた場合に，鋼橋桁端部の部分取替えを実施した事例も示した．この場合は，掛け違い部の一体化と床版取替えとを併せて実施している．鋼橋では桁端部のみ腐食が進行し，中間部が比較的健全なケースが多いことから，本事例のような部分取替えの需要も今後増えてくると考えられる．

(4) 上部構造の拡幅

上部構造の拡幅として，新規路線やランプの接続に伴い既設高架橋の一部を拡幅した事例を示した．架替えが採用されずに既設構造物を拡幅する案が採用された経緯として，高架橋の供用停止ができないことが制約条件である場合が多い．

新旧の構造物を単純に一体化すると，死荷重の増加や疲労耐久性の低下等の新たな制約がある場合は，比較検討により既設構造物の取り替える箇所を増やしている．切回しや施工時荷重も考慮した施工ステップ解析を行い，既設構造物の耐久性が確保できない場合は補強を実施している．なお，事例では拡幅時に建設時の活荷重から最新の活荷重へ見直しているケースが多かった．

(5) 下部構造の取替え，基礎の改築

橋梁下部構造は，1995年の兵庫県南部地震において数多く被災し，設計基準類が改定されて耐震性能の確保が急務とされたことから，様々な手法により耐震補強が進められた．この時に，将来的に問題発生の恐れがある劣化や損傷については一緒に補修されたものと思われ，近年報告されている更新・改築事例においては，下部構造の更新を主体とした事例は殆ど見受けられない．今回収集した事例においても，橋全体の架替えや上部構造更新における副次的な対応として，4～5例が報告されているのみである．

橋脚の取替えを含む下部構造の更新は，構造物の供用を停止せずに実施するという制約が設けられることが多く，新設橋脚を異なる位置に先に構築して上部構造を受け替えてから既設橋脚を撤去するか，ベント等による仮設橋脚を設けて一時的に上部構造を支持し，それから橋脚を撤去して再構築するという手法が用いられる．いずれにしろ，橋梁全体でどのような更新手法とするかは上部構造の計画が重要であり優先されるため，下部構造の取替えはそれに対応するように条件が設定される．

一方，橋脚基礎については，最も更新が進んでいない部位に挙げられる．これは健全性や損傷度を考慮した結果ではなく，単純に地下にあり検査しにくく，上部土地利用を止めてまで調査や更新を行う必要性は生じていないと判断された結果と推察する．これまでの大きな地震で基礎の被災が殆ど報告されていないことも大きく関与していると考えられる．

このような背景から，今回の事例調査においては，下部構造の取替えと同様に，上部構造の拡幅に併せて基礎までを一緒に拡幅した事例や，下部構造に併せた改築が合計5例あるのみで，基礎単独で更新・改築した報告は見られなかった．基礎の改築においては，異なる支持形式を併用できるか，更新後の上下部構造の重量がどう配分されるかなど，技術的な課題が多く存在するため，各々でどのように対応したかという情報は非常に貴重なものとなる．また，知見が不足している構造形式や改築計画を選択する場合においては，首都高の更新事例にあるように，事前に載荷実験を実施するということも解決策の1つであると考えられる．

(6) FRP水門への取替え

FRP水門は1960年代から適用されており，河川および農業用施設に用いられる例が多い．一覧表には農業用水路，発電所水路，上水道水路の水門扉の取替え事例3件を挙げた．FRP製水門扉は鋼製に比べ耐食性に優れるため，長寿命化を目的に塩害地域等で採用されている．採用される水門扉は比較的規模が小さいものが多く，軽量であることから人力施工も可能であり，施工費削減の長所も有する．

4.3 更新・改築を実現するための技術

4.3.1 更新・改築の検討方法

複合構造標準示方書［維持管理編］[1)]では，性能評価および性能予測の結果，必要に応じて，点検強化，補修，補強，供用制限，廃棄・更新等の対策をとることとしている．ここで，「対策後の構造物の性能を所要の期間保持できるように」対策は行う必要がある．したがって，対策で更新・改築が必要となった場合には，図 4.3.1 に示すように，評価によって明らかとなった更新・改築の対象となる性能を残存する供用期間内にどのように保持するかを技術的検討の「目的」とし，種々の「制約条件」の下で設計および施工で設定可能な「変数」を検討し，「解」となる構造を導き出すことになる．特に，近年の様々な制約条件に対応するには，「複合構造」の利用が有効であると考えられる．

図 4.3.1 適用する更新・改築技術の検討フロー

表 4.3.1 更新・改築の目的

目的	
性能回復	架替え，取替え
性能向上・性能追加	拡幅，増厚，増桁，高耐久化
性能縮減	車両規制，部材の撤去，減厚

表 4.3.2 更新・改築における制約条件

制約条件	
時間	短時間（夜間，休日）
	連続・断続（供用しながら，交通規制）
空間	原位置
	代替地
	作業スペース
	ストックヤード
	隣接路線・施設
作用	隣接構造物
	交通荷重
	初期応力
その他	コスト
	周辺環境

表 4.3.3 更新・改築における設計・施工の変数

設計・施工の変数	
時間	急速施工
	プレキャスト
	現場打ち
空間	断面縮小
	軽量化
	長スパン化
	ネットワーク化
作用	仮設
	受替え
	横取り
	回転
材料	急結性
	軽量
	調達の容易さ
構造	構造形式
	構造物の全体系
	照査法
	剛性（合成・非合成化）

表 4.3.4 更新・改築の技術的解決策（複合構造の場合）

解としての複合構造（合成部材）	
合成はり	構造の合理性，架設性，低桁高
合成版	耐疲労性，長スパン化，軽量，架設性
SRC	断面縮小，耐荷性
CFT	架設性，断面縮小，耐荷性
FRP部材	軽量，高耐久
異種部材接合部	構造の自由度

4.3.2 更新・改築の目的の設定

更新・改築の技術的要件を考える上では，要求性能の方向性を示す「目的」の設定から考えることが重要である．更新・改築の目的は，前節および本節(1)で説明した通り，a)性能回復，b)性能向上，c)性能縮減の3種類であり，性能の変動を時系列で示すと下図のイメージとなる．

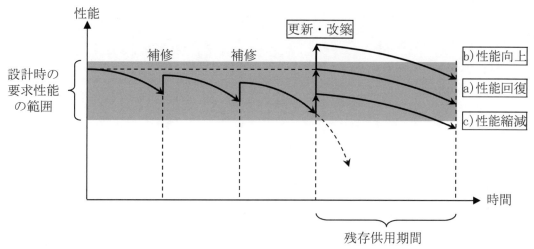

図 4.3.2 構造物の性能と時間軸のイメージ

3種類の目的a)～c)を設定する際の注意点および技術的要件を整理する．

a) 性能回復

現時点では供用可能であっても補修だけでは近い将来に設計荷重を支え切れなくなる，もしくは既に設計で想定した安全率が確保できていない，という構造物の更新・改築においては性能回復を目的とすることが多い．この時の技術的要件は，設計当初に設定した性能の根本的な回復であり，橋梁であれば床版や主桁という主要部材の全体取替えや部分取替えにより満足することができる．

注意しなければならないのは，目に見える損傷や部分的な性能不足にのみ対応する対処療法的な改築では，技術的要件を満たさない可能性が高いということである．性能回復を目的とするのであれば，最初から改築を前提とするのではなく，まずは根本的な更新を中心に考えることが必要である．

b) 性能向上

性能向上が目的となる場合は，外的要因の変化に整合するように構造物の要求性能を向上させる場合と，同じ要求性能レベルの別の機能を付加する場合に分かれる．道路橋であれば，前者は指針改定で設計荷重が増加したことに対する耐荷性能の向上や，供用期間をさらに延長させるための耐久性能の向上等であり，後者は渋滞緩和を目指した車線増加のための床版拡幅等である．いずれも性能や機能の具体的な目標が技術的要件となる．

部材の全体取替えや部分取替え等に伴う増し桁や増し厚等，構成要素の改修や追加による対処が選択肢であるが，更新・改築を施す部材と接続する他の部材に対しても，性能向上や機能追加が必要となる場合が多く，構造全体のバランスの確保と性能不足の部材が存在しないように注意する．

c) 性能縮減

構造物の使用方法を制限できる場合，もしくは外的要因の変化により要求性能が低下した場合は，建築構造物の減築と同様に，性能を縮減する更新・改築を目的に設定することができる．技術的要件は，性能向上の場合と同様に，縮減した要求性能の具体的目標を確保することとなる．

性能縮減では，小規模な改築のみで縮減した新しい要求性能を満たすことができる可能性が高いが，性能を低下させることを目的と考えてしまうと，既設部材の耐力調査や評価の精度を下げてしまったり，経時劣化の将来予測を間違ったりするという判断ミスに繋がりやすい．供用期間を通して最低限の性能を確保し続けるための技術的要件と，急激な性能低下の可能性やリスクについて，正しく評価するよう注意する．

更新・改築の目的と技術的要件のまとめを**表 4.3.5**に示す．

表 4.3.5 更新・改築の目的と技術的要件

目的	技術的要件	注意点	
a) 性能回復	新設時と同等の性能まで回復する．	更新と改築の判断を間違うと，目標とする性能まで回復できない．	→安易に改築を前提としない．
b) 性能向上	向上させた要求性能や追加機能に対応した性能を確保する．	特定の部材の性能向上により，それに接続する他の部材の負担が増えて性能不足となる可能性がある．	→更新しない部材も含めて構造物全体の性能を照査する．
c) 性能縮減	縮減した要求性能を確保する．	性能を縮減させる時に，最低限必要な性能までを下回る可能性がある．	→既設部材の性能評価と予測の精度を上げる．

4.3.3 更新・改築における制約条件
(1) 制約条件の分類について

更新・改築時の制約条件については，4.2.1において8種類の制約条件①～⑧に分類している．それぞれの制約にはさらに細かい項目が含まれているが，それらの詳細な制約を一つ一つ吟味しながら全体的に眺めてみると，その殆どが「時間的な制約」，「空間的な制約」，「作用による制約」という概念的な分類のどれかに該当することが見えてくる．更新・改築の目的を阻害する制約条件とその解消技術を検討するに当たっては，細かい制約条件毎の対応技術を考えるのではなく，上記の3種類とそれ以外に分類した計4種類の制約条件に対して更新・改築技術による解消を考えるものとする．

4種類の分類については**表 4.3.6**に示す通りとし，A～Dの制約について事例調査結果からその特徴を抽出して整理した．

表 4.3.6 制約条件の概念的な分類

分類	制約条件
A 時間的な制約	① 施工時間：通行止め，交互通行期間
B 空間的な制約	② 敷地条件：狭小・狭隘，路下・直上，上空制限，低土被り
B,C 共通	③ 干渉：既設躯体，残置仮設，地下埋設物，配線・配管
	④ 整合性：設計指針，河積阻害，河川改修計画，交差道路計画
C 作用による制約	⑤ 情報不足：設計図書，施工記録，既設性能，地盤データ
	⑥ 環境条件：塩害，暴風，積雪
D その他の制約	⑦ 周辺対策：騒音，振動，交通渋滞・事故，汚水・汚泥
	⑧ その他：景観，経済性など

<u>A.時間的な制約</u>

供用中の構造物を更新・改築する場合，道路の通行止めや鉄道の運行停止を長期間行うことができれば，現位置での施工が可能となり，安全性が高く，高品質で建設コストにも有利な構造形式や工法の選定が可能となる．一方で，多くの事例が示す通り，主要幹線のため交通機関を長期に止めることができない場合は，現位置での作業量が少ない構造形式や工法を選定することが必要になる．すなわち，更新・改築において施工が交通機関を支障する時間は，技術選定する上で重要度が高い制約条件となる．

<u>B.空間的な制約</u>

更新・改築する対象構造物の敷地条件に制約を受けない場合は，架替えが容易な位置で主桁や床版を製作することが可能であり，架設に使用する重機の配置も柔軟に対応できるため，交通機関への支障期間も少なくすることができる．しかしながら，現地が狭小・狭隘もしくは上空制限がある場合は，現地で施工する規模を小さくし，施工の回数を増やすなど状況に応じた工法の選定が必要になる．さらに，新旧の構造物を一体化させる箇所では，種々の技術を適用しなければならない．施工に必要となる敷地の範囲や高さの空間は，対象構造物の構造形式や工法の選定に際して重要な制約条件である．隣接構造物，地下埋設物，河川条件やライフライン等に対しては，極力影響を与えない施工法の選定を行うなど，制約の種類により適切な対応が必要となる．

<u>C.作用による制約</u>

更新・改築にあたり，外観上は目的とした形状・形態に到達しても，構造物の内部に制御できない作用

が内在してしまうことを，作用による制約としている．既設構造物の一部取替えや，新旧構造物を一体化させる場合は，現行の設計規準に従って構造物全体の安全性を確保しなければならないが，他の構造物との干渉や整合性，設計情報の不足や環境条件の厳しさ等，様々な作用の制約を受けるため，これを考慮することが必要となる．自動車や列車による交通荷重等，設計指針が建設当時から変更されている場合には，下部構造の耐震性能を確保するため，上部構造の軽量化を図るなど構造形式の検討や工夫も必要となる．

D．その他の制約

更新・改築の施工においては，地域の自然環境に適合した構造形式や，周辺環境への配慮が必要である．また，更新・改築される構造物が地域のランドマークになる場合は，地域と共存する構造形式および外観の選定が重要である．

(2) 制約の解消・低減

更新・改築の際に障害となる制約については，4.3.2(1)で整理した通り，A.時間的な制約，B.空間的な制約，C.作用による制約，D.その他（コストや環境）の制約の4種類に大きく分類できる．更新・改築計画の立案においては，これらの制約を解消するか，低減するという検討が必要であり，ここでは考え方の流れとその手法について整理を行う．他にも，制約への対応として，受容するという考え方もあるが，これは事業の停滞やコストの増加だけでなく，構造安全性の潜在リスクの原因となるため，制約を解消・低減する技術の検討を優先とする．また，4種類の制約のうち，Dの環境や経済性の制約についてはA～Cの制約と異なり，制約の変数であるとともに目的の変数であるという特徴から，制限値を独自に設定して解消・低減することが可能となる．このため，ここでは検討対象から除外して，A～Cの3種類の制約のみを検討の対象とする．

A～Cの制約においては，各構造物が置かれている状況によって全く対応が異なるという側面はあるが，解消や低減が困難と判断した制約であっても，計画初期の様々な情報が不足している段階で，制約の受容を前提として検討を進めてしまったことに原因があり，実際は解消することが可能であったという場合も多い．

解消・低減するべき制約を見落として，その検討を先送りにしてしまうことで，更新・改築の目的自体が達成できない可能性も高くなる．

このため，制約を解消・低減するには，それぞれの制約が変数としてどのような幅を持っており，現状がどのレベルにあるかを把握することが重要である．その中で，数ある制約の中から目的達成のために鍵となる制約を的確に把握し，設計・施工面からの技術的なアプローチ等により解消・低減する検討を，計画の初期段階で実施する必要がある．

各制約の変数としての幅と制約を解消・低減する考え方について，道路構造物を対象として整理した結果を次頁の表4.3.7に示す．

A～Cの制約の各変数はトレードオフの関係となるものがあり，どちらの制約を解消・低減し，どちらの制約を受容するかによって更新・改築技術の解が多数存在することになるが，このような時にはD.その他，コストや環境の制約を目的関数に設定して最適化の判断を行う場合が多い．

表 4.3.7 更新・改築における制約と制約を解消・低減する考え方

制約	制約の状況	更新・改築の状況（例）	解消・低減の考え方
A.時間的制約	長期間供用を止める必要がある	原位置で既設構造物全体を撤去して再構築するような大規模更新が必要である	空間的制約も伴う場合が多く，原位置で早く構造物を撤去・構築する技術を検討する
	短期間供用を止める必要がある	更新もしくは大規模な改築や，主要耐荷部材の取替えが必要である	隣接地などで新設構造を構築する，もしくは工場製作の部材を用いるとし，短期間で新旧を入れ替える技術を検討する
	最低限の交通規制が必要となる	部分的な更新や改築が必要であり，副次的な耐荷部材の取替えが必要である	規制時間内・範囲内で部材単位の撤去と構築・設置が可能な技術を検討する
	供用したままでよい	耐荷構造に影響を与えない範囲の部分的な改築が必要である	既設部材の一時的な性能低下の制御が可能であり，改築の目標性能を満足する技術を検討する
B.空間的制約	施工空間も代替空間も全く確保できない	近接構造物や自然障害物に囲まれている中での更新が必要である	時間的制約を設けて，既設構造物の空間内のみで早急に撤去・構築できる技術および部材単位を検討する
	施工空間は無いが代替空間を確保できる	代替空間を利用した更新や大規模な改築が必要である	代替空間への本設機能の切替え，もしくは代替空間を利用した構築技術や取替技術を検討する
	限定的な施工空間が確保できる	限定的な施工空間を利用した部分的な更新や改築が必要である	施工空間に応じた部材単位，材料単位，施工機械などで対応可能な技術を検討する
	施工空間の制限がない	更新や改築において隣接構造物がない，または代替空間や代替路線などがある	隣接地を利用した一括取替などにより，他の制約を解消・低減するような技術を検討する
C.作用の制約	考慮すべき直接的な作用がある	更新・改築部材の設計指針が改定されている，隣接構造物からの直接作用がある	作用を考慮した更新・改築の設計および照査を実施する，もしくは作用を遮断する対策技術を検討する
	影響検討すべき間接的な作用がある	更新・改築時に新設部と接合する構造体や地盤からの何らかの作用が予測される	更新・改築前の状態を計測，調査，解析などで評価し，影響を精度よく予測できる技術を検討する
	作用を考慮する必要がない	構造全体や独立部の更新・改築であり，既設へ影響する作用がない	構造物新設時と同様の設計・施工技術および更新・改築時にのみ適用可能な技術を検討する

(3) 制約条件に対する技術の選定について

これまでにとりまとめた更新・改築事例のうち，事例数が多い床板の取替え・主桁の取替え・拡幅について，更新・改築技術をどのように選定し，A～Dの4種類の制約条件を解消しているかについて整理する．

ⅰ) 床板の取替え時の選定技術について

A. 時間的な制約（短時間・連続・断続）に対して

　道路橋で行われる床版のみの取替えでは，主桁からの既設床版の分離～撤去～新設床版の架設～固定までを行う必要があることから，夜間や休日の短時間での施工により実施された事例はほとんどなく，迂回路や代替ルートを設けて施工することが一般的である．しかしながら，主要幹線等で交通規制時間を短縮する必要がある場合は，それを解消するために，工場製作のプレキャスト床版が採用されることが多い．

　その構造は，既設床版の構造条件に応じてRC，PC，鋼コンクリート合成，FRP合成などから選定される．また，現場での施工に際しては，プレキャスト床版同士の継手構造（例えば，スリットループ継手（図4.3.3)，合理化継手（図4.3.4)，エンドバンド継手等）の工夫や超早強コンクリートの採用が行われている．さらに，床版の取替えと同時に行われる地覆・高欄の取替えについても，工場製作の部材が用いられる場合がある．

　鋼桁と床版との接合部は，一般的には交通規制時間中にコンクリートはつりにより撤去するが，時間短縮のために供用中に主桁へ継手・仮添接を設けておき，継手位置を鋼部材へずらした事例もある（図4.3.5)．

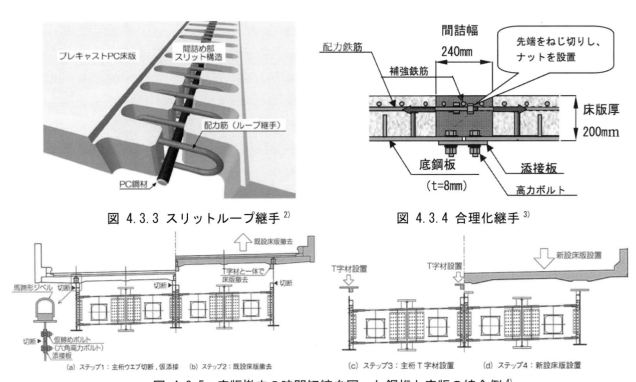

図 4.3.3 スリットループ継手 [2]　　　図 4.3.4 合理化継手 [3]

図 4.3.5 床版撤去の時間短縮を図った鋼桁と床版の接合例 [4]

B. 空間的な制約（現位置，代替地，作業スペース，ストックヤード，隣接路線・施設）に対して

　道路橋で行われる床版のみの取替えでは，迂回路や代替ルートを設けて施工することが一般的であることから，作業帯を設けて施工することが可能であるが，ストックヤードについては現地に仮置する場合や架設時に車上引渡しをするなど現地の状況に応じて変わる．

また，施工のしやすさと側方の作業ヤードの状況により，床版同士の継手構造に架設後に側方からの横方向鉄筋の挿入が必要となるループ継手に代えて，横方向鉄筋を橋面内で施工できる継手（例えば，エンドバンド継手等）も多用されている．

C. 作用による制約（隣接構造物・交通荷重）に対して

旧基準で供用されている下部構造の耐震性能を確保するため，床版や背面盛土の軽量化を図る事例がある．具体的に床版の軽量化については，RC 床版からプレキャスト PC 床版，鋼床版へ変更されている．加えて，エポキシ樹脂塗装鉄筋を用いるエンバンド継手の適用はループ継手を用いた床版に比べて床版厚を薄くできる特徴がある（図 4.3.6）．

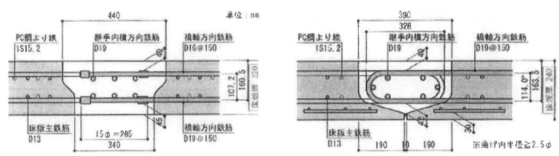

図 4.3.6 エンドバンド継手とループ継手の床版厚の違い[5]

取替え順序は，上下線分離の場合は片側通行規制の下では順次架替えを行うが（図 4.3.7），上下線一体の場合は必要に応じて施工中の一時的な床版撤去に対する既設桁の補強や桁の増設などが取替え前に実施される（図 4.3.8）．

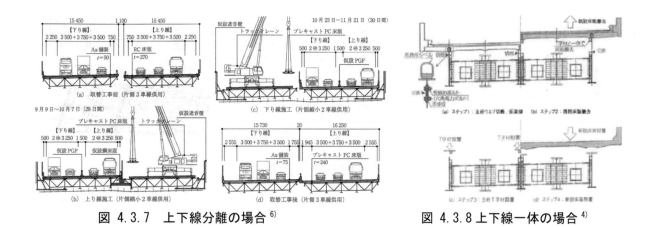

図 4.3.7 上下線分離の場合[6]　　　　　図 4.3.8 上下線一体の場合[4]

なお，床版取替え時に既設主桁の断面剛性が著しく低下している場合は，主桁の増設（例えば，4 主桁→7 主桁）による構造変換が行われる場合がある．

D. その他の制約（周辺環境，景観等）に対して

周辺環境として，夜間施工のみ止むを得ず一時的な通行止めを行う場合は，実地模擬訓練を実施の上，クレーン 2 台による同時作業が行われる事例がある．また，住宅地に近接している場合は，既設床版の撤去に対する騒音対策として，仮設遮音壁を設置するなど周辺環境への配慮を行う．

また，塩害環境下において耐久性を確保するため，エポキシ樹脂塗装鉄筋の使用，FRP 合成床版の適用，SRC 構造に被覆コンクリートの施工が適用される事例がある．

ⅱ) 主桁の取替え時の選定技術について

A. 時間的な制約（短時間，連続・断続等）に対して

　主桁の取替えでは，迂回路や代替ルートを設けることができれば，道路の通行止めや車線規制，鉄道の運行停止により取替えに必要な時間を確保することができる．一方で，主要幹線であり通行止めや車線規制，運行停止に制限を受ける場合は，交通規制の期間を短縮することが必要になる．つまり，通行止めや車線規制，運行停止に影響する項目を減らし，交通への支障期間が短縮される工法が選定される．

　鉄道の新橋を構築する事例では，軌道中心から7m程度の離隔をもって列車の運行が確保されている．新橋の取付け部は鉄道線形のコントロールポイントとなるため，短期間で旧橋と新橋を置き換える桁横移動・回転架設工法（**図 4.3.9**）が採用されている．

①桁施工完了　既設鉄橋の横で桁を製作　　　③旋回　横移動完了後，正規の位置へ約5°旋回

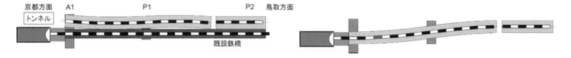

②平行移動　桁完成後，約4m 横移動　　　④中央併合　併合部ブロックの施工後，軌道を敷設し橋梁が完成

図 4.3.9　桁横移動・回転架設工法 [7]

B. 空間的な制約（現位置，代替地，作業スペース，ストックヤード，隣接線路・施設等）に対して

　上空制限を受ける場合は，材料を吊り込むために短部材の採用や継手部の工夫が行われている．ここでは，設計指針に準拠した鉄筋長や部材長の採用や，機械式継手を用いるなどして低空頭に対応できる部材が選定される．また，施工においては，狭隘箇所および低空頭用に開発された施工機械が選定される．道路や鉄道が供用されている場合は，事業者と協議の上，上空へ機械や材料が侵入しない工法の選定が必要となる．

　小規模な鋼鉄道橋の架替えにおいて，側道が無く，現地への搬入経路や架設ヤードが確保できない箇所では，桁交換機（**写真 4.3.1**）が使用される．桁交換機を用いることで，軌道上から新桁を搬送し，旧桁を吊上げて撤去した後，新桁を架設する．これにより，線路閉鎖間合で桁の交換が可能となる．

写真 4.3.1　桁交換機 [8]

C. 作用による制約（隣接構造物，交通荷重等）に対して

河川内に桟橋や進入路を用いて架設を行う場合は，非出水期が基本となることから，河川管理者と協議の上，架設工法が選定される．特に，供用開始時期が定められている場合においては，H.W.L（最高水位）．から所定の離隔を確保した上で，出水期でも施工が可能となる張出し式移動足場（**図 4.3.10** および**写真 4.3.1**）を検討するなどして工期が短縮する工法が採用される．

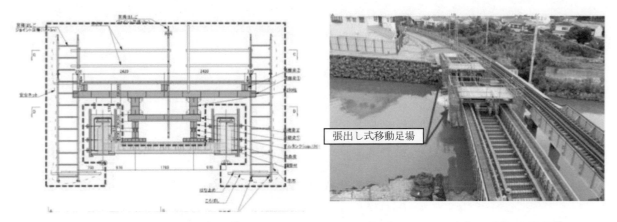

図 4.3.10 張出し式移動足場 [9]　　　　　写真 4.3.2 張出し式移動足場 [9]

架け替える主桁の設計においては，規定された現行の設計指針に基づき，疲労耐久性に優れた設計が実施される．この時，疲労が軽減されるディテールの設定だけでなく，維持管理作業を軽減するための合成構造の採用も有効となる．主桁の重量が増える場合は下部構造の耐力照査を行い，下部構造の耐力が不足する場合は補強が実施される．

D. その他の制約（周辺環境，景観等）に対して

研究機関により耐久性に優れた設計仕様や材料の開発が進められていることから，塩害，暴風，積雪等，その地域特有の環境条件に合わせて，施工性と耐久性に優れた仕様や材料を選定することがよい．

設計仕様については，設計規準で定められている材料やかぶりを採用する他，構造物の重要度に合わせて飛来塩分量の計測を行うなどして検討する．構造物の長寿命化を念頭に，コンクリート部材についてはエポキシ樹脂塗装鉄筋等の材料やかぶり厚さを，鋼部材については重防食塗装，金属溶射等の防食仕様や現場継手部の防食方法の選定を行う．また，暴風対策については，風洞実験や解析を実施するなどして，完成後の効果を確認しておくことが好ましい．架け替えられた主桁は，現地の環境条件に適用した構造となるため，長寿命化が期待できる．

地域のランドマークとなる橋梁においては，デザイン性を考慮して風景や空間と共存する構造形式を検討する必要がある．計画と設計の各段階で，行政と事業者の間で合意形成を図りながらデザインを決定することで，橋梁は地域のランドマークとなり，観光資源として活用が可能となる．

ⅲ) 拡幅時の技術選定について

A. 時間的な制約（短時間・連続・断続）に対して

　拡幅の対象は大半が道路構造物であり，仮線に切り替えて対応するという選択肢もありながら，拡幅に対しては供用しながら対応することが殆どである．このため，車線規制の設定が制約となる．規制期間を短くするために，床版取替え時に地覆部を一緒にプレキャスト化した事例のように，壁高欄部材のプレキャスト化やハーフプレキャスト化（**写真 4.3.3**）といった技術の選定が考えられる（ただし，拡幅案件では殆ど採用事例なし）．プレキャスト部材の採用は，時間的な制約に対する効果が得られるだけでなく，作業スペースの縮小に繋がるため空間的制約に対しても効果がある．

写真 4.3.3　ハーフプレキャスト高欄（DAK 式[10]）

B. 空間的な制約（現位置，代替地，作業スペース，ストックヤード，隣接線路・施設等）に対して

　床版の拡幅により死荷重および活荷重が増加するため，下部構造や基礎も同時に改築して性能を向上させる必要がある．この時に，高架橋や橋梁では桁下空間での施工となるため，これが大きな制約となる．このため，技術の選定においては，大型の施工機や揚重機を必要とせず，短尺で軽量な2次製品や鋼材を適用できる工法を選ぶこととなる．杭施工であれば短尺の鋼管を継ぎながら圧入する既製杭や，短い鉄筋カゴを機械式継手で効率的に繋いだ場所打ち杭等がその一例である．

　床版を拡幅する際にも，仮設構台を設置する十分なスペースがなく，交通規制による間仕切りスペースを併用して作業するという空間的制約を受けることが多い．施工機や材料サイズが制約されるだけでなく，供用交通の直近作業となるため本設仕様の仮防護柵で仕切るなど，十分な安全対策が確保できる工法に限定される．

C. 作用による制約（隣接構造物，交通荷重等）に対して

　床版を拡幅する際には，単に床版の張出し長を大きくすることも可能であるが，事例4-3〜4-5のように主桁を増設することが多い．この時に下部構造の張出し長も大きくする必要が生じるため，新設橋脚の追加や既設橋脚の断面拡幅で支持するか，伸ばした梁をPCで補強するなどの選択肢から判断することとなる（**図 4.3.11**）．なお，拡幅は重量が増える方向にシフトするという作用上の制約があり，PC床版等を採用して拡幅部の軽量化を図る場合もあるが，敷地条件や施工期間等にも配慮した上で，基礎を含めた全体系の照査を用いて計画することがよい．

　また，既設部と新設部の一体化においては，既設部の応力増加や新設部のひび割れ発生を極力抑えた構造を採用する場合が多いが，既設部の残留応力や新設部のクリープ等，影響を考慮するべき作用の制約が

ある.これらを精度良く照査する解析技術はもちろん必要であるが,交通振動の影響を低減し,解析結果に合致した施工を実施するための計画立案も,更新・改築における技術の一つである.

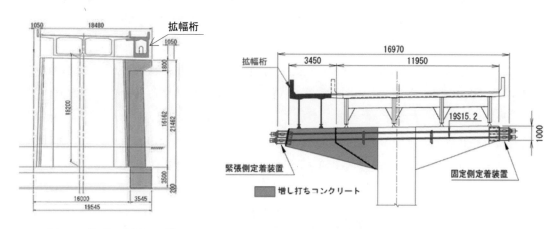

[橋脚・基礎の拡幅]¹¹⁾   [下部構造の張出し長の追加とPC補強]¹²⁾

図 4.3.11 拡幅桁に対する橋脚・基礎の拡幅およびPCによる補強

D. その他の制約(周辺環境,景観等)に対して

　周辺環境における制約としては,騒音・振動の低減,粉塵・濁水対策等が挙げられる.いずれも試験施工や事前計測等で状況を確認して対策を施すことが有効であるが,まずは施工時間を短縮できる工法を選定することが重要である.例えば,部材撤去時にワイヤーソー工法を用いる場合において,最近では湿式だけでなく無水式・乾式も選択できるため,切断時間,騒音の状況および粉塵・濁水量から総合的に判断して撤去部位によって工法を使い分けるなどを考えることがよい.また,例えば現道に標準より高い遮音壁が取り付けてある場合には,拡幅側へ同じ仕様の遮音壁を設置して初めて撤去作業ができるようになる.周辺環境等の制約が施工順序や構造解析まで影響を及ぼす場合もあるので計画時の課題抽出が重要となる.

4.3.4 更新・改築における設計・施工技術の変数

時間・空間・作用の3種類の制約は変数としての幅があり，**表 4.3.7**で示した通り，それぞれ解消・低減に対する考え方が異なるが，その方針に基づき設計・照査や施工計画を具体化させていくには，制約変数の幅と同様に，解決策となる設計技術や施工技術にも幅があることを把握する必要がある．

設計技術・施工技術を変数と考えた場合，その変数は様々な方向に対して幅を持ち，それぞれに対応した具体的解決策が挙げられることとなる．設計・施工技術の変数と技術的解決策について整理したものを以下の**表 4.3.8〜4.3.10**に示す．なお，これらの解決策には，次節4.3.5(1)で詳述する複合構造に関連する技術が多数挙げられるため，表内では分けて記載している．また，実際の検討時には解決策をさらに具体化して，固有の技術名・工法名まで特定することが必要となるが，ここでは技術の概要までとし，具体的な技術・工法については更新・改築事例調査の結果や4.3.5(2)の記述を参考とされたい．

表 4.3.8 設計・施工の変数と技術的解決策(1)

分類	設計・施工技術の変数		技術的解決策	
			コンクリート構造／鋼構造	複合構造
時間	施工時間	急速施工（構築）	・プレキャスト化 ・ハーフプレキャスト化 ・急結材料／超速硬材料 ・汎用材料／ビルト材／市中品 ・大ブロック化／一括架設 ・連続打設／一括打設 ・機械式（非溶接）接合技術 ・立体交差急速施工法（上下部工の同時並行作業）	・合成桁，合成床版 ・SRC構造 ・CFT柱 ・構真柱
		急速施工（撤去）	・大ブロック一括撤去 ・WJ（ウォータージェット）削孔 ・事前の部分切断・仮固定（仮添接）	
		仮設構造利用	・本体利用土留壁（RC連壁／ソイル壁）	・合成床版 ・鋼管矢板井筒基礎 ・鋼矢板併用基礎 ・鋼製地中連続壁
	設計時間	検討条件の取得	・既設躯体の三次元計測技術（デジタルカメラ計測，3Dスキャナ等）	
		構造の単純化／構造単位分割／部材の結合	・モノパイル構造 ・単スパン化／ゲルバー構造化	・アンカービーム ・合成構造フーチング

表 4.3.9 設計・施工の変数と技術的解決策(2)

分類	設計・施工技術の変数		技術的解決策	
			コンクリート構造／鋼構造	複合構造
空間	部材空間	断面縮小／軽量化／長スパン化	・鋼構造化 ・高強度材料 ・軽量材料 ・外ケーブル化 ・大ブロック化技術	・CFT柱 ・SRC構造 ・FRP材料
		小ブロック化	・プレキャスト化 ・部材間接合技術	・FRP材料 ・異種部材接合
	施工空間	ネットワーク化	・本設仕様迂回路	
		施工材料・部材	・片面施工（ワンサイド）ボルト ・折りたたみプレファブ桁	
		施工機械	・大型クレーン／大型FC船 ・小型機械／低空頭機械 ・ディストリビューター ・ワーゲン／トラベラークレーン	
作用	施工時	仮設	・残留応力 ・近接構造物影響	
		受替え	・仮支点／仮支承反力 ・軸力差分／プレロード	
		架設	・横取り／送り出し／回転 ・張出し式／片持ち式 ・施工機械重量 ・ジャッキアップダウン反力	
	完成時	新旧部材接合	・温度／外部拘束影響 ・たわみ／上げ越し予測 ・残留応力／応力再配分	・ずれせん断 ・付着／はく離
材料	性能	耐久性	・コンクリート材料 ・高性能鋼 ・防食技術（重防食塗装，金属溶射等）／防食施工方法	・FRP材料
		ひび割れ分散性	・繊維補強コンクリート	
	施工	急結性	・急結セメント	
		軽量化	・コンクリート→鋼材料 ・軽量骨材	・FRP材料
		調達の容易さ	・汎用材料／ビルト材／市中品 ・標準配合／普通セメント	

表 4.3.10　設計・施工の変数と技術的解決策(3)

分類	設計・施工技術の変数		技術的解決策	
			コンクリート構造／鋼構造	複合構造
構造	性能	剛性	・合成化（非合成化） ・高剛性化 ・施工時の剛性確保	・合成化・複合構造化 ・CFT柱 ・施工時の剛性確保
		全体系	・免震構造／分散構造	
		構造形式	・RC／PC／PRC構造化 ・鋼構造化	・複合構造化 ・FRP構造化
	設計	照査法	・高度解析（構造物） ・　〃　　（地盤連成）	・高度解析（複合構造） ・　〃　　（新材料）

　これらの設計・施工技術の幅を活用し，各分類の技術的解決策を組合せて適用することで，表 4.3.7にまとめたように制約の解消や低減を図ることとなる．表 4.3.8〜表 4.3.10からもわかるように，複合構造は，急速施工，断面縮小・軽量化，構造性能向上，仮設利用等，更新・改築事業の計画時の課題となりやすい各制約に対して，解消・低減の鍵となる技術的解決策に位置づけられている．

　構造物の更新・改築を計画する際には，その構造物に期待する性能と置かれる環境特性により，一つ一つが全く異なる検討条件となるため，目的→制約→設計・施工技術という同じ流れを辿っても，全く異なる解を得ることとなる．このため，いかに多くの制約や解決策の幅を念頭に置いて，広く，かつ深く検討を進めているかが非常に重要であり，そのためには，技術的解決策を求める段階で複合構造技術を幅広く意識しておくことが不可欠であると言える．

4.3.5 更新・改築技術としての複合構造技術

(1) 複合構造の特徴

更新・改築時の制約解消・低減に対する技術的解決策のまとめとして,複合構造物の特徴と期待される効果を技術資料[13]に基づき概説し,更新・改築計画においてどのような利点が得られるかを整理する.

なお,ここでは橋梁構造物の上部構造・橋脚を対象として説明を行うが,例えばシールドトンネルの合成構造のセグメント,カルバート本設利用の鋼製連続地中壁,杭基礎拡幅時の合成構造フーチング,港湾構造物のサンドイッチ式ケーソン,貯蔵設備の鋼・RC 合成タンク屋根等,他分野でも複合構造技術は数多く利用されているため,土木学会から刊行されている複合構造標準示方書[1]や,各種複合技術シリーズおよび複合構造レポートを参考とするとよい.

ⅰ) 複合構造物の種類[1],[13]

①合成はり・合成桁

鋼とコンクリートを合成したはりを示し(橋梁上部構造の主桁の場合は合成桁という),鋼桁とコンクリート床版からなる合成はりや,鋼桁をコンクリート中に埋め込んだはり等がある.鋼部材とコンクリート部材との接合は,スタッドや孔あき鋼板ジベル等を用いて行う.

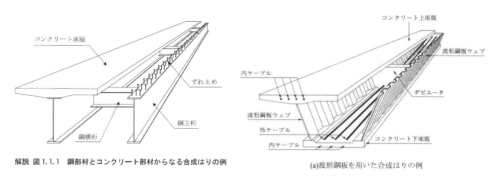

図 4.3.12 合成はり(合成桁)

②合成版・合成床版

部材の片面(もしくは両側)に型枠と構造材を兼ねる鋼板を配置して,適当なずれ止め等の取付けにより充填したコンクリートと一体化した(合成した)版構造物のことを合成版といい,鋼板コンクリート合成版と鋼コンクリートサンドイッチ合成版がある.鋼板コンクリート合成版を,橋梁の床版に用いる場合は合成床版といい,設計規準[14]に設計および施工手法が規定されている.

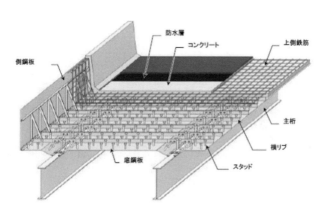

図 4.3.13 合成床版

③SRC 構造

鉄筋とともに，形鋼，鋼板，鋼管または組立鋼材をコンクリート中に埋め込んで，断面力に対する抵抗機構を形成する部材のこと．形鋼，鋼板，鋼管あるいは組立鋼材のことを総称して鉄骨という．

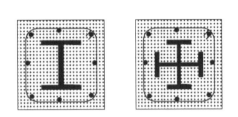

解説 図 1.2.1　充腹形鉄骨部材の例
（この編を適用）

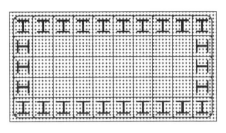

解説 図 1.2.2　鉄骨鉄筋併用部材の例
（コンクリート標準示方書による）

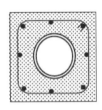 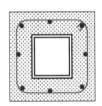　　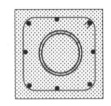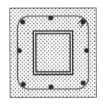

　　　(a) 鋼管内無充填　　　　　　　　　　　(b) 鋼管内充填
解説 図 1.2.3　コンクリート被覆鋼管部材の例（この編を適用可能）

図 4.3.14　ＳＲＣ構造の断面例

④CFT 柱

円形あるいは矩形の鋼部材の閉断面の中にコンクリートを充填して，適切なずれ止め等によって合成し，曲げモーメント，せん断力，軸力あるいはねじりに抵抗させた柱部材のこと．

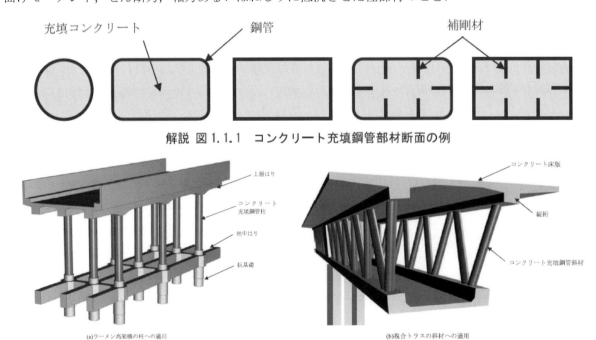

解説 図 1.1.1　コンクリート充填鋼管部材断面の例

(a)ラーメン高架橋の柱への適用　　　　　(b)複合トラスの斜材への適用

図 4.3.15　ＣＦＴ断面の例と橋梁構造物への適用事例

⑤FRP 部材

主として構造用 FRP 単体で構成された部材のこと．FRP はり，FRP 柱，FRP 版等を含む．

⑥異種部材接合部

異種材料および異種部材同士を連結し，曲げモーメント，せん断力，および軸力を伝達するために重要な部位のこと．

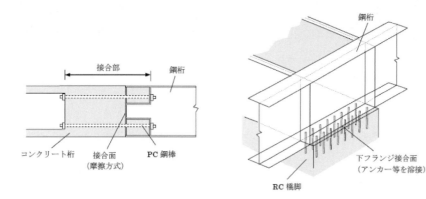

(a) コンクリート桁と鋼桁の接合　　(b) コンクリート橋脚と鋼桁の接合

図 4.3.16　複合構造物における部材結合

ⅱ）更新・改築分野における複合構造の可能性と利点

①高い断面性能

複合構造は圧縮に強いコンクリート材料と引張に強い鋼材料を組合せているため，高い強度や断面剛性を得易いと言える．特に，コンクリートの内部に鋼材を配置する SRC 部材や鋼管にコンクリートを充填した CFT 部材では，コンクリートの存在が鋼材の座屈を抑制するため，高い断面強度を得られるだけでなく，変形性能が高くなる．

断面性能の向上は部材の最小化につながり，非常にスレンダーな部材で耐荷重も変形性能も要求性能を満たすこととなり，空間的制約の解決に寄与することとなる．

②部材の軽量化

コンクリート部材は，現地施工における形状の自由度や，新旧構造の一体化の容易性が更新・改築計画の幅を広げるが，その一方で重量の増加が大きな問題となる．PC 材料を用いて部分的なプレキャスト部材の導入なども図っているが，コンクリートを鋼に置き換えることはさらなる構造の軽量化を可能とする．新設橋梁では多数事例のある波形鋼板ウェブや鋼トラスウェブを用いた PC 箱桁橋等の部材単位の材料の使い分けは，今後の更新・改築構造の新しい技術を考える上で，非常に参考になるものと思われる．

③施工速度

最近の合成版技術においては，補剛リブや波形鋼板の採用により支保工の省略や軽減が可能となってきている．土留め壁体の仮設鋼材の本設利用等も含めて，複合構造の利用が時間的制約の解決策となる可能性は非常に高い．

また，SRC 構造や CFT 構造においては，錯綜する鉄筋の存在がないため，コンクリートの打込み作業の速度が向上する．本来は，トレードオフの関係である品質と施工速度の問題に対しても，有効な解決策になると言える．

④維持管理性

　SRC部材に代表されるように，複合構造では鋼材の腐食が周囲のコンクリートにより保護されることから，一般的な鋼部材より耐久性および維持管理性が向上する．また，異種部材の接合が不静定次数の高次化に繋がり，地震時の安全性を確保したまま支承を要しない構造を成立させるなど，間接的な維持管理性の向上に繋げることも可能となる．

　さらに，鋼・コンクリートの組合せだけでなく，FRP材料等の腐食しない新材料の採用も維持管理性の向上には大きな可能性を秘めており，鋼部材へのFRP接着補強等の補修・補強分野から更新・改築分野に拡大していくものと考えられる．

(2) 複合構造を用いた事例

文献事例の中で，前節で示したような各種制約に対して，複合構造を先駆的に採用することで解決に導いた事例も少なくない．複合構造に期待する効果としては，a) 剛性向上，b) 軽量化，c) 耐久性向上等が主に示されており，複数の制約を同時に解決するために採用される事例も認められる．ここでは，複合構造を用いて制約を解消した事例として以下の5例を取り上げ，具体的対策について再度紹介する．

ⅰ) 下路SRC構造の採用（事例1-5：JR紀勢線那智川橋梁）

本例は，河川改修に伴う鉄道橋梁の架替えである．旧橋撤去や護岸工事を含めて2年半という短期間で実施するため，フーチングを省略できるパイルベント橋脚への変更や，プレキャスト型枠の使用，張出し式移動足場による架設等の工期短縮の工夫がなされている．上部構造形式を旧橋梁の下路プレートガーダー式から複合構造に変更した理由は，営業線との離隔を確保するための空間的な制約と，津波時の波力軽減の作用に対する制約に対するものであり，重量軽減を目的としたI形断面のSRC下路式（**図 4.3.17**）を採用している．

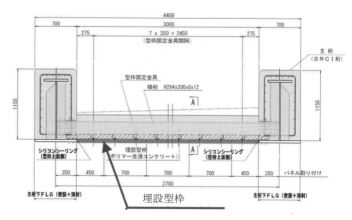

図 4.3.17　新設桁断面（I 形鋼を用いた下路 SRC 構造）[9]

ⅱ) 合成構造フーチングの採用（事例4-2：首都高速道路中央環状線板橋・熊野町ジャンクション）

本例は，高速道路の拡幅工事にともなう橋脚，基礎，フーチングの更新・改築工事である（**写真4.3.4**）．施工時は，高速道路のみならず，高架下道路の通行も2車線以上確保する必要があり，その高架下道路の高さを維持するため，低土被り内に増設フーチングを収めるという空間的な制約が与えられていた．このため，新設橋脚の下端に扁平な格子状の鋼部材を取り付けて，これを増設フーチング全体で覆う合成構造フーチングを採用した．その耐荷性能については1/5モデルの載荷実験等により確認している．

写真 4.3.4　合成構造フーチング[15]

ⅲ）鋼コンクリート複合杭の採用（事例 4-1：阪神高速大和川線）

　本例は，高速道路の拡幅工事であり，用地制約，施工空間の制約から，鋼コンクリート複合杭を採用した事例である．改築工事概要を**図 4.3.18** に，**図 4.3.19** に増杭概要と杭配置例を示す．鋼コンクリート複合杭と場所打ち杭の性能比較表を**表 4.3.11** に示す．鋼管杭の上部にコンクリートを充填し，内面にリブを設けた鋼管と一体化し，杭頭付近の曲げモーメントとせん断力に抵抗できるようにしている．なお，採用にあたっては，鋼コンクリート複合杭の性能検証のため，鉛直載荷試験，水平載荷試験等を実施している．本構造の採用により，狭隘な空間での基礎構築が可能となっている．

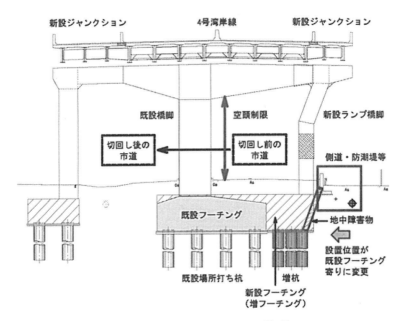

図 4.3.18　改築工事概要 [16],[17]

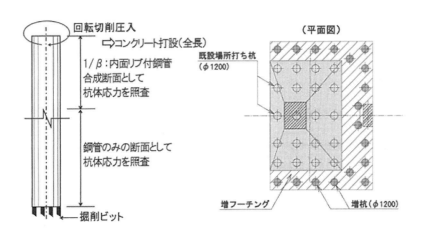

図 4.3.19　増杭概要と杭配置例 [16],[17]

表 4.3.11　鋼コンクリート複合杭と場所打ち杭の性能比較 [16],[17]

（鋼コンクリート複合杭／場所打ち杭）

曲げ剛性	杭の軸方向ばね定数	極限支持力	曲げ耐力	せん断耐力
1.9倍	1.4倍	0.6倍	2.4倍	8.5倍

ⅳ）FRP型枠・樹脂被覆鉄筋の採用（事例 2-11：関門海峡トンネル）

本例は，海底トンネルという非常に過酷な塩害環境下にある道路トンネルを7ヶ月という短工期で更新した事例である．本工事は国道2号線という基幹国道であるため，長期の耐用年数と，耐塩害性が求められる．そのため，図4.3.20に示すように，FRP型枠，エポキシ樹脂鉄筋が採用されている．

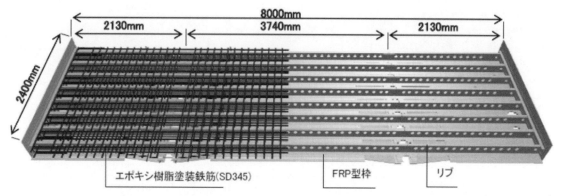

図 4.3.20　ＦＲＰパネル形状 [18]

ⅴ）CFRP 筋（事例 1-2：弁天橋）

本例は，海岸歩道橋を PC 鋼材以外の補強筋に対して鋼材を使用しないことで，塩害に対して高耐久化を図った事例である．PC ポストテンション床版と橋脚に対して CFRP 補強筋（写真4.3.5, 写真4.3.6）を全面的に採用している．また，漁業権への配慮から3ヶ月という短工期で施工するため，床版は工場生産，橋脚は現場横ヤードでのサイトプレキャストで製作している．

写真 4.3.5 CFRP補強筋を配筋した床版 [19]

写真 4.3.6 CFRP による橋脚 [19]

以上のⅰ）～ⅴ）の複合構造による対応を含めた文献事例における制約条件に対する技術的対応策について，グルーピング整理の結果を図4.3.21に示す．比較的既往の実績が少なく，コスト高であっても，新材料，新工法が制約解決のために選択されていることは，今後の更新改築を検討する上で注目され，多くの制約が新技術の開発動機に繋がっていることが伺える．

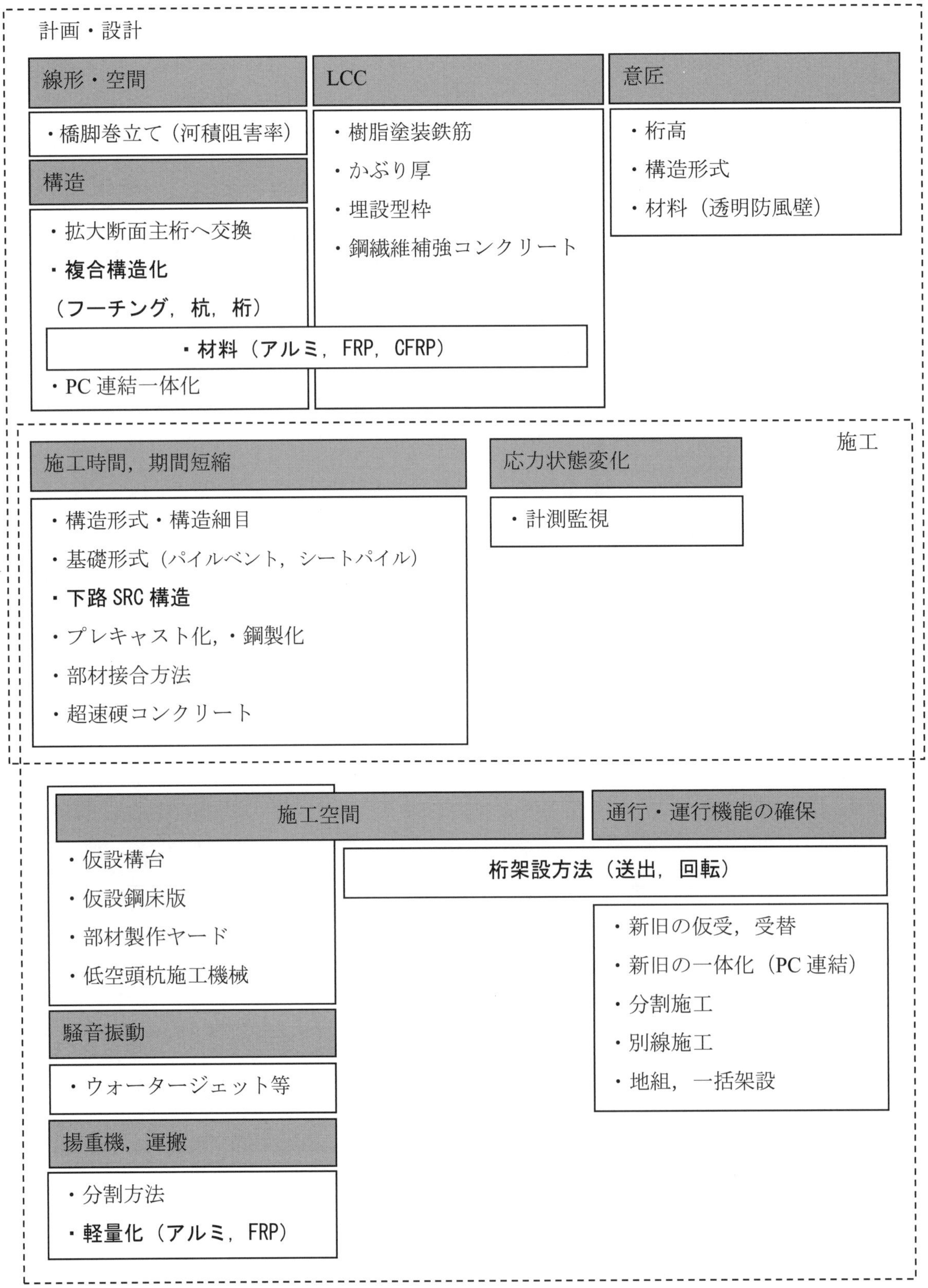

計画・設計

線形・空間
- 橋脚巻立て（河積阻害率）

構造
- 拡大断面主桁へ交換
- **複合構造化**
  （フーチング，杭，桁）
- PC連結一体化

LCC
- 樹脂塗装鉄筋
- かぶり厚
- 埋設型枠
- 鋼繊維補強コンクリート

- 材料（アルミ，FRP，CFRP）

意匠
- 桁高
- 構造形式
- 材料（透明防風壁）

施工

施工時間，期間短縮
- 構造形式・構造細目
- 基礎形式（パイルベント，シートパイル）
- **下路SRC構造**
- プレキャスト化，・鋼製化
- 部材接合方法
- 超速硬コンクリート

応力状態変化
- 計測監視

施工空間
- 仮設構台
- 仮設鋼床版
- 部材製作ヤード
- 低空頭杭施工機械

騒音振動
- ウォータージェット等

揚重機，運搬
- 分割方法
- **軽量化（アルミ，FRP）**

通行・運行機能の確保
- 桁架設方法（送出，回転）
- 新旧の仮受，受替
- 新旧の一体化（PC連結）
- 分割施工
- 別線施工
- 地組，一括架設

図4.3.21　更新・改築の制約条件と対策（文献事例から）

参考文献

1) 土木学会：2014 年制定複合構造標準示方書［維持管理編］，2015,5
2) 光田剛史，木原通太郎，久米将紀，向台茂，山浦明洋，白水晃生：西名阪自動車道 御幸大橋（上り線）床版取替えⅢ期工事，橋梁と基礎，2012.2
3) 龍頭実，山田秀美，杉田俊介：短期集中工事における床版取替工事について，JCM マンスリーレポート，2012.11
4) 光田剛史，木原通太郎，山田秀美，龍頭実，水野浩，原考志：西名阪自動車道 御幸大橋（下り線）床版取替えⅡ期工事，橋梁と基礎，2011.9
5) 岩渕貴久：高速道路における環境に配慮した国内最長の床版取替工事-沖縄自動車道 伊芸高架橋（上り線）床版改良工事-，土木施工，2014.11
6) 山本敏彦，今村壮宏，三浦泰博，藤木慶博：日交通量 10 万台区間における RC 床版取替工事 －九州自動車道・向佐野橋－，コンクリート工学，2011.3
7) 前田利光ら：移動・回転架設による余部橋りょう架替え工事，第 20 回プレストレストコンクリートの発展に関するシンポジウム論文集，2011.10
8) 土木学会：社会インフラの改築・更新のあり方を考える，土木学会平成 26 年度全国大会研究討論会研-20 資料，2014.9
9) 好井健太ら：紀勢線那智川橋りょう架替工事における急曲線 SRC 桁の施工について，土木学会第 70 回年次学術講演会，2015.9
10) 道路構造物ジャーナル「DAK 式プレキャスト壁高欄工法研究会が発足～壁高欄の工期を大幅に短縮～」（https://www.kozobutsu-hozen-journal.net/walks/）
11) 浅井貴幸ほか：関越自動車道荒川橋－花園 IC 上下線に渋滞緩和を目的とした付加車線の設置－，土木施工，2016.7
12) 小林寛，堀岡良則，杉山裕樹：西船場 JCT 改築事業における既設 ASR 橋脚の拡幅設計，土木学会第 70 回年次学術講演会，2015.9
13) 土木学会：基礎からわかる複合構造―理論と設計―，2012,3
14) 土木学会：鋼コンクリート合成床版設計・施工指針（案），2016,1
15) 山内貴弘，齋藤隆，兼丸隆裕，瀬尾高宏：首都高速板橋・熊野町ジャンクション間改良工事における合成構造フーチング，基礎工，2016.10
16) 茂呂拓実，篠原聖二，杉山裕樹，北村将太郎：技術レポート 鋼コンクリート複合杭を用いた既設杭基礎の耐震補強工法の設計と施工，高速道路と自動車，2015.3
17) 木暮雄一，茂呂拓実，齋藤公生：三宝ジャンクション・コンクリート橋の景観設計，第 21 回プレストレストコンクリートの発展に関するシンポジウム論文集，2012.10
18) 久保圭吾，儀保陽子，木村光宏：関門トンネルにおける FRP 合成床版による床版打替え，宮地技報，2012.11
19) 中井裕司，小田武治：連続繊維補強材を用いた高耐久性橋梁の提案，橋梁と基礎，2005.8

4.4 更新・改築技術の現状課題と将来展望

4.4.1 更新・改築技術の現状課題
(1) 更新・改築構造物の性能照査
　本章では，更新・改築事例を公表された文献を基に整理したが，その内容は工事や構造形式の概要に留まり，更新・改築構造物の設計の考え方（要求性能，解析手法，限界状態など）や力学特性までは残念ながら調査できなかった．当然ながら各事例とも，何らかの性能照査行為を経て実施されたものであり，基本的に，更新・改築構造物であっても，その性能照査は構造物を管理する企業体が定める設計規準類をベースに行われていると考えられる．このとき，構造物を完全に新設構造物へ取り替える更新の場合には何ら不都合は生じないが，例えば部分取替えや補修・補強のような新旧部材が混合する構造物へ改築する場合には，新旧接合部に対して新設構造物と同等の性能を求めるのは無理が生じることも考えられ，その結果，誤った方向へ設計解が誘導される可能性も否定できない．場合によっては，不必要に大掛かりな改築構造が設計され，工事量の増大により時間的，空間的制約を大きく受けることにも繋がる．このように，更新・改築構造物の設計においては，主に新設構造物を対象とした設計規準類ではカバーされない構造的な特色を有している場合が多く，本来的にはそれぞれの特性に応じた性能照査が求められる．しかし，対象によって様々な事情を有する更新・改築設計において，具体的な設計法や照査法を規準類等で標準化することが困難なのが実情で，適切な設計が実現するか否かは，その設計に携わる技術者の力量によるところが大きいと考えられることが課題として挙げられる．

(2) 設計・施工の分離
　国内公共工事の発注においては設計・施工の分離が原則とされ，これにより受注者選定の公正さと事業費の最適・最小化が守られてきた．しかしながら，制約条件が多い更新・改築事業では，計画から設計，施工へ進む流れの中で，完全に設計・施工を分離して，各段階で独立した検討を積み重ねていくだけでは，最適な設計解や品質の高い構造物の供給に繋がらないと考えられる．発注の公正さを保ちつつ，事業費の最適化や構造物の高品質化を図るためには，設計・施工分離の原則にこだわらず，新しい発注方式を柔軟に取り入れていく必要がある．

(3) 解体・撤去技術
　構造物の更新・改築は，必然的に既設構造物の撤去・解体を伴う．本章では，撤去・解体技術のみを取り扱った文献は調査対象とせず，これらの技術にについて触れることは殆どできなかったが，構造物の撤去・解体には，新設する場合と同等以上の労力・時間・費用を要することもあり，また騒音・振動や廃棄物処理といった環境面での制約も大きな問題となる．様々な制約を解消して，更新・改築を促進していく上においては，撤去・解体技術の進歩も重要な課題として取り組む必要がある．

(4) 新材料・新構造形式の採用
　構造物の更新・改築では，前述した設計・施工変数としての技術的解決策でも示したとおり，部材の軽量化や長スパン化を可能とする新材料・新構造形式が大きな威力を発揮すると期待される．しかし，前例の乏しい技術は，採用にあたって大きな労力や高度な技術的判断が必要となり，様々なリスクを抱えることから敬遠され，また仕様規定された設計規準の存在等から，熱心に検討されないことが多いのが実情と考えられる．仮に，新技術により最適解が得られる可能性があるとしても，現状では見過ごされる可能性が高いと考えられる．

4.4.2 将来展望
(1) 連携とシステムの強化
a) 維持管理・意思決定との連携

今後，供用期間が50年を越えて老朽化が進む構造物が増えていく中で，更新・改築を適切に実施するためには，対象構造物全体の管理計画が重要となる．更新・改築技術が進歩し，技術のバリエーションが増えることによって，さらに効率的な計画の立案が可能になると考えられるが，その情報が維持管理部門や意思決定部門まで行き渡るようなデータ共有体制を構築し，各構造物の調査・点検結果から自動的に最適な工法を用いた更新・改築が計画されるようなワンスルーの体制が理想となる．現在，利用が増えてきているCIM（Construction Information Modeling）は，維持管理技術の進歩により，さらに有望な総合管理ツールに発展していくものと思われるが，最後の意思決定は責任と倫理の問題から自動化は難しく，技術者判断が残るものと考えられる．

keywords：維持管理データの共有化，CIMに代表される総合管理ツール，最終技術者判断

b) 官・民・学の連携および設計・施工の連携

官・民・学や設計者・施工者が，それぞれ単独で更新技術を考えても，各立場で技術的な視点やこだわりが異なるため，各意見を単純に積み上げただけでは単にコストアップするだけのバランスの悪い技術に結びつく傾向が見られる．現在，新しい更新技術が必要となる場合には，必要とする事業者が自身で考えるか，学識経験者を加えた委員会を立ち上げて検討するか，外部から公募するかなどであるが，いずれにしろ立場の異なる技術者が集まって情報を共有し，連携しながら意見を集約していくことが必要である．このような体制が整うことで，実績がなくても，効果や性能が高い新しい技術の採用が推進されることに期待する．

さらに，更新・改築の分野では，一度成果を得た技術がどんな場合でも同じような効果を得る保証がないため，常に柔軟な発想や新しい情報の取得を心がける必要があり，事業者・設計者・施工者・管理者等，立場を超えて開かれる技術者交流の場での情報交換が，より高い連携を産み出す起動力になっていくと考えられる．

keywords：官・民・学が連携した新技術促進，立場を超えた技術者交流

(2) 新しい技術の考案
a) 新材料・新構造

更新・改築では全般的に重量が増加する傾向にあるため軽量で高強度の材料が適している．現状では完全な新材料の開発ということは難しいと思われるため，現在利用している材料の新しい組合せや，超高強度繊維補強コンクリート（UFC），橋梁用高性能鋼（SBHS）のような高強度材料により，軽量化と高強度化の両方を満たす材料の複合化が有効であると考えられる．

また，FRP構造のような新構造形式の普及には期待が掛かるが，鋼構造とコンクリート構造のような単一部材の構造だけでは解決できない課題も増えてきていることから，既に利用が進んでいる複合構造のさらなる利用拡大は当然の流れになっていくと思われる．異種部材や異種材料の接続等で残されている課題をクリアして，部材単位での様々な組合せを網羅した新しい複合構造も，解析技術の進歩とともに登場すると考えられる．

keywords：軽量・高強度材料，異種材料・異種部材の新しい組合せ，部材単位の複合構造化

b) 性能確認・評価方法および設計・施工技術

既設構造物を利用する場合や新旧構造物を接合する場合に，残存する既設構造物の内部の応力状態が不明なことにより精度の良い更新・改築設計まで踏み込むことが出来ていないという側面がある．このため，PC

構造物のプレストレス残存量や，土圧・水圧が作用する地中構造物の複雑な応力状態，鋼トラス構造物の格点の拘束度等を特定する技術が進歩することで，応力状態を再現する解析の精度が上がり，更新技術の効果を正しく評価できることとなる．

また，応力可視化材料等，維持管理の新しい技術と組み合わせて，計測結果の入力から直接応力状態の時系列や，将来予測も含めた補修性能の履歴を評価できる技術の進歩も期待される．

keywords：再現解析の精度向上，計測情報・残存性能の可視化，保有性能の時系列・履歴評価

c) 施工機械

複合構造・複合材料が更新・改築の切り札となることは前節で説明した通りであるが，工場で製作して現地に搬入する部材が多いため，例えば，補強材を加熱して硬化・接着により既設構造物を複合構造で増厚する機械等，現地でも製作・加工できる機械を開発することで更新・改築への適用性が高くなる．

また，代替構造を用いることによる供用停止時間の短縮は計画の実現性を上げるため，例えば，トンネル工事のインバート桟橋のように，道路床版の撤去工事箇所を跨ぐように停車して交通の代替機能となる移動式車両や，壁高欄の撤去箇所に取り付けることで超短期間に迂回路を架ける施工機械等が開発できれば制約条件の解消に有効である．さらに，狭隘部で床版の撤去と構築を自動的に行う自走式の施工機械や，路下での主桁増設を行う低空頭の架設機等，特定の環境・作業に特化した施工機開発であっても，将来ニーズを予測して先行開発することで，需要が追いつくようになっていく可能性がある．

keywords：現地での製作・加工技術，供用代替構造の急速設置，更新・改築用の施工専用機

第5章 おわりに

　社会基盤施設は，その国の生活水準を表すと言っても過言ではない．これまで，日本では，数多くの社会基盤施設を建設し，そして，維持してきた．ある程度の水準まで社会基盤施設が成熟すると，当然のことながら，その機能の維持を必要とする．多くの社会基盤施設は，維持管理の道を歩み，現存する構造物を如何に維持するかに集中し，構造物の長寿命化のみを中心とした取り組みが主流と言える．一方で，機能を維持するには，適切な時期に更新し，場合によっては改築することがどうしても必要となり，その問題から逃げることはできない．そこで，本研究小委員会では，これまでの構造物の増改築技術および解体撤去技術を調査し，近未来に必要とされる複合構造を活用した更新・改築技術に対する課題を抽出し，体系化に向けた検討を行うことを目的として，2014年12月から2年間の研究活動を行った．その成果をまとめた本書は，幅広い技術者の目に触れて欲しいという観点に注視しながらまとめた．以下に本書でまとめている事項を改めてまとめ，本書の結びとしたい．

　1章では，本小委員会を立ち上げ，研究するに至った背景や目的を記述するところから始め，まずは，更新・改築の計画に関する事例として，高速道路や鉄道における大規模更新・大規模修繕事業の実施について，各インフラ管理者が発表している更新・改築の計画の概要を道路と鉄道に分けて示した．国内で中心的な事業主の事例を挙げているだけと見るのではなく，現状でどのような枠組みが存在するのかを知っておいていただき，いざ更新・改築を考えねばならない状況になったときのバイブル的な感覚で読んでいただきたい．なお，これら各事業主が掲げている更新・改築は，例えば，更新に関する行為を表すにしても，用語は統一されていない．そこで，本書を読んでいただくにあたって，用語の統一を行った．ただし，これら用語の統一は，あくまでも学術的な観点から統一したものである．

　2章では，構造物の管理体制と構造物の状況を把握するための計測技術についてまとめた．更新・改築を実施するにあたって，客観的なデータを元に判断する必要がある．ここでは，地方自治体における維持管理の実態に関する調査を実施し，更新・改築の実情に関する意識調査も行った．また，今後へのこの分野の発展を鑑みて，更新・改築の判断に今後利用できる可能性のある技術についてもまとめた．最後に，今後に向けての展望と課題をまとめた．本章は，これからの発展に期待する内容を述べたつもりである．ぜひ，本章を読んでいただき，センシング技術のシーズを見つけるなど，技術者の腕の見せ所を各々で見つけていただきたい．例えば，IoT分野にも精通する必要のある技術が存在するなど，様々な分野との融合があり得ることを示唆したつもりである．多くの分野との融合へ期待したい．

　3章では，2章でのデータの取得を受けて，どのようなプロセスで更新・改築を決定していくのかを紐解いた．技術的，かつ，客観的な観点から，管理者として持っておいていただきたい素養を詳述したつもりである．構造物の現状の把握と将来の予測，更新・改築の目的設定，性能項目・判断基準の整理，制約・課題を解消しうる施工技術に関する情報収集，対策案の作成と比較，意思決定，にカテゴライズし，とかく曖昧になりがちな更新・改築を判断する思考の部分をまとめた．今後の日本の内情を考えると，必ずしも，更新・改築を判断しうるエキスパートが潤沢に存在するとは言いがたい．本書によって，少しでも客観的な判断材料に精通した管理者や技術者が生まれることに期待したい．また，エキスパートにならないまでも，本書を片手に，その状況に応じたプロセスを構築し，最適な更新改築の判断を下していただきたい．

　4章は，更新・改築の具体的な技術について，現状を網羅したつもりである．もちろん，本書で全ての技

術をまとめることは難しい．すなわち，更新・改築は当該現場の特殊性の元，その場の状況に応じた，いわば，一品生産と言えるため，全ては網羅できない．あくまでも，代表的な事例をまとめた．とはいえ，本小委員会の各委員が，これまでの更新・改築に携わった経験から，多くの方々に知っておいていただきたい対処法や技術をあげていただいている．各事例を読んでいただき，その中に潜むどのように対処しようと考えたのかを感じ取っていただきたい．なお，対処法は唯一解ではない．よって，本書では，善し悪しを判断したつもりはない．大事なのは，どのようなプロセスでそのような技術を利用するに至ったかである．最後に，更新・改築技術に関する現状および課題をまとめ，将来展望を語った．特に，今後の更新・改築技術の発展に寄与する言葉を，注目すべき keyowrds としてまとめた．本書に関連した研究調査を行うための一助としていただきたい．

　本書は 2 年間という研究期間内でまとめるに至った．従って，全てを語り尽くしているとは言えない．あくまでも一断面に過ぎない．そのような中で，各委員の精力的な調査・研究により，短い時間の中では，更新・改築のプロセスを紐解くのに十分な材料を揃えたと自負している．本書をきっかけに，社会基盤施設の持続的な維持に寄与できるエキスパートが生まれることに期待したい．

土木学会　複合構造委員会の本

複合構造標準示方書

書名	発行年月	版型：頁数	本体価格
2009年制定 複合構造標準示方書	平成21年12月	A4：558	
※2014年制定 複合構造標準示方書　原則編・設計編	平成27年5月	A4：791	6,800
※2014年制定 複合構造標準示方書　原則編・施工編	平成27年5月	A4：216	3,500
※2014年制定 複合構造標準示方書　原則編・維持管理編	平成27年5月	A4：213	3,200

複合構造シリーズ一覧

	号数	書名	発行年月	版型：頁数	本体価格
	01	複合構造物の性能照査例　－複合構造物の性能照査指針（案）に基づく－	平成18年1月	A4：382	
	02	Guidelines for Performance Verification of Steel-Concrete Hybrid Structures　（英文版　複合構造物の性能照査指針（案）　構造工学シリーズ11）	平成18年3月	A4：172	
	03	複合構造技術の最先端　－その方法と土木分野への適用－	平成19年7月	A4：137	
	04	FRP歩道橋設計・施工指針（案）	平成23年1月	A4：241	
	05	基礎からわかる複合構造－理論と設計－	平成24年3月	A4：116	
※	06	FRP水門設計・施工指針（案）	平成26年2月	A4：216	3,800
※	07	鋼コンクリート合成床版設計・施工指針（案）	平成28年1月	A4：314	3,000

複合構造レポート一覧

	号数	書名	発行年月	版型：頁数	本体価格
	01	先進複合材料の社会基盤施設への適用	平成19年2月	A4：195	
	02	最新複合構造の現状と分析－性能照査型設計法に向けて－	平成20年7月	A4：252	
	03	各種材料の特性と新しい複合構造の性能評価－マーケティング手法を用いた工法分析－	平成20年7月	A4：142 ＋CD-ROM	
※	04	事例に基づく複合構造の維持管理技術の現状評価	平成22年5月	A4：186	3,600
※	05	FRP接着による鋼構造物の補修・補強技術の最先端	平成24年6月	A4：254	3,800
※	06	樹脂材料による複合技術の最先端	平成24年6月	A4：269	3,600
※	07	複合構造物を対象とした防水・排水技術の現状	平成25年7月	A4：196	3,400
※	08	巨大地震に対する複合構造物の課題と可能性	平成25年7月	A4：160	3,200
※	09	FRP部材の接合および鋼とFRPの接着接合に関する先端技術	平成25年11月	A4：298	3,600
※	10	複合構造ずれ止めの抵抗機構の解明への挑戦	平成26年8月	A4：232	3,500
※	11	土木構造用FRP部材の設計基礎データ	平成26年11月	A4：225	3,200
※	12	FRPによるコンクリート構造の補強設計の現状と課題	平成26年11月	A4：182	2,600
※	13	構造物の更新・改築技術　－プロセスの紐解き－	平成29年7月	A4：258	3,500

※は、土木学会および丸善出版にて販売中です。価格には別途消費税が加算されます。

定価（本体 3,500 円＋税）

| 複合構造レポート 13
| **構造物の更新・改築技術 －プロセスの紐解き－**
|
| 平成 29 年 7 月 18 日　第 1 版・第 1 刷発行
|
| 編集者……公益社団法人　土木学会　複合構造委員会
| 構造物の更新・改築技術に関する研究小委員会
| 委員長　葛西　昭
| 発行者……公益社団法人　土木学会　専務理事　塚田　幸広
|
| 発行所……公益社団法人　土木学会
| 〒160-0004　東京都新宿区四谷 1 丁目（外濠公園内）
| TEL　03-3355-3444　FAX　03-5379-2769
| http://www.jsce.or.jp/
| 発売所……丸善出版株式会社
| 〒101-0051　東京都千代田区神田神保町 2-17　神田神保町ビル
| TEL　03-3512-3256　FAX　03-3512-3270
|
| ©JSCE2017／Committee on Hybrid Structures
| ISBN978-4-8106-0945-5
| 印刷・製本：(株) 平文社　　用紙：京橋紙業 (株)

・本書の内容を複写または転載する場合には、必ず土木学会の許可を得てください。
・本書の内容に関するご質問は、E-mail（pub@jsce.or.jp）にてご連絡ください。